中央高校基本科研业务费（NO.2019 CDJSK08XK 17）资助出版
国家社会科学基金项目"食品安全风险警示制度研究"（13CFX028）成果

食品安全风险 警示制度研究

徐信贵　高长思　梁潇　等　著

RESEARCH ON
THE EARLY WARNING MECHANISM OF
FOOD SAFETY RISK

WUHAN UNIVERSITY PRESS
武汉大学出版社

图书在版编目(CIP)数据

食品安全风险警示制度研究/徐信贵等著.—武汉:武汉大学出版社,2020.1(2022.4重印)
ISBN 978-7-307-21269-5

Ⅰ.食… Ⅱ.徐… Ⅲ.食品安全—安全管理—监管制度—研究—中国 Ⅳ.TS201.6

中国版本图书馆 CIP 数据核字(2019)第 239367 号

责任编辑:李 玚 责任校对:汪欣怡 版式设计:马 佳

出版发行:**武汉大学出版社** (430072 武昌 珞珈山)
(电子邮箱:cbs22@whu.edu.cn 网址:www.wdp.com.cn)
印刷:武汉邮科印务有限公司
开本:720×1000 1/16 印张:20 字数:276 千字 插页:1
版次:2020 年 1 月第 1 版 2022 年 4 月第 2 次印刷
ISBN 978-7-307-21269-5 定价:46.00 元

序　言

　　食品安全关乎每个人的身体健康与生命安全。食品安全是基本权利的重要内容，亦是社会文明的重要标志。食品安全既包括量的安全，也包括质的安全。在物质相对丰富的现代社会，食品安全主要是指品质上的安全。在分工日益细化的现代社会，食品质量上的可靠性源于有序的公共生产和社会监督。近年来，食品安全事件的频繁发生表明食品生产经营活动存在某种失序现象，这种失序现象是利益分化、共识丧失和监督弱化的必然结果。从某种意义上说，传统的事后型食品安全治理模式已经不合时宜，预防型的食品安全共治模式应运而生。

　　预防型的食品安全共治模式应当以食品安全道德共识为起点。新修订的《食品安全法》规定："对经综合分析表明可能具有较高程度安全风险的食品，国务院食品安全监督管理部门应当及时提出食品安全风险警示，并向社会公布。"值得注意的是，"较高程序安全风险"是一个不确定性概念，食品安全监督管理部门对较高程度安全风险的食品进行风险警示本身就是一种有风险的事情，这亦是食品安全风险预防性治理的内生性矛盾。这一矛盾的化解既要依靠技术进步，也要依靠法律制度的变革。当然，更重要的是食品安全方面的道德共识。作为一个从事法学研究的科研工作者，笔者深刻地体会到道德共识在社会治理中的作用。如果没有道德共识，任何技术和制度都是可以被突破的。

　　道德共识的形成无法一蹴而就，少则几年，多而几十年甚至上百年。近年来，内部知情人士举报案例表明，这种道德共识正在形成。事

实上，食品安全的问题仍未消除，仍需要全社会的共同努力。2018 年
11 月，国家市场监管总局发布了《市场监管总局关于 2018 年第三季度
食品安全监督抽检情况分析的通告》，"2018 年第三季度，全国共完成
并公布 965727 批次食品(含保健食品和食品添加剂)样品监督抽检结
果，检验项目全部合格的 942908 批次，不合格的 22819 批次，总体合
格率为 97.6%，不合格率为 2.4%"，其中影响食品安全的主要因素"仍
以超范围超限量使用食品添加剂、微生物污染和农兽药残留超标等三类
问题为主，分别占不合格总数的 26.8%、24.7%、24.4%"。"检出非食
用物质、生物毒素污染问题占不合格总数的比率，较 2017 年同期高
2.8 和 0.7 个百分点。"

　　上述数据表明，食品安全治理工作依然任重道远！

徐信贵

2019 年 1 月

前　言

　　食品安全风险警示是一种特殊的国家资讯行为，是行政机关运用信息工具进行食品安全风险规制的重要手段之一。从我国现行立法上看，狭义的食品安全风险警示是指国务院食品安全监督管理部门和省、自治区、直辖市人民政府食品安全监督管理部门针对经综合分析表明可能具有较高程度安全风险的食品所发布的公开警示，而广义的食品安全风险警示亦包括县级以上人民政府食品安全监督管理、农业行政部门依据各自职责公布食品安全信息。本课题以广义的食品安全风险警示为研究对象。虽然《食品安全法》及其配套法律规定中无法找到食品安全风险警示的"制度"表述，但是立法中的"制度"标识是某一"特定存在"成为制度的充分条件而非必要条件。如果食品安全风险警示具备了制度的构成要件，即使立法中没有以"制度"两字进行描述，也不能否定其制度属性。从制度的构成要件上看，食品安全风险警示具备了观念原则、规范依据、组织体系、制度系统四大制度要素，是一项独立的制度。正当性、科学性、及时性、客观性、程序性、有效性等是食品安全风险警示的法治要素。法治要素是法律价值的反映，各法治要素之间存在一定的位序关系。

　　由于过度工业化所产生的技术风险只是风险社会的外在表象，而风险社会的本质问题是制度性风险。所有的技术风险对人类的致害后果都是在制度因素下产生的。政府决策与风险社会之间有"制度"的耦合性。因此，应将风险的社会治理回归制度本质，即通过制度完善来应对各种风险。近年来，我国政府在食品安全风险规制方面做了许多工作，国务院办公厅印发的《2015年食品安全重点工作安排的通知》亦明确要求食品安全监管部门提高风险管控水平。但就食品安全风险警示的制度实践而言，目前还存在立法缺陷(立法模糊性明显、配套立法不足)、行政实施障碍(价值冲突、主体多元、检测障碍、权责分裂、效能不足)和司法监督困境(权力架构失衡、司法偏好、责任认定难)。

食品安全问题并非只出现在我国。当前，食品安全风险治理已成为一个全球性的难题。任何国家和地区都无法回避食品安全问题，都要在制度建设上回应食品安全风险。事实上，在食品安全风险治理上，一些国家或地区已经形成了较具特色的制度或措施。以"风险防控"和"权利保障"为检索重点，可以发现美国的食品安全风险防控制度、我国台湾地区的医师通过制度以及德国的基本权"三阶审查"制度具有一定的借鉴价值。

基于食品安全风险警示的特殊性，完善食品安全风险警示制度应以"权力自制""信息规制"和"司法监督"为着力点。行政权具有自我扩张的天性，亦有自我规制的特性。食品安全风险警示的行政自我规制是行政权特征的表现。加强食品安全风险警示的行政自我规制工作，应以问题为导向，以效果为目标，以健全食品安全风险警示自我规制的规范体系、行政组织、内部监督和政府回应机制为主要路径，从而提高食品安全风险警示自我规制强度和效果。完善食品安全风险警示的信息规制应针对性地拓展常规与非常规模式的信息收集路径，提高信息流通的透明度，加强信息工具与其他工具的组合运用，构建食品安全风险信息规制的利益衡平机制；对食品安全信息公开的范围进行明确界定，对于具有处罚性的食品安全风险警示应通过实体规范和程序机制予以限制。未达到风险警示程度的食品安全信息应依申请公开，行政机关不能依职权自主公开。食品安全监督管理部门对依申请应当公开未达到风险警示程度的食品安全信息时，如若涉及个人隐私、商业秘密和国家秘密等敏感信息，应对这些信息进行保留。针对食品安全风险警示行为的特性，应当加强诉讼机制的创新，在诉讼中引入预防性行政诉讼，提高法律原则在诉讼中的适用频率，构建食品安全行政公益诉讼制度。同时，完善责任追究机制，加强食品安全领域的"行""刑"衔接，明确食品安全消费警示行为法律责任判定标准。

目　　录

绪　　论

一、国内外研究现状述评

(一)国外研究现状

在 20 世纪 70 年代，德国的行政机关通过向居民发布声明以提醒大家注意特定的工商业行为，例如，德国联邦卫生部公告某些葡萄酒含乙二醇，有害健康，该行为引起学界的普遍关注。就目前收集的国外文献而言，关于食品安全风险警示的研究主要集中在三大方面：一是食品安全风险警示的定性问题，大多数学者都倾向于认为风险警示是一种行政事实行为，例如，德国公法学家哈特姆特·毛雷尔先生认为风险警示"是事实行为的一种特殊形式"，日本行政法学者盐野宏将这种消费危害情报的披露称为"行政过程中的教示行为"，持类似观点的还有贝格、莱丁格等；二是风险警示的不利影响及其控制问题，学者们已开始关注风险警示的负面影响，明确提出"如何平衡潜在危险下的公众安全要求与无辜的公司和个人免于不利宣传诱发危害的需要"这一重要议题，并对风险警示不利影响的程序性控制作了一些探讨，代表性文献有：《行政机关的不利宣传》(欧内斯特·盖尔霍恩，1973)、《侵害性警告》(楚克，1988)、《美国食品和药物管理局对不利宣传的运用》(列昂，1992)等；三是风险预防原则的适用问题。反对论者认为"风险预防原则在逻辑上是令人困惑的"（孙斯坦，2003），"风险预防原则的鲁莽运用实际上是增加而不是减少了与食品相关的风险"（哈内坎普，2003）；肯定论者认为"通过风险分析可以确保真正的预防性"（高克兰尼，2002），"风险预防原则可以释放出更多的行政裁量空间，使行政机关选择更具'情境合理性'的规制方案"（大卫·达纳，2009）。

（二）国内研究现状

关于食品安全风险警示的研究，我国仍处于初步阶段。从目前掌握的文献上看，研究内容主要集中在两大方面：一是食品安全风险警示的行为属性及控制问题，形成了"行政事实行为说""行政法律行为说"两种观点，代表性文献主要有：《公共规制中的信息工具》（应飞虎、涂永前，2010）、《公共警告与"信息惩罚"之间的正义》（朱春华，2010）、《食品安全风险公告的界限与责任》（王贵松，2010）、《作为行政强制执行手段的违法事实公布》（章志远，2012）等；二是风险认知模式问题，存在"专家风险认知模式说""公众风险认知模式说"和"公私合作风险认知模式说"三种不同观点，代表性文献主要有：《风险认知模式及其行政法制之意蕴》（戚建刚，2009）、《风险评估的行政法治问题——以食品安全监管领域为例》（沈岿，2011）、《风险规制与行政法治》（金自宁，2012）。

（三）研究现状述评

上述研究对启发新思路、进一步开展食品安全风险警示制度的研究有十分重要的意义。但就目前而言，关于食品安全风险警示的研究空间并非已然饱和，食品安全风险警示制度中存在的一些问题并没有因为上述研究成果的出现而得以全面消解。我们认为：食品安全风险警示并非是一种性质单一的行政行为，而具有复合属性；对食品安全风险警示的侵害性应当以程序控制为主；食品安全风险警示的域外经验、公私合作、立法构造、法律控制等方面还有进一步研究的空间。

二、选题的价值与意义

(一)理论价值

为了应对当前食品安全风险规制实践对传统行政法治理论构成的挑战,有必要在厘定食品安全风险警示法律属性的基础上,从立法完善、权力规制、程序规范、司法审查等方面不断完善食品安全风险警示制度,协调风险规制与行政法治理论之间的紧张关系。本研究可以增加食品安全风险警示方面的研究文献,亦可能为实现风险规制与行政法治之间的平衡提供一些新思路或新观点。

(二)现实意义

食品安全风险警示制度具有风险预防功能,能够对食品安全风险进行事前阻截。但实践中存在两大亟待解决的难题:一是应当警示而不作为,相关案例有如 2008 年的"毒奶粉"事件、山东"速成鸡"事件;二是滥用风险警示权,相关案例有如农夫山泉"砒霜门"事件、沈阳飞龙公司"伟哥开泰胶囊"事件。更为可怕的是,食品安全风险警示一旦脱离法律控制,甚至可能成为行政主体以合法形式实现非正当利益的工具。因此,规范食品安全风险警示行为对营造一个安全的消费环境,切实维护公民的生命健康和财产安全,保障生产经营者的合法权益均具有十分重要的意义。

三、研究方法

本研究坚持实事求是、注重实证的原则,主要运用文献分析法、案例分析法并结合社会学的抽样调查法、焦点访谈法等方法。(1)利用文献分析法,收集、鉴别、整理国内外的相关文献,通过对现有文献进行

系统性的分析来获取研究信息；(2)利用个案研究法，通过深入分析具
有典型意义且具有较大社会影响力的案例，全面了解食品安全风险警示
制度在实际运作中存在的问题；(3)运用抽样调查法，通过抽样调查，
了解社会大众对食品安全风险警示工作的满意度及具体建议；(4)运用
焦点访谈法，收集受访对象对食品安全风险警示的法律性质、制度理
性、立法建议、司法监督等焦点问题的基本观点和看法，并通过小型讨
论，对研究中已经出现和可能遇到的难题进行集中诊断。

第一章 食品安全风险警示
制度的基本理论

随着风险社会的到来以及食品安全风险日益的增多，作为信息规制工具的食品安全风险警示，被广泛运用于食品安全风险的规制活动中，并逐渐成为一项制度。食品安全风险警示的制度属性并非取决于立法中是否有"制度"两字的描述，而主要看其是否具备制度的构成要件。法治要素是食品安全风险警示的内在规定性。正当性、科学性、及时性、客观性、程序性、有效性等是食品安全风险警示的法治要素。法治要素是法律价值的反映，各法治要素之间存在一定的位序关系。

一、食品安全风险警示制度的形成逻辑

任何一项制度都有其形成的基本逻辑。笼统地说，食品安全风险警示是风险社会的必然产物。但从"风险社会"到"食品安全风险警示"存在一个具体的逻辑递进过程。风险社会孕育了现代意义上的"安保国家"；面对日益增多的社会风险，"安保国家"为了保护人民的安全，必然要进行风险规制；在众多风险规制手段中，作为信息规制工具的国家资讯行为较为常见；食品安全风险警示是一种特殊的国家资讯行为。近年来，信息规制手段被世界各地政府普遍采用，成为食品安全风险和环境安全风险治理的重要手段。

(一) 风险社会与"安保国家"

1. 风险社会

乌而里希·贝克认为："正如现代化消解了 19 世纪封建社会的结构并产生了工业社会一样，今天的现代化正在消解工业社会，而另一种现代性正在形成中。现代性正从古典工业社会的轮廓中脱颖而出，正在形成一种崭新的形式——(工业的)'风险社会'。"①风险是一种致人损失的可能性，亦可理解为实际结果与预期目标落差可能性。风险事件被视为偶发的概率性事件。随着人类决策行为对自然社会和人类社会的影响日益增强，人为的不确定性因素成为风险的主导因素。特别是近年来食品安全卫生事件、特大灾害事件频频发生，触动了人们的风险焦虑神经，如何规避和应对风险成为人们关注的焦点，这标志着我们已经迈入风险社会。所谓的风险社会是指这样一个社会：人为因素主导的风险对人类的生存和发展构成频繁、全球化、强烈的威胁，并成为人类日常生活中不可忽视的重要部分。贝克认为，对于风险社会的形成原因是"有组织的不负责任"(organized irresponsibility)，正是公司、政策制定者和专家结成的联盟制造了当代社会中的危险。②"生产力的增长是和越来越细致的劳动分工联系在一起的。在这一趋势上，风险呈现了一种蚕食关系。它们使实质上和时空上不能相提并论的东西建立了一种直接的和危险的关联。它们从过度专业化的筛子中漏下来……不受约束的风险生产内在地侵蚀着科学理性目标所指的生产为理想。"③从某种意义上说，过度工业化所引发的风险社会是浅层次的，即由于过度工业化所产生的

---

① [德]乌尔里希贝克. 风险社会[M]. 何博闻，译. 南京：译林出版社，2003：9-10.

② 庄俊举. 乌尔里希·贝克研究在中国[J]. 文景，2007(9).

③ [德]乌尔里希贝克. 风险社会[M]. 何博闻，译. 南京：译林出版社，2003：84.

技术风险只是风险社会的外在表象，而风险社会的本质问题是制度性风险。所有的技术风险对人类的致害后果都是在制度因素下产生的。政府决策与风险社会之间有"制度"的耦合性。因此，应将风险的社会治理回归制度本质，即，通过制度完善来应对各种风险。

2. 安保国家

任何国家都具有安全保障义务，国家性质或形态会影响安全保障义务的程度，但不影响国家安全保障义务的有无。安全保障是国家和政府形成的第一动力，"人们放弃自然状态中享有的权利，是因为他在这种状态下享有是很不稳定的，因而人们设法与其它有意联合起来的人们一起加入社会，以互相保护他们的生命、特权和地产，这是人们联合成为国家和置身于政府之下的重大的和主要的目的。①"当然，国家的安保功能不仅仅是国家的"存在逻辑"，它更是一种宪法义务，"处在一个危险社会，人民最需要的是安全。保障人民安全乃国家存在的意义及目的，此不仅是政治哲学的概念，更是宪法上的义务，宪法的任务在于保障人民的基本权利，尤其是人身自由、生存权、工作权、财产及其他自由权利"②。并且，随着风险社会的到来，这种宪法义务只会强化而不会减弱，其内涵与外延亦会得到进一步深化和扩张。在风险社会中，公民对安全保障的迫切需求，使得安全保障的基本权利性质更加突出，国家在回应"安全保障"这一公民的基本权利的过程中逐渐转变为"安保国家"。

(二) 风险规制与国家资讯行为

1. 风险规制

"风险规制"是学术界的一个热点议题。"风险"与"规制"原本是两

---

① [英]洛克.政府论(下)[M].叶启芳，瞿菊农，译.北京：商务印书馆，2007：77.

② 王泽鉴.危险社会、保护国家与损害赔偿法[J].月旦法学杂志，2005 (2).

个独立的概念,两者之间并不具有必然的连结关系。因为,有风险并不意味着必然要规制。规制与否往往取决于风险的性质、社会危害性以及发生频率。换言之,如果某种风险行为的发生频率不高、社会危害性不大或者根本不具有规制可能性,那么就无任何规制之必要。当然,风险规制成为一个"合体"概念的现实情境是"我们在事实上已经进入德国社会学家贝克所说的'风险社会',风险防范上升为现代政府的一项重要任务"[1]。为了规制风险,保障人民的安全,行政机关必须采取相应的规制措施。实践中,行政法上可供选择的机制、措施或手段并不少。有学者对风险规制的形式进行了较为系统的梳理,将风险规制形式划归为两大类,即命令控制型规制形式(主要包括信息披露、标准、许可等)和市场化规制形式(主要包括税收、收费、可交易的许可证制度、补助政策和共同基金等)。[2] 但就行政机关的风险规制措施体系而言,规划评估、行政调查、行政制裁等亦是重要的风险规制手段。如果以风险规制的阶段为标准,风险规制形式又可分为预防性规制形式(标准、许可、规划评估、消费警示)、过程性规制形式(行政调查、风险评估、信息披露)、结果性规制形式(行政处罚、信息惩罚)。检视风险规制的全过程,国家资讯行为须如影随行,不可或缺。

2. 国家资讯行为

在现代法治国之中,国家有向民众提供资讯的义务,国家资讯行为是指国家所实施的以资讯为基础的资讯收集、资讯识别、资讯发布、资讯沟通、资讯召回或澄清等一系列行为的总称。国家资讯行为的内容丰富、态样繁多。张桐锐教授认为,作为行政管制手段的资讯行为依其独立性,可分为作为独立管制手段的资讯行为和其他管制手段的补充或强化行为;依管制目的,可分为警示性行为和建议或推荐行为;依管制强

---

① 金自宁. 风险规制与行政法治[J]. 法制与社会发展,2012(4).

② 宋华琳. 风险规制与行政法学原理的转型[J]. 国家行政学院学报,2007(4).

度的不同，又可分为单纯的资讯提供、包括价值判断的资讯和行为的呼吁三种类型。① 李震山先生将行政提供资讯分为三类，即由行政机关主动依法律或本于职权公布资讯、由人民请求政府提供资讯、由政府制定法律要求特定人提供资讯。从行政提供资讯内容的客观性而言，又可分为不具价值评断性之行政提供资讯与具有价值评断性之行政提供资讯两种。前者不具有法效性，后者会形成特定侵害，须有法律授权。具有价值评断性之行政提供资讯的实例如行政机关鼓励人民购买有环保标签之食品、负面之警告和呼吁。②

(三)食品安全与风险预防

食品安全，顾名思义就是指安全无害的食品。但关于"安全无害的食品"的认识并非一成不变，食品安全的概念具有时代属性、科学属性和社会属性。最早提出"食品安全"概念的国际组织是联合国粮农组织。《世界粮食安全国际约定》(1974 年)是最早提及"食物安全"的国际法文件。那时的"食物安全"主要是在基于"食物数量"与"人类基本需求"之间的关系而提出的。1996 年，世界卫生组织对"食品安全"的概念内涵进行了扩充，提出了"食品安全是不会使消费者身体受到伤害的一种担保"③，即安全的食品在合理制作和食用过程中是不会对消费者身体产生直接致害性的。但随着时代的变化与发展。"食品安全"正在或已经出现"数量性向质量性""个体性向社会性""无害性向营养性""急性危害到慢性危害"的转变。2009 年世界卫生组织在其制定的《世界卫生组织全球食品安全战略》中明确提出："正在努力扩大 GEMS/FOOD(全球环境污染监测规划/食品部分)的范畴，以涵盖食源性病原体和其他关

① 张桐锐. 论行政机关对公众提供资讯之行为[J]. 成大法学，2001(2)：126-133.

② 李震山. 论行政提供资讯——以基因改造食品之资讯为例[J]. 月旦法学杂志，2001(2).

③ 参见世界卫生组织发布的《加强国家级食品安全性计划指南》(1996 年)。

注的食品污染物的内容……改进危险性评估提出的对食品中化学物质和微生物危害进行评估的常规要求。"2003年国际食品法典委员会将"食品安全"的内涵扩张至"不应包含影响人体健康的因素"和"影响消费者及其后代的健康"。2014年国际食品法典委员会召开大会，修改了一些食品安全标准，"对食品中的有害成分做出更加严格的限制"[1]。我国《食品安全法》对食品安全要求包括三个方面，即"无毒、无害，有营养"，无害既包括急性危害也包括非急性危害。[2] 食品安全的国际标准和国内标准的不断提高既表明人们对食品安全问题的重视，亦表明食品安全问题日益复杂、严峻。事实上，食品安全事件发生的频率和影响的范围在日益扩大。政府在食品安全保障方面出现"心有余而力不足"的窘境，食品安全保障能力的非自足性日益凸显。从大陆居民"赴港购奶"到"赴港购米"的现象中可以发现：民众对安全的食品以及政府的食品安全监督能力均持不信任态度；民众为了保障自身饮食安全采取了一种"用脚投票"的自力救济模式。显然，这种模式是不可持续或者不可能全面推广的。解决食品安全问题的根本出路在于变"危机应对"为"风险预防"，全面提高食品安全监管能力和食品安全保障水平。

值得注意的是，食品安全还存在两个重要的问题必须明确：（1）自己生产自己食用的食物的安全问题是否属于食品安全的范畴；（2）动物食物的安全问题是否属于食品安全的范畴。现代法律制度的食品是一个社会性概念，具有商品属性，即"可以食用的商品"，而不再停留在"可以食用的物品"的传统意涵。因此，自己生产自己食用的食物的安全问题并不是本文探讨的食品安全范畴。至于食物的食用主体并不影响食品的社会属性。虽然我国《食品安全法》第150条将食品界定为供人食用

---

① 参见新华网. 国际食品法典委员会制定多项食品安全新标准[EB/OL].（2009-09-14）[2009-10-17]. http：//news. xinhuanet. com/world/2014-07/18/c_1111693110. htm.

② 《食品安全法》第150条规定："食品安全，指食品无毒、无害，符合应当有的营养要求，对人体健康不造成任何急性、亚急性或者慢性危害。"

(包含饮用)的物品。① 事实上无论是供人食用的物品，还是供动物食用的物品，如若出现安全问题都可能会对人的财产权和生命健康权产生不利影响。例如，有问题的猪饲料导致猪健康状况不佳甚至死亡，即使符合无害标准，但由于猪肉营养价值有限，长期食用可能会对人体造成慢性危害。事实上，有些食品的食用主体界线并不明确，将动物食品排除在食品的范畴之外是一种"人类中心主义"倾向，并不利于食品安全问题的整体治理，人们误食有问题的动物食品而产生的权利受损问题将无法实现法律意义上的权利救济。

(四)食品安全风险警示

食品安全风险警示是一种特殊的国家信息规制行为，是行政机关运用信息工具进行食品安全风险规制的重要手段之一。近年来，随着食品安全问题的日益突出，"食品安全风险警示"作为一种重要的风险预警手段出现在我国的食品安全立法之中。《食品安全法》第118条所规定的国家建立食品安全信息统一公布制度，明确将食品安全风险警示信息纳入了需要统一公布的食品安全信息范畴；《食品安全法实施条例》第48条亦对监管部门公布食品安全风险警示信息的具体职责作了规定。从我国现行立法上看，狭义的食品安全风险警示是指国务院食品安全监督管理部门和省、自治区、直辖市人民政府食品安全监督管理部门针对经综合分析表明可能具有较高程度安全风险的食品所发布公共警示，而广义的食品安全风险警示亦包括县级以上人民政府卫生行政、农业行政部门以及消费者协会等依据各自职责公布食品安全信息。本文以广义的食品安全风险警示为研究对象。

从某种意义上说，食品安全风险警示亦是国家资讯行为的一种。食

---

① 《食品安全法》第150条的规定："食品，指各种供人食用或者饮用的成品和原料以及按照传统既是食品又是中药材的物品，但是不包括以治疗为目的的物品。"

品安全监督管理部门通过发布警示公告、公布违法事实等资讯公开方式，提醒消费者注意问题食品，降低食品安全事件的发生频率，从而维护人民群众的身体健康、生命安全以及财产安全。食品安全风险警示是市场交易信息供给失灵下的一种行政权力介入。"在市场经济活动中，参与交易的双方对信息的占有往往呈现出失衡状态，即生产经营者占有较多信息而处于优势地位，消费者因占有较少信息而处于劣势地位。"①由于"信息不对称"，公民获取更多的食品安全信息往往相对依赖于政府的信息公布行为。政府和食品生产经营者对食品安全信息的占有上居于优势地位，但要求食品生产经营者告知公众对其不利的食品安全信息几乎是不可能的，因此，政府部门对食品安全信息的统一公布将显得十分重要。作为全体公民总体意思表示的执行者，政府要积极能动地处理社会安全事务。在给付行政下，可以把政府对食品安全信息的统一公布看作政府对公民的一种行政上的给付，虽然这种给付不是完全金钱意义上的，但这种给付是无偿的、在政府部门职责范围之内的，这是进入"行政国家"阶段的必然结果。面对信息供给失灵的情形，政府的相关职能部门可以采取直接介入的方式，即政府利用公权力促使商家恢复正常的信息供给，也可以是间接介入方式，即政府将自己手中掌握的信息直接提供给消费者。从某种意义上说，食品安全风险警示制度的确立亦是对公民知情权的确认与保护。《食品安全法》和国务院颁布的《食品安全实施条例》都直接或间接地规定了公民对食品安全信息的知情权。《食品安全实施条例》第4条规定了任何组织和个人都有权向有关部门了解食品安全信息，并且《政府信息公开条例》亦有类似规定。因此，我国现行法律法规已明确确认了消费者对食品安全信息的"知情权"。从理论上来讲，食品安全信息知情权是公民的法定权利，在这一问题上并无太大争议。但在实际的食品安全事故中，政府只有对食品安全信息

---

① 潘丽霞、徐信贵．论食品安全监管中的政府信息公开[J]．中国行政管理，2013(4)：29．

以从"农田里到餐桌上"这样的范围公布，社会大众才有机会全面、准确地了解有关信息，才能最大程度地降低食品安全事件的发生概率和致害性。因此，食品安全风险警示制度有利于保障消费者的知情权，实现食品安全事故的"低频率化"和"弱致害性"。

二、食品安全风险警示的制度证成

我国《食品安全法》第 22 条、第 118 条都对"食品安全风险警示"有所规定，但《食品安全法》并没有关于"食品安全风险警示"的"制度"表述，《食品安全法》第 118 条确立的是"食品安全信息统一公布制度"。检视《食品安全法》的相关配套法律规定，亦无法直接得出食品安全风险警示的"制度属性"。但是立法中的"制度"标识是某一"特定存在"成为制度的充分条件而非必要条件。如果食品安全风险警示具备了制度的构成要件，即使立法中没有以"制度"两字进行描述，也不能否定食品安全风险警示的制度属性。从制度的构成要件上看，食品安全风险警示具备了观念原则、规范依据、组织体系、制度系统四大制度要素，是一项独立的制度。

(一) 观念原则

观念原则反映了一项制度的基本目的与宗旨，是一项制度确立和为人们所接受的根据和理由。"防患于未然"是"食品安全风险警示"的制度理念，风险预防是"食品安全风险警示"的核心原则。风险预防原则最早出现在环境保护领域，起源于德国的环境保护政策。早在 20 世纪 70 年代，德国人就认识到"必须克服通常对于'不确定性'并无法解决的实际问题"，提出"环境政策并无法充分避免立即的危险及降低已发生的损害。预防的环境保护政策须更进一步地小心保护自然资源"①。

---

① 曾文智，魏翠亭. 从 WTO 荷尔蒙案论预防原则的适用与发展[J]. 问题与研究(台湾)，2002(6).

随后，预防原则向全世界开展扩张，并为国际社会所普遍接受，逐渐发展成为"国际环境法中处理关于具有科学不确定性的环境风险之权宜性指导方针"①。近年来，随着食品安全风险的日益增加，预防原则的适用领域得以扩张，成为行政法上的一项重要原则，"面对可能造成消费大众健康安全危害或威胁的食品，不再是'毒'与'不毒'的划分，而是科学检验标准的安全值设定问题。这也直接影响到国家管理手段的实施时机与方式。法律面对科学的不确定性与科技的未知性，传统危害防止的国家任务必须上升至风险预防。食品卫生安全管制法中的'预防原则'正在这样的需求下，扩张至行政法学领域。"②预防理念与原则在行政法中确立，意味着无论是实然危害还是潜在风险，国家必须在确定的风险阈值以下提前采取预防性措施，即预防性行政行为。

(二) 规范依据

规范依据是指一项制度的法律依据以及该制度运行中必须具备的规则。虽然，我国目前还没有关于食品安全风险警示的专门立法，但是食品安全风险警示仍具有由"宪法-法律-行政法规-行政规章、地方性法规"共同构成的体系性的法律依据。我国《宪法》第 21 条明确规定了国家的"医疗卫生事业发展"和"人民健康保护"职责③，该规定即是食品安全风险警示的宪法依据。2009 年颁布、2015 年修订的《食品安全法》明确规定了国务院食品安全监督管理部门的食品安全风险警示职责，并确立了食品安全风险警示过程中的食品安全风险监测和评估制度(风险监测与评估工作由国务院卫生行政部门负责)。另外，《食品安全法实

---

① 牛惠之. 预防原则之研究[J]. 台大法学论丛，2004(3).

② 程明修. 行政法上之预防原则——食品安全风险管理手段之扩张[J]. 月旦法学杂志，2009(4).

③ 我国《宪法》第 21 条规定：国家发展医疗卫生事业，发展现代医药和我国传统医药，鼓励和支持农村集体经济组织、国家企业事业组织和街道组织举办各种医疗卫生设施，开展群众性的卫生活动，保护人民健康。

施条例》(行政法规)、《食品安全信息公布管理办法》(部门规章)、《食品安全风险监测管理规定》(部门规章)、《食品安全风险评估管理规定》(部门规章)、《进出口食品安全管理办法》(部门规章)以及一些地方规章亦对"食品安全风险警示"有所规定。这些规定对食品安全风险警示的主体职责、行为要求以及法律责任等作了相应规定。虽然有一些法律条文仍然有立法疏漏,但这些法律规定已经确立了食品安全风险警示制度运行的基本规则。

(三)组织体系

一项制度除了要有观念原则、规制系统外,还必须具备一套完备的组织系统,因为一项制度的实际作用和后续效果主要是通过组织机构的具体活动予以实现的。在食品安全风险警示的机构架构上,我国已经形成了"央地协同、部门协同"的综合组织体系,即以国家食品安全委员会主导的,以国家食品安全监督管理部门为执行机关,以国务院卫生行政、农业行政等部门为辅助的,省级食品安全监督管理部门对食品安全风险进行属地性管理,县级以上食品安全、卫生行政、农业行政等监督管理部门依据各自职责公布食品安全日常监督管理信息的组织体系。值得注意的是,这种"央地协同、部门协同"的综合组织体系并非完美无瑕,由于警示主体过多,警示权力过于分散,就使得部门警示主体获得了"不作为"的"正当性理由",从而大大弱化食品安全风险警示的预期功能。因此,有必要通过组织体系创新和组织机关整合,从而合理配置各行政部门在食品安全监督的权限,形成一元化的组织模式。

(四)制度系统

一项制度的运转通常由多个环节构成,而每一环节都是一种相对独立机制。根据我国《食品安全法》第14条至第23条、第137条、第141条、第145条的规定,我国的食品安全风险警示制度由"食品安全风险监测制度""食品安全风险评估制度""食品安全风险警示发布制度""食品安全风险警示责任制度"四个子制度构成。根据《食品安全风险监测管理规定》第 2 条的规定,"食品安全风险监测是指通过系统和持续地收集食源性疾病、食品污染以及食品中有害因素的监测数据及相关信息,并进行综合分析和及时通报的活动"。食品安全风险监测对象包括食品、食品添加剂和食品相关产品。《食品安全风险监测管理规定》第 7 条规定了优先监测原则,监测机关按照优先选择原则,开展食品安全风险监测工作,将健康危害较大、风险程度较高、流通范围广、消费量大的食品作为优先监测对象。① 根据《食品安全风险评估管理规定》的规定,所谓食品安全风险评估制度是指国家食品安全风险评估专家委员会"以食品安全风险监测和监督管理信息、科学数据以及其他有关信息为基础,遵循科学、透明和个案处理的原则"②,并按照"危害识别、危害特征描述、暴露评估和风险特征描述的结构化程序"③对食品、食品添加剂以及食品相关产品进行风险评估活动的总称。食品安全风险警示发布制度是指食品安全风险警示主体在对风险检测数据、风险评估数据和食品安全状况进行研究和分析基础上,依法发布或不发布食品安全预警信息的活动总称。食品安全风险警示责任制度主要是关于警示主体在发布食品安全风险警示过程中出现"应当作为而不作为"与"应当不作为而作为"情况时的责任承担问题。风险监测、风险评估、警示决策、警示责任四大子系统相互连接、"层层递进",共同构成了食品安全风险警示的制度系统。

---

① 我国《食品安全风险监测管理规定(试行)》第 7 条国家食品安全风险监测应遵循优先选择原则,兼顾常规监测范围和年度重点,将以下情况作为优先监测的内容:(一)健康危害较大、风险程度较高以及污染水平呈上升趋势的;(二)易于对婴幼儿、孕产妇、老年人、病人造成健康影响的;(三)流通范围广、消费量大的;(四)以往在国内导致食品安全事故或者受到消费者关注的;(五)已在国外导致健康危害并有证据表明可能在国内存在的。

② 参见《食品安全风险评估管理规定(试行)》第 5 条。

③ 参见《食品安全风险评估管理规定(试行)》第 13 条。

三、食品安全风险警示的权力构成

食品安全风险警示是信息手段在风险规制中的一种具体实践。食品安全风险警示的运行既是人文关怀和责任政府的体现，也是行政权力高度融合与优化配置的结果。食品安全风险警示是以多种行政权力为运行基础的。由于当时休宁县连续降雨，休宁县食品安全委员会于 2013 年 7 月 5 日发布了如下内容的风险警示①："一是严禁食用被污染和变质的食品……不要食用被水淹死或死因不明、来源不明的动物肉品，不要吃死亡的水产品，尽量不吃凉拌菜……可适当多食用一些大蒜和醋，有利于杀死有害菌。二是重点防范细菌性食物中毒……对于容易被致病菌污染的食品及其原料如肉、蛋和水产品等，要彻底加热后食用。三是注意餐、器具的消毒灭菌……炊具、食具使用后及再次使用前要反复消毒。四是注意饮用水卫生……对新开发水源和水毁修复水源经检测符合饮用水标准后方可饮用，避免直接饮用生水。五是增强食品安全意识。食品经营者要严格遵守食品安全规定和标准要求……在消费过程中发现违法生产经营行为或者发生健康损害的，要及时向当地政府报告。"②以安徽省休宁县食品安全委员会发布的洪灾后食品安全风险警示为例并结合《食品安全法》的规定，可以发现实践中的食品安全风险警示的基本权力构成。

（一）行政紧急权

紧急状态权是宪法中明确规定的内容。行政法是宪法的具体化，宪法上的紧急状态权投射至行政法，呈现一种特殊的行政权即行政紧急

---

① 值得注意的是，此处休宁县食安委发布的警示是广义的食品安全风险警示。

② 休宁县食安办.食品安全风险警示［EB/OL］. http：//www.xnxx.gov.cn/html/qwfb_1433_15479.html，2013-7-05/2014-7-08.

权。"通过高效率的决策与运行机制，行政机关可以对各种突发事件作出最快速的反应，从而使得在紧急状态下的行政机关成为应对危机的最主要机关。"①在食品安全风险规制中，行政紧急权是一种必要的权力配置。一方面，行政紧急权能保证食品安全监督管理部门在应对食品安全风险时调动一切可以调动的力量；另一方面，行政紧急权的存在使得行政机关能够拥有一种"超越一般法规约束"的力量，从而保证行政机关能够及时进行风险应对。"现代社会主要的预警是由政府来完成的，它是政府根据本国有关突发事件现象过去和现在的数据、情报和资料，运用逻辑推理和科学预测的方法和技术，对某些突发事件现象出现的约束性条件、未来发展趋势和演变规律等做出估计与推断，并发出确切的警示信号或信息，使政府和公众提前了解事态发展的状态，以便及时采取应对策略，防止或消除不利后果的一系列活动。"②在一般性食品安全风险警示中，行政紧急权会出现"软化"现象，仅是指导性或指示性的行政公告，例如休宁县的食品安全风险警示对水源保护的行政紧急权就是一种提导性的紧急命令，即"灾区要加强水源保护、水质监测、消毒处理等工作，对新开发水源和水毁修复水源经检测符合饮用水标准后方可饮用，避免直接饮用生水"。但如若涉及重大食品安全风险，食品安全风险警示中的行政紧急权就会表现为具有处分性的紧急命令，例如对相关产品进行下架或对食品污染物采取隔离措施。

(二) 信息形成权

政府信息公开是一种行政义务，其目的在于保证公民的知情权和监督权。但是政府信息公开不仅仅是义务性规定，在信息形成和发布的过程中政府有原始信息获取权、信息评估权和信息发布权。"政府具有信息形成权，其合法性基础在于正确行政决策和信用社会建构以及政府保

---

① 郭春明. 论国家紧急权力[J]. 法律科学，2003(5)：93.

② 张维平. 政府应急管理预警机制建设创新研究[J]. 中国行政管理，2009(8)：34.

护私人权利和公共利益之管制权的有效运用的需要。政府具有自主形成信息的权力，也对公民、法人和其他组织享有强制性信息申报请求权、信息强制保留请求权、信息强制披露请求权、信息调查权、信息档案形成权和保持权、信息技术使用权、获得信息预算支持权以及对违法信息收集的制裁权。"①基于食品安全风险警示的实践和法律规定，政府信息权主要是指食品安全风险信息获取权、食品安全风险信息评估权和食品安全风险信息发布权。

1. 食品安全风险信息获取权

食品安全风险信息获取权是一种法定权力。我国《食品安全法》第14条就明确规定了"食品安全风险监测制度"，是对食源性疾病、食品污染以及食品中的有害因素进行监测。食品安全风险监测制度保证了食品安全监督管理部门的信息基本获取方式和来源。此外，《产品质量法》《国境卫生检疫法》《行政处罚法》《食品安全风险监测管理规定》《流通环节食品安全监督管理办法》亦对信息安全监督部门的信息形成权作了相应规定。休宁县食品安全委员会发布五点食品安全风险预警信息的形成主要是依职权产生的一种信息主动形成权，即食安委通过检查调查、行政监测、强制申报、统计分析等方式积极主动地获取相关信息。当然，食品安全风险信息的形成亦有被动方式。被动获取是指行政机关借助社会力量的信息供给能力满足实现自身信息需求。行政机关被动获取信息的方式主要有公民举报和新闻报道两种。公民举报既是一种权利也是一种义务。任何人发现食品生产经营的违法行为时，有权亦有义务及时向有关部门报告。新闻监督是新闻媒体通过对社会上的违法行为、违反公序良俗等现象和行为报道进行曝光和揭露，以达到对其进行有效制约的目的。在现代社会，新闻报道已成为行政机关信息获取的不可或

---

① 于立深. 论政府的信息形成权及当事人义务[J]. 法制与社会发展，2009（2）：70.

缺的方式，新闻媒体强大的资讯挖掘有效地弥补了行政机关信息能力的内在限制。①

2. 食品安全风险评估权

食品安全风险信息并非一经形成就可以发布，没有严格的食品安全风险信息评估程序就发布食品安全风险警示本身就是一项潜伏着巨大风险的行为。我国《食品安全法》第17条明确规定，"国家建立食品安全风险评估制度，运用科学方法，根据食品安全风险监测信息、科学数据以及有关信息，对食品、食品添加剂、食品相关产品中生物性、化学性和物理性危害因素进行风险评估"，同时，《食品安全法》第18条又规定了"通过食品安全风险监测或者接到举报发现食品、食品添加剂、食品相关产品可能存在安全隐患的"，"需要判断某一因素是否构成食品安全隐患的"等五项必须进行食品安全风险评估的情况。食品安全风险评估工作由国务院卫生行政部门负责。因此，从我国现行法律规定上，食品安全风险警示信息权是一种内部分治模式。国务院卫生行政部门享有食品安全风险评估权，食品安全风险评估结果亦由其公布；食品安全风险警示信息的发布权则由国务院食品安全监督管理部门和省、自治区、直辖市人民政府食品安全监督管理部门行使。

3. 食品安全风险警示信息发布权

风险的信息规制是食品安全风险警示的制度基础，食品安全风险警示的核心权力就是信息发布权。食品安全风险警示信息发布是一种风险决策，如果信息错误或不准确就会对社会秩序和他人的合法权益造成巨大损失。因此，食品安全风险警示信息发布权的权力主体不宜过多，且应具有专业性和官方性。根据我国《食品安全法》第22条和第118条，

① 徐信贵. 政府公共警告的权力构成与决策受限性[J]. 云南行政学院学报, 2014(2)：156-160.

食品安全风险警示信息发布主体是国务院食品安全监督管理部门和省、自治区、直辖市人民政府食品安全监督管理部门。但广义的食品安全风险警示信息发布权即食品安全信息发布权亦可由县级以上人民政府食品安全监督管理、农业行政部门依据各自职责行使。同时，食品安全风险警示信息发布是一种义务，是避免公共利益受到更大损害的一种预防性措施。食品安全风险警示信息发布权主体的确定性蕴含着任何组织和个人不得对食品安全风险警示信息发布行为进行非法干涉。食品安全风险警示信息发布主体在面对食品安全风险时必须依法履行信息发布义务。《食品安全法》第144条亦规定相关职能部门的职责，即县级以上人民政府食品安全监督管理、卫生行政、农业行政等部门未及时、正确采取食品安全风险预防措施，发布信息公告，造成事故扩大或者蔓延以及不良社会影响，直接负责的主管人员和其他直接责任人员应承担相应法律责任。另外，我国《政府信息公开条例》第6条亦明确规定："行政机关应当及时、准确地公开政府信息。行政机关发现影响或者可能影响社会稳定、扰乱社会和经济管理秩序的虚假或者不完整信息的，应当在其职责范围内发布准确的政府信息予以澄清。"

(三) 行政裁量权

行政主体在处理具体案件过程中应当进行法规涵摄活动。客观存在被法律要件所涵摄的过程中，行政主体的"酌定处理"必不可少并且至关重要。在食品安全风险规制活动中，监管部门的法规涵摄也离不开自由裁量权的运作。"法治不排除执法人员的主动精神，发挥创造性和积极性，根据自己的判断以最好的方式达到法律的目的……法律是否发生效果，以及效果如何，取决于执法人员的素质及其责任心和创造性。执法人员如果不具备自由裁量权力，则不能实现法律的最佳效果。"[①]食品安全风险警示决策是建立在科学的风险认知基础之上的。这种风险认知

---

① 王名扬. 美国行政法[M]. 北京：中国法制出版社，2005：542.

活动既需要科技检测技术，亦需要监管部门的风险辨识能力。从某种意义上说，在食品安全风险事实中套用法律规定，再用法律规定套用食品安全风险事实。作出食品安全风险警示决策的过程中，充满"酌定"因素。"风险无论从概念上还是内容上都具有不确定性，风险的概念决定了其不能为行政决策提供一种绝对正确性或单一结果支撑。换言之，面对风险行政机关有多种决策选择，而许多食品安全风险警示正是行政机关在盖然性未知情形下，以经验法则与技术力量为基础的一种行政裁量权的运作结果。"①值得注意的是，行政机关在食品安全风险治理过程中行使行政裁量权应确保风险决策与立法目的的一致性。在排除非关联因素的干扰时，当存在多种风险应对手段时，应选择对当事人合法权益侵害最小的方式。

四、食品安全风险警示的法治要素

食品安全风险警示是一项法律制度。法治要素是食品安全风险警示制度的内在构成，它对食品安全风险警示行为起着规范作用。换言之，法治要素是食品安全风险警示的内在规定。食品安全风险警示的法治要素包括正当性、科学性、及时性、客观性、程序性、有效性等。

(一)食品安全风险警示法治要素的概念阐释

食品安全风险警示是一种国家给付行为，国家通过提供风险资讯以实现其行政目的。国家这种给付行为并非不受约束的"好意施惠"，"在社会法治国家，社会任务和国家的法治性紧密地联系在一起。国家的给付活动和社会塑造活动表现遵守权利的界限和约束"②。换言之，食品

---

① 徐信贵. 政府公共警告的权力构成与决策受限性[J]. 云南行政学院学报，2014(2)：156-160.

② [德]毛雷尔. 行政法总论[M]. 高家伟，译. 北京：法律出版社，2000：17.

安全风险警示必须在法治的轨道上运行,任何一项食品安全风险警示均需具备法治要素。一项制度的法治要素主是指立法、执法、司法等宏观要件,而特定行为的法治要素就是特定行为的合法性问题。因此,本文所称食品安全风险警示的法治要素并不是宏观层面的立法、执法、司法问题,而是食品安全风险警示在实施过程中的合法性问题。这种合法性包括实然合法性与应然合法性。前者如《食品安全法》第 23 条的规定:"县级以上人民政府食品安全监督管理部门和其他有关部门、食品安全风险评估专家委员会及其技术机构,应当按照科学、客观、及时、公开的原则,组织食品生产经营者、食品检验机构、认证机构、食品行业协会、消费者协会以及新闻媒体等,就食品安全风险评估信息和食品安全监督管理信息进行交流沟通。"而应然合法性是一种"超法规"性的合法性,主要强调的是行为与法律精神、法律原则之间是否契合。正当性、科学性、及时性、客观性、程序性、有效性是食品安全风险警示的应然性法治要素,它们是食品安全风险警示行为合法性的具体体现。食品安全监督管理部门发布食品安全风险警示信息,应当做到正当、科学、及时、客观、有效,并符合程序要求。

(二) 食品安全风险警示法治要素的具体内涵

正当性、科学性、及时性、客观性、程序性、有效性是食品安全风险警示具体法治要素。正当性是指食品安全风险警示行为应当符合法律中的正当性价值。行政机关发布食品安全风险警示的目的是保护公民的人身权和财产权,维护社会安宁。如果行政机关借"食品安全风险警示"之名,侵害公民、法人和其他组织的合法权益,那么该食品安全风险警示就不具有正当性。设置正当性要求主要是防止食品安全风险警示蜕变成公权力机关实现其非法目的的工具。科学性是指食品安全风险警示信息的形成过程有充分的论据,检测样品、调查数据和检测结果是否可靠,科学性要求是为了保证食品安全风险监测过程中的方法与结论的可靠性,避免食品安全风险警示的"源信息"失真。

及时性是指食品安全风险规制部门对于已经发生的食品安全风险应及时进行风险评估、确认和通报，并适时采取必要措施。及时性要求主要是为了防止食品安全风险规制部门的消极作为，迟报、漏报、瞒报食品安全风险信息。客观性是指食品安全风险规制部门所发布的风险警示信息应当真实、全面、可靠，"不能为了非正当目的弄虚作假任意扩大或者缩小客观事实，更不能无中生有或者隐瞒风险信息"①。程序性是任何法律行为必备要素，食品安全风险规制部门发布食品安全风险警示时必须遵循时间和空间上的步骤和形式。有效性是指食品安全风险规制活动是有效益的，投入与产出是一种正比关系，"如果规制成本很小的话，一种相对微小的风险有可能要求规制；如果规制成本巨大，那即使风险是巨大的，可能最好的办法也是对其不加规制。一种合理的规制制度并不孤立地考虑风险的大小，而是将风险与排除风险的成本相比较进行考虑"②。

(三) 食品安全风险警示法治要素的位序问题

食品安全风险警示的法治要素并不单一，这些法治要素的潜在法律价值属性并不相同。在一项特定的食品安全风险警示中，这些法治要素不可避免地会存在一些冲突。如果没有相应原则或机制协调这些冲突，那么食品安全风险警示的法治要素"紊乱"最终会消解食品安全风险警示的法治属性。避免或消除食品安全风险警示法治要素之间的失序状况的最佳方式就是对各法治要素进行"论资排辈"，确立法治要素的位序关系。

在正当性、科学性、及时性、客观性、程序性、有效性等食品安全风险警示法治要素中，正当性是第一位序的法治要素，亦是其他法治要

---

① 徐信贵. 政府公共警告制度研究——以我国公共警告制度宏观构建为研究主线[J]. 太原理工大学学报(社科版)，2010(3).
② 程岩. 规制国家的法理学构建——评桑斯坦的《权利革命之后：重塑规制国》[J]. 清华法学，2010(2).

素的前提。正当性是食品安全风险警示行为的核心要素，它保证着食品安全风险警示不脱离预设目的。脱离正当性来谈科学性、及时性、客观性、程序性、有效性是一种舍本逐末的表现。

有效性和程序性是第二位序的法治要素。从某种意义上说，有效性和程序性是正当性要素的具体化。有效性是运用经济分析方法进行法律推理的必然结果。风险规制在于避免或减少危害，如果一项食品安全风险警示诱发的危害或风险排除投入远大于所减少的危害或风险排除产出，那么无论该警示信息发布如何及时、如何准确，都无助于警示目标的实现。因为这本身就有违法治的正当性原则。当然，不能将有效性简单地等同于效益极大化，不能过分强调食品安全的无风险性、食品安全风险警示的无害性，不能片面认为"有风险的食品就必须发布风险警示"，"有侵害性的食品安全风险警示就不能发布"。社会大众要正确认识和对待"风险食品机会代价"和食品安全风险警示的小微侵害性。程序性是正当性的重要保障，它虽然无法保证实质正当性，但至少能保证形式正当性或者最接近实质正当性（实质正当性是一个理想化的概念，脱离形式正当性的实质正当性本身就是一个伪命题）。程序性可以消弭警示能力受限性与社会大众期待性（特别是一些不合理的想象与期待）之间的冲突，保障人们对食品安全风险规制进行法治化的认知，从而摒弃食品安全风险规制的"唯错误信息论"，即将信息失真作为食品安全风险警示侵权责任判定的唯一标准。实际上，食品安全风险警示形成于法有据、程序正确，发布的信息即使错误或不准确，食品安全风险警示主体也不应承担法律责任。

科学性、及时性、客观性是第三位序的法治要素，它们是关于食品安全风险警示信息的相对微观、便于操作的法律要求。食品安全风险警示的科学性、及时性、客观性，只有在正当性前提下以及有效性和程序性的范畴中才会有意义。

五、食品安全风险警示的信息构成

食品安全风险警示是一种风险预防行为，信息是风险预防功能的实现载体。我国现行法律没有关于"食品安全风险警示信息"的专门规定，仅有关于"食品安全信息"。新修订的《食品安全法》第118条虽对"食品安全风险警示信息"有所提及，但并未对"食品安全风险警示信息"的具体构成作出明确规定。关于"食品安全信息"的规定主要见于《食品安全信息公布管理办法》和地方性法规、规章，例如《食品安全信息公布管理办法》第2条规定："本办法所称食品安全信息，是指县级以上食品安全综合协调部门、监管部门及其他政府相关部门在履行职责过程中制作或获知的，以一定形式记录、保存的食品生产、流通、餐饮消费以及进出口等环节的有关信息。"但就食品安全监管而言，应予公开的信息不仅仅限于《食品安全信息公布管理办法》中所指称的"食品安全信息"。食品安全标准、企业经营目录、风险评估与警示信息亦在应公开信息之列。另外，食品安全监督管理部门亦可以发布一些关于食品安全卫生方面的宣导性信息等。例如，《浙江省食品安全信息管理办法(试行)》就将食品安全信息定义为："食品安全信息是指政府有关部门在食品及其原料种植养殖、生产加工、食品流通、餐饮服务和进出口等环节的监管过程中获得的涉及人体健康和生命安全的信息，以及为保障食品安全所采取的工作措施等方面的信息"。从概念界定上看，食品安全信息与食品安全风险警示信息具有较大相似性，但从逻辑关系上，食品安全信息与食品安全风险警示信息是包含与被包含的关系，食品安全风险警示信息是食品安全信息的一部分，并非所有食品安全信息都是食品安全风险警示信息的内容。明确食品安全风险警示的信息构成应对《食品安全法》第22条、第26条规定进行全面把握。《食品安全法》第22条规定："国务院食品安全监督管理部门应当会同国务院有关部门，根据食品安全风险评估结果、食品安全监督管理信息，对食品安全状况进行综合分

析。对经综合分析表明可能具有较高程度安全风险的食品，国务院食品
安全监督管理部门应当及时提出食品安全风险警示，并向社会公布。"
而食品安全风险评估结果、食品安全监督管理信息以及对食品安全状况
进行综合分析都离不开食品安全标准的内容。基于此，食品安全风险评
估结果、食品安全监督管理信息、食品安全标准是食品安全风险警示信
息的基本构成。

（一）食品安全日常监管信息

行政机关应当及时、全面、准确地公开食品安全监管工作中的相关
信息，从而维护公民、法人和其他组织的合法权益。从食品安全日常监
管工作的特点以及我国现行法律的规定，应当公开的食品安全日常监管
信息有特定行政区域的年度食品安全总体状况，特定行政区域的年度食
品安全风险监测计划实施情况，特定行政区域的年度食品安全国家标准
的制定和修订工作情况，依照食品安全法规实施行政许可的情况，依法
责令停止生产经营的食品、食品添加剂、食品相关产品的名录，流通环
节食品抽样检验最终结论以及专项检查整治工作情况，查处食品生产经
营违法行为的情况，食品安全事故及其处理信息以及法律、行政法规规
定的其他食品安全日常监督管理信息。① 但需要注意的是，虽然我国许
多地方的立法均有关于食品安全日常监管信息公开的规定，但具体如何
公开，公开哪些内容并不十分明确，以致各地食品安全日常监管信息公
开的内容和形式"五花八门"。当前，应当建立食品安全日常监管信息
公开范例制度，由国务院卫生行政部门统一制定食品安全日常监管信息
范本，从而保证食品日常监管信息公开的统一性、科学性和目的性。

（二）信息食品安全风险监测信息

食品安全事故所导致的损害往往与人的生命、健康直接相关，具有

---

① 参见《食品安全信息公布管理办法》《四川省流通环节食品安全日常监督管
理信息公布管理办法（试行）》《浙江省食品安全信息管理办法（试行）》。

不可恢复性。食品安全问题治理的首要目标是"防患于未然"。食品安全风险评估和风险警示信息的及时公开就显得尤为重要。卫生行政主管部门要重点监测食源性疾病、食品污染、食品中的有害因素，对食品中生物性、化学性和物理性危害对人体健康可能造成的不良影响进行科学评估，对于可能具有较高程度安全风险的食品，卫生行政主管部门应当采取应急措施，应立即责令生产经营者采取整改、停产、下架等措施并根据实际情况的需要通过政府网站、政府公报、新闻发布会以及报刊、广播、电视等便于公众知晓的方式向社会发布食品安全风险警示，以告诫、提示消费者提高警惕，从而确保消费者的身体健康、生命安全和财产安全免受不必要的侵害。

值得注意的是，食品安全风险行政监管中会用一些存在争议的食品安全信息，这类信息不应是食品安全风险警示的信息构成。行政机关发布食品安全信息在于消除食品行业的信息不对称现象，防止消费者的合法权益受到侵害。但食品安全信息本身具有一定的侵害性。失实的食品安全信息不仅会对食品生产经营者的合法权益造成侵害，亦可能会对消费者造成不利影响。因此，"食品安全信息公布应当准确、及时、客观，维护消费者和食品生产经营者的合法权益"①。处于争议期或者不准确的食品安全信息不应在食品安全风险警示信息的范围之列，例如，食品快速检测结论、已经送达且未过法定异议期限的食品抽样检验初检结论、已申请复检的食品抽样检验初检结论、不符合法定程序的食品抽样检验结论等食品安全信息。

（三）食品安全标准

食品安全标准是国家制定或认定的，食品生产经营者从事生产经营活动必须遵守的保证食品安全和质量的系统化技术指标。食品安全标准体系的完整性和科学性既是食品安全风险规制的前提条件，亦是全面提

---

① 参见《食品安全信息公布管理办法》第 3 条。

升食品安全水平、保障消费者健康的关键，并且还是国家食品安全监督管理部门规范市场秩序的重要依据。国际食品法典委员会（CAC）制定并向各成员国推荐了食品产品标准，农药残留限量，卫生与技术规范、准则和指南等。目前，我国初步建立了食品安全的国家标准体系。截至2016年6月，我国已全面完善食品安全标准的整合工作，对涵盖食用农产品质量安全、食品质量安全、食品卫生安全的5000项标准进行了清理，确定整合415项食品安全标准，制定发布683项食品安全国家标准。①

食品安全标准是强制执行的标准。食品安全标准是将防止有害食品进入人们口中的有效屏障。食品安全标准的公开是食品安全监督管理的重要内容。制定食品安全国家标准唯有科学合理、公开透明、安全可靠，才能保障人民群众的健康。我国《食品安全法》第26条规定："食品安全标准的内容包括：食品、食品添加剂、食品相关产品中的致病性微生物，农药残留、兽药残留、生物毒素、重金属等污染物质以及其他危害人体健康物质的限量规定；食品添加剂的品种、使用范围、用量；专供婴幼儿和其他特定人群的主辅食品的营养成分要求；对与卫生、营养等食品安全要求有关的标签、标志、说明书的要求；食品生产经营过程的卫生要求；与食品安全有关的质量要求；与食品安全有关的食品检验方法与规程；其他需要制定为食品安全标准的内容。"《食品安全国家标准管理办法》第33条明确规定："食品安全国家标准自发布之日起20个工作日内在卫生部网站上公布，供公众免费查阅。"但实际上，食品安全标准公开不仅仅是指食品安全标准文本公开，还包括食品安全标准的制定过程的公开，而后者的公开往往更为重要。食品安全标准关于公民健康、行业利益和经济发展。从理论上说，食品安全标准制定过程本质就是国家、行业和公众三方群体的利益博弈过程。如果制定过程不公

---

① 代丽丽. 食品安全标准整合全面完成 415 项标准将陆续发布［EB/OL］.［2016-07-03］. http：//news. xinhuanet. com/fortune/2016-07/03/c _ 1291114 96. htm.

开，公众就无法有效参与食品安全标准制定过程，制定出来的食品安全标准的科学性、安全性就可能会存在问题，公民的健康权利就可能被"牺牲"。近年来，"金黄色葡萄球菌门""乳制品新国标"等事件引发了人们对食品国家标准的"集体焦虑"。而导致这种焦虑的重要原因就是食品安全标准制定过程的不透明。当前，我们应当确立和完善食品安全标准制定的公众参与机制，在标准立项阶段和标准起草过程中都要广泛征求和听取社会各界的意见和建议，防止"大企业'绑架'食品安全标准"现象的出现，从而消除社会大众的食品安全标准"焦虑"。

六、食品安全风险警示的理论争点

2009 年颁布的《食品安全法》中出现"食品安全风险警示"这一概念。"食品安全风险警示"这一立法表述自诞生以来就存在较多争议。目前，较为明显的理论争议焦点主要有二：一是食品安全风险警示表述并不统一，这些表述是差别概念抑或竞合概念；二是食品安全风险警示的法律性质问题，以及是否具有可诉性。

(一)争议背景："食品安全风险警示"的立法疏漏

随着食品安全问题日益突出，"食品安全风险警示"作为一种重要的风险预警手段出现在《食品安全法》中。《食品安全法》第 118 条所规定的国家建立食品安全信息统一公布制度明确将食品安全风险警示信息纳入了需要统一公布的食品安全信息范畴；《食品安全法实施条例》第48 条亦规定了设区的市级和县级人民政府在国务院卫生行政部门公布食品安全风险警示信息后的具体职责。值得注意的是，无论是《食品安全法》还是《食品安全法实施条例》都并没有明确规定食品安全风险警示的具体内涵以及外在表现形式。为进一步规范食品安全信息公布行为，卫生部联合农业部、商务部、工商总局、质检总局、国家食品安全监管局制定了《食品安全信息公布管理办法》，该《办法》首次在立法上明确了食品安全风险警示信息的范围，即包括对食品存在或潜在的有毒有害因素进行预警的信息；具有较高程度食品安全风险食品的风险警示信息。但是，食品安全风险警示的法律性质以及统一表达问题并未在立法中得以明确。不可否认，"立法疏漏"在某种程度上是源于理论界对这些问题缺乏共识，但从立法效果而言，"立法缺憾"又给理论界进一步探索提供了一定空间。

（二）表述争议：差别概念抑或竞合概念

在食品安全风险规制的实践中，风险警示、消费警示、风险公告是较为常见的表述方式。这些是差别概念还是竞合概念，学术界目前还存有较大争议。有学者认为，这些概念是被"不加区分的混淆使用，相关概念也缺乏法理上的明确阐释，并指出食品风险公告与食品安全风险警示在调整层面、信息来源、发布主体等方面存在区别"①；亦有学者认为，"食品安全消费警示与食品安全风险警示是最容易混淆的概念，两者在发布权限、法律性质均不相同"②。学者们对风险警示、消费警示、风险公告进行概念比较所得出结论反映了风险警示、消费警示、风险公告之间的一些差别。但有差别与差别概念之间并不必然画上等号。风险警示、消费警示、风险公告的上位概念是公共警告，风险警示、消费警示、风险公告统一于公共警告，即是"行政机关或者其它政府机构对居民公开发布的声明，提示居民注意特定的工商业或者农业产品，或者其它现象"③。实际上，风险警示、消费警示、风险公告之间仅有形式差别，其行为模式与价值目标并无二致。《食品安全法》第118条所规定的食品安全风险警示信息发布权的专属性仅是一种立法上的特殊安排，

---

① 闫海，唐屾．食品风险公告：范畴、规制及救济[J]．大连理工大学学报（社会科学版），2013（1）：90.

② 于杨曦．论食品安全消费警示行为的法律性质及其规制[J]．学海，2012（1）：205.

③ [德]哈特穆特·毛雷尔．德国行政法总论[M]．高家伟，译．北京：法律出版社，2000：393.

从内容上根本无法有效辨识食品安全风险警示、食品安全消费警示、食品安全风险公告。例如，食品安全监督管理部门抽检速冻饺子后公布抽检结果并向消费者发出警示，提醒大家谨慎购买速冻饺子。从警示内容上看，这既可以被视为"食品存在或潜在的有毒有害因素进行预警的信息"（风险警示），亦是食品安全监督管理部门依据职责而公布食品安全日常监督管理信息，而对消费者而言，食品安全监督管理部门公布抽检结果并发出警示，又是一种消费警示行为。事实上，早在《食品安全法》出台之前，实践中就已经存在着"食品消费警示""食品安全预警信息""食品安全警示""食品安全风险提示""食品安全监管信息""食品安全风险预警通告"等不同表述。这些表述只有形式上的不同，而无本质区别，它们的基本内核或价值目标均指向"预警"，因此，从某种意义上说这些不同的表述是竞合概念而非差异概念。此外，根据我国《食品安全法》的规定，涉及食品安全的信息又有"国家食品安全总体情况""食品安全风险警示信息""重大食品安全事故及其调查处理信息""国务院确定需要统一公布的其他信息""食品安全日常监督管理信息"，事实上这些信息可以统一称为"食品安全信息"，任何法定职权部门发布上述"食品安全信息"都属于广义的食品安全风险警示范畴。

（三）属性之争：法律行为抑或事实行为

食品安全风险警示是一种依职权作出的行政行为，但其具有何种法律属性亦是学术界争论的焦点。一种代表性观点将食品安全风险警示划归行政事实行为，认为："食品风险公告应该属于行政事实行为……食品风险公告客观上可能影响到第三方经营者的权利和义务，但是政府发布风险公告时并不具有为特定经营者设定权利义务的意思表示，而只是一种事实上的信息提供行为，经营者的损失只是客观上的事实结果。"[1] 另一种代表性观点是将食品安全风险警示划归为"非类型化"的行政行

---

① 闫海，唐屾. 食品风险公告：范畴、规制及救济[J]. 大连理工大学学报（社会科学版），2013（1）：91.

为，即认为："食品安全消费警示具有行为性质上的不确定性，并非是一种类型化的行政行为，而是属于非类型化行政行为的范畴，其性质上表现为行政法律行为、行政事实行为两种基本形态。"①当然，如果从食品安全违法事实公布的角度而言，食品安全风险警示又可被视为一种行政强制执行手段。②

食品安全风险警示的法律属性之争的本质是食品安全风险警示行为的可诉性问题。从法治行政以及权力分立的原则出发，任何行政行为均应受到司法监督。当前，行政法学中的行政行为可诉性理论以及行政诉讼立法所圈定的行政诉讼受案范围只是一种实然状态而非应然状态。此外，行政事实行为是对行政相对人权利义务不产生任何影响的行为，而食品安全风险警示具有双重面向，法律效果并非单一，它取决于受众对象。有的风险警示对于消费者而言是一种风险提示，对于生产经营者则可能是一种销售禁令或信息惩罚。当然，食品安全风险警示行为所产生的负面影响未必是警示主体的主观意图，但就主观意图与客观效果相比较而言，法律更加关心的是行为及行为的结果。正如马克思所言"对于法律来说，除了我的行为外，我是根本不存在的，我根本不是法律调整的对象"，法律只调整主体的外在行为而不太关注其主观意图。因而不能以行为主体的主观意图作为界定食品安全风险警示行为法律属性的标准。例如，在"好心办了坏事"的情形中，"好心"并非"坏事"的绝对免责事由。而且，如若仅以"主观意图"来判断食品安全风险警示行为可诉性，那么可能会造成一种可怕的后果：行政机关以"主观善意"的食品安全风险警示之名，行"主观恶意"的信息惩罚之实。因此，本文认为：在现有理论框架下，食品安全风险警示具有复合属性，并非是一种性质单一的行政行为；某一特定食品安全风险警示行为的法律属性应依据行政行为理论并结合警示行为的具体情况判定。

---

① 于杨曜. 论食品安全消费警示行为的法律性质及其规制[J]. 学海, 2012(1): 205.

② 章志远. 作为行政强制执行手段的违法事实公布[J]. 法学家, 2012(1): 52.

第二章　食品安全风险警示制度的现状分析

随着经济的发展，我国也曾出现食品安全事故，比如众所周知的"瘦肉精事件""苏丹红事件""三鹿奶粉事件"等。针对日益突出的食品安全问题，政府亦采取了一些食品安全风险规制的措施。在 2015 年新修订的《食品安全法》当中，对食品安全的标准、风险检测机制评估制度等都进行了明确的规定，该法是当前我国食品安全保障方面的专门性法律。《食品安全法》第 5 条对各监督管理部门的职责进行了划分，即食品安全委员会是统筹性监管机关，研判全国食品安全形势，制定食品安全监管的重大决策，部署和指导食品安全工作并检查监督食品安全监管责任的具体落实；食品安全监督管理部门对食品生产经营活动实施监督管理；卫生行政部门负责食品安全风险监测和风险评估，发布食品安全国家标准。国务院亦将食品安全风险预警和交流作为重点工作，要求全国各食品安全监管部门"加强舆情监测和风险隐患预判"并完善"食品安全信息发布制度，及时发布权威信息、消费提示和风险警示，曝光违法违规行为"[1]。上述内容表明，我国政府在食品安全风险规制工作方面所做的不懈努力，但必须承认的是，我国食品安全问题并没有得到根本性解决，一些食品安全风险规制手段的效果十分有限，与食品安全相

---

[1]　参见国务院办公厅印发的《2015 年食品安全重点工作安排的通知》[EB/OL]. http://politics.people.com.cn/n/2015/0315/c1001-26693847.html.

关的法律制度有待进一步完善。

一、我国食品安全风险警示制度的基层实践

自 2009 年《食品安全法》颁布以来，许多地方的食品监督管理部门开始进行食品安全风险警示的制度实践和探索工作。为了进一步了解我国食品安全风险警示制度的基层实践，我们通过对西南地区 C 市和 D 市食药监局的食品安全风险预警工作的长时间跟踪调研，并根据调研情况梳理出了基层食品安全监管部门的食品安全风险警示工作的基本流程。

(一) 风险监测预警

食品安全监管部门具有搜集与监测食品安全事件信息并对食品安全风险进行研判的职责，从而及时发现事件苗头，早预警、早处置，有效控制事态发展蔓延。在食品安全事件发生之后，食品安全监管部门应针对不同级别的突发食品安全事件，拟制食品安全风险监测计划，组织开展食品安全风险监测，通报监测结果。与此同时，开展舆情监测和分析工作。食品安全监管部门内部责任处室(应急管理处)应对食品安全舆情信息进行及时跟踪监测，建立舆情信息通报、分析研判、分级处理机制。一般来说，食品安全监管部门应当 24 小时不间断监测舆情。有的地方已采取购买服务、人工搜索或与相关部门协作等方式开展实施舆情监测。舆情监测的主要媒体包括新闻网站、商业网站、食品安全相关网站、论坛社区(交友网站)、贴吧、微博(博客)、微信、报刊、电视、广播、移动客户端等。舆情监测的主要内容包括新闻媒体报道；反映或正在调查采访的食品安全问题涉及本辖区的；辖区以外已经发生一定社会影响的食品安全问题，其产品源头及流向涉及本辖区的；辖区外发生一定社会影响的食品安全问题，辖区范围也可能存在类似问题的；对辖区食品安全监管工作的批评、建议信息；食品安全重大决策、政策出台

后的相关动态信息。

食品安全监管部门根据所涉舆情内容的敏感程度、社会关注度、社会影响力、信息传播速度等因素，将食品安全舆情信息分为一般舆情和警示舆情。一般舆情是指发布于网络媒体(含自媒体)，经初步研判对食品安全工作有影响，需要监管部门关注的舆情信息。警示舆情是指需要应对处置的舆情，分蓝色、黄色、橙色、红色四个级别。红色为最高舆情警示级别。对于敏感程度高、社会关注度大、社会影响大、信息传播速度快的舆情信息，食品安全监管部门的应急管理处(科)会立即进行综合分析研判，并按照法律、法规和食品安全监管部门的内部要求发布预警信息。

(二)事件信息处置

食品安全事件发生后，应立即采取信息手段履行法定职责，及时处置食品安全事件信息，回应社会关切。食品安全事件信息来源主要有：(1)上级领导对食品安全事件的批示指示；(2)上级食品监督管理部门通报的和系统内上报的食品安全事件信息；(3)其他有关部门通报的食品安全事件信息；(4)日常监督检查和群众投诉举报中与食品安全事件密切相关的信息；(5)其他方式获取的与食品安全事件密切相关的信息。实践中，对于不同来源的食品安全事件信息会采取不同的处置方式和程序。以西部某省的地级市 D 市为例，上级领导对食品安全事件的批示，一般由 D 市食品安全监督部门办公室按照文电运转程序报局领导。局领导批示要求应急管理科牵头办理的，应急管理科及时会同相关科室、直属单位和县级食品安全监督管理部门落实；局领导批示其他科室牵头办理的，牵头科室应将领导相关批示同时抄送应急管理科。食品安全监督部门收到上级食品安全监督部门或其他行政部门通报的食品安全信息，如果属于食品安全事件或可能形成食品安全事件的信息，则由应急管理科处理；如果仅仅是一般的日常监管、行政执法信息，则根据信息内容转交至相关科室处理。应急管理科对于涉及食品安全事件信息应立即分析研判，提出应对建议，并按领导小组要求抓好督促落实。

(三) 舆情信息处理

食品安全舆情是指媒体(含网络平台)或社会公众对食品安全事件的报道、转载和评论，并在民众认知、情感和意志基础上，对食品安全形势、食品安全监管所持的主观态度。食品安全舆情监测与处置以保障公众健康安全、防控食品安全风险为目标；坚持统一领导、分级负责，预防为主、防治并重，快速反应、协同应对，科学严谨、依法处置的原则。

1. 舆情分析研判与分级处置

各级食品安全监管部门负责舆情监测与处置工作的相关人员(以下简称舆情管理人员)对舆情信息进行甄别筛选，核实真伪，剔除来源不明、信息不完整以及虚假舆情信息，确保舆情信息的真实性和处置效果。舆情管理人员按照敏感程度、社会关注度、社会影响力、信息传播速度等因素，对监测到的舆情信息进行分析研判，确定警示级别。舆情信息发生变化或领导有明确指示的，根据领导指示或变化情况对警示级别作相应调整。引起国家食品安全监督部门、省级政府舆情监测部门关注的舆情可以提升处置级别。舆情管理人员通过对舆情信息进行定性与定量的分析与统计，得出初步研判结果，分析舆情走向，为应急处置和决策提出意见建议。舆情监测、分析情况是风险研判会的主要内容，应及时予以通报。对于黄色以上舆情信息，舆情管理机构可根据工作需要组织新闻传媒、食品安全方面的专家进行综合分析研判。舆情处置实行分级负责机制，蓝色舆情处置以县级食品安全监管部门为主，黄色舆情、橙色舆情由(地级)市食品安全监管部门牵头处置，红色舆情按照省级食品安全监管部门的统一安排开展处置工作。舆情警示级别由应急管理科综合判定后报领导小组审定。上述警示信息经调查核实和分析评估，构成预案规定的事故或事件的，直接按相关预案和工作流程予以处置。舆情信息经分析评估与调查核实，符合食品安全突发事件分级响应标准的，按各级食品安全突发事件应急预案处置。舆情一经定级，立即进入处置程序。处置工作主要包括舆情转办、调查核实、处置报告、督查督办、分析评估风险、公开处置结果、正确引导舆论、舆情信息报告等环节。各环节工作同步并行，环环相扣。

2. 舆情转办、初报、续报和结报

(1) 舆情转办

地市级食品安全监管部门舆情管理机构监测或收到一般舆情后，及时通过传真、邮件等方式推送给有关县(市、区)局、地市级食品安全监管部门科技与宣传科及相关业务科室，并提示关注事件发展变化情况，注意其他类似问题。省级食品安全监督管理部门领导在一般舆情上有批办意见的，按照批办意见办理，没有批办意见的通常参照蓝色舆情进行处置。地市级食品安全监管部门舆情管理机构监测或收到蓝色以上舆情后，在2个小时内转有关县(市、区)局处置并通报地市级食品安全监管部门科技与宣传科及相关业务科室；黄色以上舆情在30分钟内电话通报有关县(市、区)局、地市级食品安全监管部门科技与宣传科及相关业务科室，1个小时内书面转有关县(市、区)局、地市级食品安全监管部门相关科室处置。市局舆情管理机构收到国家食品安全监督管理总局或省级政府舆情监测部门提示省级食品安全监督管理部门关注的一般舆情，在2个小时内转有关县(市、区)局、地市级食品安全监管部门科技与宣传科及相关业务科室，并提出处置要求；属于蓝色以上舆情，在30分钟内电话通报有关县(市、区)局、地市级食品安全监管部门科技与宣传科及相关业务科室，1个小时内书面转有关县(市、区)局、地市级食品安全监管部门相关科室处置。各级食品安全监管部门在收到需要处置的舆情后，要立即对舆情信息进行研究分析，明确调查核实及后期处置责任部门，需立案调查的，依照法定程序进行，需控制危害的，立即依法采取相应措施。

（2）舆情初报

县（市、区）局、地市级食品安全监管部门相关科室收到地市级食品安全监管部门交办的舆情后，蓝色舆情和领导批办舆情应在5日内向地市级食品安全监管部门初报处置情况；黄色以上舆情在2小时内电话报告初步处置和核查情况，书面报告应在12小时内报送。地市级食品安全监管部门舆情管理机构及时将有关单位上报的处置情况呈报分管领导和主要领导，抄送地市级食品安全监管部门科技与宣传科及相关业务科室。县（市、区）局对于本辖区监测到的蓝色以上舆情信息应在30分钟内电话报告地市级食品安全监管部门应急管理机构和科技与宣传科及相关业务科室，2小时内报送书面报告。地市级食品安全监管部门应急管理机构及时将县（市、区）局上报情况呈报地市级食品安全监管部门分管领导和主要领导。地市级食品安全监管部门舆情管理机构监测或收到黄色以上舆情，应立即向地市级食品安全监管部门主要领导和分管领导报告（可以以电话、短信等方式），并在30分钟内电话报告省级食品安全监管部门应急管理机构和相关处室，2小时内报送书面报告。

（3）舆情续报、结报

在蓝色舆情、领导批示督办的一般舆情处置过程中，有关县（市、区）局、地市级食品安全监管部门相关科室应在15日内续报一次处置进展情况直至结报，但蓝色舆情持续发酵上升至黄色舆情的，按黄色舆情处置要求办理。在黄色舆情、橙色舆情、红色舆情处置过程中，有关县（市、区）局、地市级食品安全监管部门相关科室应随时电话报告舆情处置进展情况，在信息爆发后未平息前（通常在舆情爆发后一周内），每24小时向市局书面报告一次舆情处置情况。舆情平息后，每周续报一次舆情事件调查处理进展情况直至结报。食品安全监管部门应密切监测各类舆情发展变化，依据舆情级别和领导要求做好应急准备；组织力量研判舆情发展趋势，提出应对举措；舆情达到黄色级别后，应立即召开紧急会议研究应对措施，启动舆情应急处置机制；达到橙色级别后，应立即报请启动应急预案。

　　3. 舆情处置要求

　　一般舆情信息，要立即安排相关执法人员关注或处置，并密切注意发展变化情况。蓝色舆情、地市级食品安全监管部门领导批办舆情以及国家食品安全监督管理总局、省级政府舆情监测部门提示关注舆情，要立即调查核实信息来源和引发原因，并跟踪督办，随时掌握事件进展情况。黄色以上舆情，应立即启动舆情应急处置机制。地市级食品安全监管部门相关科室应当按照职能、职责加强对县（市、区）局处置工作的指导，密切跟踪事件进展，根据县（市、区）局处置工作需要给予必要的支持、帮助。启动应急预案的，按照应急预案要求开展处置工作。各级食品安全监管部门根据舆情处置进展情况，及时通过回帖、微博、微信等方式发布相关情况，回应网民和社会关切，积极引导舆情向正确、健康方向发展；对群众有疑惑、有怨言的食品安全舆情，多做解疑释惑、化解矛盾工作，防止以讹传讹，扩大负面影响。对于舆情监测中发现有明确时间、详细地点、基本事实的曝光信息，各级食品安全监管部门要责成食品安全稽查执法等机构调查处理。对于重大敏感舆情信息的处置结果，需要向社会发布的，由各级食品安全监管部门舆情管理机构会同本单位宣传部门对外发布。需要举办新闻发布会的，由本单位宣传部门牵头组织实施，应急管理科对舆情信息进行跟踪与反馈，全程跟踪食品安全热点舆情信息核查、应对工作。

（四）事故应急处置

　　根据国家《食品安全事故应急预案》规定，食品安全事故分为特别重大（Ⅰ级）、重大（Ⅱ级）、较大（Ⅲ级）、一般（Ⅳ级）四个级别。发生特别重大食品安全事故时，应按规定程序及时上报有关情况，在国务院应急指挥部或国家食品安全监督管理部门、省级食品安全监督管理部门统一领导下，协助开展应急处置工作。发生重大食品安全事故时，应按规定程序及时上报有关情况，在省级政府应急指挥部或省级食品安全监督管理部门统一领导下，协助开展应急处置工作。较大食品安全事故经领导小组批准，启动相关应急机制，必要时报请政府成立事故应急处置指挥机构统一指挥处置。领导小组及各工作组按照职责分工开展以下工作：一是情况核查。地市级食品安全监督管理部门应急管理科立即向市级相关部门了解情况，对食品安全事故进行综合分析和研判，形成研判结果和工作建议报告领导小组。二是事故报告。经研判后如果食品安全事故达到Ⅲ级以上，食品安全监督管理部门应按照法律规定的程序向市政府和省级食品安全监督管理部门报告食品安全事故基本情况和处置情况。三是应急响应。领导小组每日定时召开食品安全事故分析、研判，明确应急工作部署、职责分工和有效控制措施，以防止事态扩大。在应急响应中还要具体做好以下工作，即控制问题食品、开展事故调查、追踪来源流向、进行现场处置。综合协调组及时传达调查处置或防范要求。各工作组赶赴现场，开展处置工作。新闻宣传组全程关注舆情动态，加强舆论引导，及时处置不良信息。综合协调组持续加强舆情信息监测分析工作。四是信息发布。各工作组提供相关资料，新闻宣传组汇总整理，报领导小组审定后统一发布信息。五是医学救援。对食品安全突发事件中患者进行及时诊治和救治工作，同时根据食品安全突发事件做好急需医药物资调配工作。对于存在健康损害的污染食品，已造成严重健康损害后果的一般食品安全事故主要由区县食品监督管理部门负责处理，地市级食品安全监督管理部门应做好指导、协调和督促工作以及与有关县级食品安全监管部门的信息沟通，重要情况及时向领导小组报告。

二、我国食品安全风险警示的立法问题分析

立法是法治的逻辑起点，法律的道德性和科学性是法治具有生命力的基本保障。民生是法治的目的，法治是民生的保障。只有在全面、正确了解民意，掌握各种利益分歧的基础上，才有可能使法律表达社会生

活的实际需要；唯有正确对待民意，才能处理好立法活动中不得不面对的多元利益以及利益合理分配问题。食品安全问题是最大的民生问题之一，食品安全立法属于"重点领域立法"的范畴，其立法质量直接关系到社会大众的生活质量。目前，我国已经初步形成了食品安全的立法体系，但食品安全中的重点领域和特殊领域的立法工作仍存在一些不足。就食品安全风险警示的立法而言，目前存在立法模糊性明显、配套立法不足等问题。

（一）食品安全风险警示的立法体系

在我国涉及食品安全风险治理的法律规范主要有《食品安全法》《产品质量法》《消费者权益保护法》《卫生检疫法》《传染病防治法》《刑法》《流通领域食品安全管理办法》《食品卫生行政处罚办法》《食品卫生监督程序》《食品安全法实施条例》《食品安全风险监测管理规定(试行)》《食品安全风险评估管理规定(试行)》《进出口食品安全管理办法》《食品安全信息公布管理办法》《食品生产加工企业质量安全监督管理实施细则(试行)》等。其中与"食品安全风险警示"直接相关的法律规范主要是《食品安全法》《食品安全法实施条例》《食品安全风险监测管理规定(试行)》《食品安全风险评估管理规定(试行)》《进出口食品安全管理办法》《食品安全信息公布管理办法》《食品生产加工企业质量安全监督管理实施细则(试行)》等。从立法构成上看，涉及"食品安全风险警示"的立法既有法律法规，也有行政规章，可谓体系完备，数量可观。但是检视这些法律制度及其具体执行情况可以发现"食品安全风险警示"的现行立法存在部门立法、分段立法和执行效果不佳的问题。食品安全风险警示制度实践情况与制度预期效果、社会期待还存在较大差距。此外，《食品安全法》于2009年制定，随后《食品安全法实施条例》《食品安全风险评估管理规定(试行)》《食品安全风险监测管理规定(试行)》《食品安全信息公布管理办法》相继发布。《食品安全法》于2015年、2018年进行了两次修订，在内容上已有明显变化。《食品安全法实施条例》《食品安全风险评估管理规定(试行)》《食品安全风险监测管理规定(试行)》《进出口食品安全管理办法》《食品安全信息公布管理办法》是根据《食品安全法》(2009年)制定的,但这些法规、规章的修改工作还没有完成,《食品安全法》修改与配套法律的修改间隔太长,缺乏应有的同步性和连续性。

(二)食品安全风险警示的立法模糊性

自《食品安全法》确立食品安全信息统一公布制度以来,我国的食品安全的预防性监管工作逐渐步入正轨,这部法律的社会效果已经得到了一定程度的体现。但在实施过程中,这部法律仍存在一些缺陷。食品安全风险警示制度的良性运行应以法治为依托,未来食品安全立法工作中应正视并解决这些问题。

1. 食品安全风险警示与"不确定性法律概念"

法律的形式特征之一就是确定性,确定性是法律适用的必然要求。但"不确定法律概念在法律用语中随处可见,甚至较确定法律概念为数更多。"①。不确定性法律概念是指"未明确表示而具有流动的特征之法律概念,其包含一个确定的概念核心以及一个多多少少广泛不清的概念外围"②,"公共利益""夜间""有毒有害""数额巨大"等均属于不确定性法律概念的范畴。在食品安全风险规制领域,风险的不确定性在一定程度上影响了食品安全立法的确定性。《食品安全法》及配套立法的法律用语中存在许多不确定性法律概念,例如,"《食品安全法》多用'可能'一词描述风险难以确定的状态,共有八条使用了这一词,与该法配套的《食品安全法实施条例》有七条使用了'可能'一词"③。《食品安全

---

① 吴庚. 行政法之理论与实用[M]. 北京:中国人民大学出版社,2005:76.

② 翁岳生. 行政法[M]. 北京:中国法制出版社,2002:225.

③ 邓纲,曾静. 风险的不确定性与我国食品安全法律制度的完善[J]. 经济法论坛(第9卷),2012:83.

信息公布管理办法》虽然首次在立法上对食品安全风险警示信息进行了界定，但"潜在""较高程度"等不确定性法律概念的存在却又消解了食品安全风险警示信息的概念内涵与外延的确定性。何为"潜在的有毒有害因素"以及"较高程度食品安全风险"需要通过立法进一步阐明，从而使不确定性法律概念得以具体化，具有可操作性。这种阐明主要有三种方式：一是通过立法或立法解释进一步明确上述不确定性法律概念；二是在立法中赋予监管机关不确定性法律概念的行政解释权；三是在立法中确立不确定性法律概念司法释明模式，通过司法途径阐明不确定性法律概念的具体内涵。

2. 食品安全风险警示立法的概念模糊性

《食品安全信息公布管理办法》中列举的两类食品安全风险警示信息(对食品存在或潜在的有毒有害因素进行预警的信息；具有较高程度食品安全风险食品的风险警示信息)之间存在语义冲突，这种语义冲突使得食品安全风险警示信息的内涵充满了模糊性。"潜在的有毒有害因素"强调的是食品安全的无风险性，即只要有风险，就要发布风险警示信息；而"较高程度食品安全风险"强调的是风险管理的效益性，即具有较小程度食品安全风险食品无需发布警示信息。正如桑斯坦所言："如果规制成本很小的话，一种相对微小的风险有可能要求规制；如果规制成本巨大，那即使风险是巨大的，可能最好的办法也是对其不加规制。一种合理的规制制度并不孤立地考虑风险的大小，而是将风险与排除风险的成本相比较进行考虑。"①由此观之，"潜在的有毒有害因素"与"较高程度食品安全风险"之间是存在矛盾的，这种矛盾的存在使得我们无法明白立法者的真实意思，行政执法实践中的食品安全风险警示信息范围也随之变得模糊不清。因此，后续立法工作不仅要解决不确定

---

① 转引自程岩. 规制国家的法理学构建——评桑斯坦的《权利革命之后：重塑规制国》[J]. 清华法学，2010(2)：145-159.

性法律概念问题，而且还要解决矛盾表述所引起法律概念的模糊性问题。

3. 食品安全风险警示权力边界的模糊性

如前所述，我国《食品安全法》规定了全国性的食品安全信息由国务院食品安全监督管理部门统一公布，而地方食品安全监督管理部门依据各自职责公布食品安全日常监督管理信息。然而，在现实中存在这样的问题：食品从"农田到餐桌"实行分段管理，农业管理、商业管理、食品管理等部门分别对食品的生产、流通、餐饮服务实施管理，这造成了管理部门分割，信息得不到共享，信息资源浪费。虽然《食品安全法》规定了信息上报和通报制度，但该制度的实际执行情况却并不令人满意。与此同时，需要国务院食品安全监督管理部门统一公布的信息中有的并没有明确的标准，例如重大食品安全事故及处理信息中哪些事故算作重大事故还没有明确的标准，以致食品安全事故发生后地方监管部门往往无法正常上报。管理体制上的多头模式与信息公布上的统一机制本身就是一对矛盾。① 地方监管部门分别管理各自的食品安全领域，然后由食品安全监督管理部门统一公布信息，若地方有关部门上报的信息是真实无误的，那么这种体制还没体现多大的弊端。但若地方部门因为故意或过失而上报错误的信息或没上报信息，那么这种体制的弊端可能就显而易见了。有关食品安全日常监督管理信息由地方有关部门根据各自的职责分别公布，这不能保证每个部门公布的信息都是一致的。在各部门公布的信息存在矛盾的情况下，无论是食品生产经营者还是消费者，其合法利益都可能受到直接或间接损害。事实上，这种矛盾的信息是经常存在的，如安徽阜阳"劣质奶粉事件"中，各部门发布的"合格奶粉"和"不合格奶粉"名单存在的矛盾严重影响了消费者的判断，也损害

---

① 孔繁华．我国食品安全信息公布制度研究[J]．华南师范大学学报(社会科学版)，2010(3)：8.

了合格奶粉生产经营者的合法权益。

另外，立法中确立的分段综合监督管理模式也在一定程度上影响了食品安全风险警示的效果。近年来，转基因技术备受争议，转基因食品的安全性也是人们普遍关注的焦点。我国《食品安全法》第151条虽然明确规定转基因食品的食品安全管理适用《食品安全法》，但该条款的后半段"本法未作规定的，适用其他法律、行政法规的规定"则在很大程度上限制了《食品安全法》对转基因食品安全的"管辖"。实际上，我国在2001年颁布的《农业转基因生物安全管理条例》已经确立了转基因食品的"分段综合监督管理模式"，即农业行政主管部门负责农业转基因生物安全的监督管理工作，卫生行政主管部门依法负责转基因食品卫生安全的监督管理工作。单位和个人从事农业转基因生物生产、加工的，应当由国务院农业行政主管部门或者省、自治区、直辖市人民政府农业行政主管部门批准。① 转基因食品的"分段综合管理模式"不利于对转基因食品进行安全监督管理。实践中，转基因食品的风险警示信息亦并不多见。因此，应当在立法上改变这种"分段综合监督管理模式"，确立统一的监管主体，以加大对转基因食品风险的信息公开力度。

4. 食品安全风险警示"社会参与"规定的模糊性

纵观我国食品安全方面的法律法规，食品安全管理领域的公众参与主要体现在国家食品安全标准的制定方面。然而，令人遗憾的是，在整个食品安全管理领域，社会公众的参与范围狭小，甚至对涉及自己切身利益的问题，亦无法对政府部门的食品安全信息决策产生实质性影响。虽然有关法律、法规规定了公众对国家食品安全标准制定的参与权，但是这些法律法规并没有规定"应当"听取食品生产经营者和消费者的意见，只是提倡由研究机构、教育机构、学术团体、行业协会等单位，共同起草食品安全国家标准草案。这说明了法律法规只是赋予了模糊性的

---

① 参见《农业转基因生物安全管理条例》第4条、第22条。

社会参与权。检视《食品安全法》，"社会监督"只在该法中出现了 2 次，即第 141 条第 2 款"食品生产经营者应当依照法律、法规和食品安全标准从事生产经营活动，保证食品安全，诚信自律，对社会和公众负责，接受社会监督，承担社会责任"和第 9 条第 2 款"消费者协会和其他消费者组织对违反本法规定，损害消费者合法权益的行为，依法进行社会监督"，"公民"只出现了 1 次，即第 141 条第 2 款"媒体编造、散布虚假食品安全信息的，由有关主管部门依法给予处罚，并对直接负责的主管人员和其他直接责任人员给予处分；使公民、法人或者其他组织的合法权益受到损害的，依法承担消除影响、恢复名誉、赔偿损失、赔礼道歉等民事责任"。关于食品安全风险警示的社会监督或社会参与并没有明确规定，仅有第 10 条第 2 款规定："新闻媒体应当开展食品安全法律、法规以及食品安全标准和知识的公益宣传，并对食品安全违法行为进行舆论监督。有关食品安全的宣传报道应当真实、公正。"

虽然《食品安全法》第 23 条和《食品安全信息公布管理办法》第 5 条规定了专家可以对食品安全信息进行研究和分析，但这实际上只是赋予了特定公民的参与权，并且效果亦十分有限。首先，该部门规章并没有规定"应当"组织专家对信息内容组织分析和研究，这赋予有关部门较大的自由裁量权，使专家论证可能只流于形式。其次，《食品安全信息公布管理办法》只是一个部门规章，其效力等级较低。"依法行政"原则虽然在当代能动政府下已经得到修正，政府实际上依据行政规章执法现象较为常见。但是，由于行政规章效力等级相对较低，且有的行政规章还存在合法性瑕疵，政府既作为立法者又作为执法者，这在行政领域违背了"任何人不能作为自己审理案件的法官"的自然正义原则。与此同时，行政规章在适用上存在一定程度的恣意性，其适用的强制性无法与法律法规相比。《行政诉讼法》规定了法院审理行政案件以法律法规为依据，参照行政规章更能说明这一点。因此，相关部门严格适用《食品安全信息公布管理办法》中相关规定的几率较小，低位阶的部门规章不能为公民的参与权给予强有力的支持。《食品安全信息公布管理办法》

只是赋予了专家等一小部分公民的参与权，并没有从更广意义上保证全民的参与权。

中国幅员辽阔，地区与地区之间的发展也有着很大的差别，不同地区的食品生产与消费状况不一样，职能众多的政府承担着食品安全监管责任，在很多情况下，政府也许会显得有些力不从心。因此，进行有效的食品安全监管一部分还需要依靠社会的力量。食品在每个人的生活中都不可缺少，食品安全方面的利益相关者也是最为广泛的。从理论上来讲，新闻媒体与消费者应该是食品安全治理的重要参与者。新闻媒体与消费者在促进食品安全的过程当中和政府一样扮演着十分重要的角色，但是，由于消费者是分散的，又没有组织，并且信息不对称，公众自身缺乏参与食品安全监管的意识和积极性，加上长期以来政府给老百姓形成的一种"维权难"的深刻印象，人们怕麻烦，往往觉得"多一事不如少一事"，人们借助媒体维权的积极性并没有我们臆想中的那么强烈。而且我国公众参与的渠道、途径缺乏并且不畅通，公众即使受到食品安全导致的损害，能用法律维护自身权益的也为数不多，更不用说是"不关自己事"的情况。即使有为数不多的公众参与其中也多是属于"事后举报""受害者举报"，即公众参与还只是一种个别维权行为。因此，总的来说食品安全风险信息规制从立法到执法上都缺乏充分的社会公众参与。

另外，虽然社会组织是食品安全风险规制的重要主体，但是我国法律对于食品行业协会的定位不太明确，而且协会以自治为原则，对于其必须履行什么义务法律上并没有强制性规定。协会内部的管理较为松散，没有规范的运作模式，所以即便目前在我国有许多与食品行业相关的协会，但总的来说大多处于成长阶段，这些协会的质量也参差不齐，他们作为利益攸关方，也有自己的利益倾向。有的行业协会甚至为了追究行业私益或一己私利而不惜损害社会公益。从某种意义上说，我们的食品行业内部还未形成可以为社会大众信赖的行政自律机制，有的食品行业协会甚至已成为龙头企业的"傀儡"，无法发挥出应有的内部监督作用。

另外，我国的行业协会作为一种社会组织，存在独立性不足的缺陷。我国的很多行业协会都是由政府部门牵头发起，行业协会负责人甚至是政府的退休官员或上级部门委托专人兼任，与一般的行政机关并无本质区别。严格地说，行业协会理应是一种不同行政机关的非政府组织，但我们的许多行业协会又不同于理论意义的"非政府组织"，或可称为"非-非政府组织"。具有这种性质的食品行业协会一般会变相成为政府的代言人，甚至俨然成为政府的一个"下属机构"，在食品安全风险规制工作上很难发挥出有别于政府的独立功能。

(三) 食品安全风险警示的配套立法不足

1. 食品安全风险警示的细化性立法问题

当前，我国"食品安全风险警示"的立法密度不强，配套立法不健全。《食品安全法》第 22 条、第 118 条确立了食品安全风险警示制度，但检视我国现行的行政立法，"食品安全风险警示"的"出镜率"并不高，就"食品安全风险警示"问题的专门性立法亦尚未出台。仅有《食品安全法实施条例》(行政法规)、《食品安全信息公布管理办法》、《进出口食品安全管理办法》(部门规章)以及少数地方规章提及的"食品安全风险警示"。关于食品安全风险警示的主体权限、启动条件、跨部门协调联动机制、社会协同、法律责任等问题的细化性立法尚未全面跟进，因此，当前，要不断完善食品安全风险警示的立法工作，健全食品安全风险警示的立法体系，以充分发挥食品安全风险警示的作用，提高食品安全预警能力。首先要在行政法规层面出台一部专门性法规《食品安全风险警示条例》，全面规范食品安全风险警示行为；其次，在部门规章层面，卫生部门、国家食品安全监管部门、市场监管部门等要进一步加强规范食品安全风险警示发布行为的联合立法工作；再次，在地方性规章层面，各省级人民政府应根据本地实际出台食品安全风险警示的具体操作性规定，内容尽量详尽、细化；最后，各地政府还应在《食品安全事故应急预案》中加强食品安全事故应急响与食品安全风险警示手段之间的联结性。

2. 食品安全风险警示立法中的"责任条款"缺陷

食品安全信息统一公布制度中有关部门的责任设置及其衔接尚有可争议之处："《食品安全法》没有专门针对信息公开问题做出责任设置，只是概括性地规定'有关行政部门不履行本法规定的职责或者滥用职权、玩忽职守、徇私舞弊的'，分别给予不同程度的行政处分；虽然第149条中也涉及'违反本法规定，构成犯罪的，依法追究刑事责任'，但刑法中也没有专门条文对此加以规范相关条文，只有第397条的规定：'国家机关工作人员滥用职权或者玩忽职守，致使公共财产、国家和人民利益遭受重大损失的，处三年以下有期徒刑或者拘役；情节特别严重的，处三年以上七年以下有期徒刑。本法另有规定的，依照规定。'一方面，有关行政部门或者法院在认定'不履行法定职责或者玩忽职守行为'、判断该行为与'致使公共财产、国家和人民利益遭受重大损失'的因果关系上有较大的自由裁量权；另一方面，这两部基本性法律都没有谈到是否允许行政复议或行政诉讼问题。"①从某种意义上说，我国的食品安全立法存在责任条款设置的不周延性问题，应当对赋予行政相对人就行政机关食品安全风险警示行为通过行政复议和行政诉讼进行救济的权利。同时还要加强食品安全监管行为法律责任的"行""刑"衔接，例如结合《公务员法》和《刑法》的规定，进一步细化责任追究条件，实现行政处分和刑事处罚的无缝对接。

3. 权利救济规定不足

我国现行法律对食品安全风险警示的侵权救济规定相对不足。我国

的《行政诉讼法》以及《最高人民法院关于执行〈中华人民共和国行政诉讼法〉若干问题的解释》明确规定：行政事实行为不属于行政诉讼的受案范围。换言之，行政事实行为不具有可诉性。在食品安全的政府监管中，食品安全风险警示行为通常被视为行政事实行为。按照现行法律的规定，对于行政机关的风险警示不作为以及风险警示侵权行为行政相对人无法通过行政诉讼获得相应救济。

食品安全信息的统一公布对于一般普通大众而言，并没有直接对其产生权利与义务，并且只是对公众的消费意向提供选择，类似于行政指导。而对于食品生产经营者而言，食品安全信息的公布一般会对其产生较大的影响，具备具体行政行为的基本特征。另外，食品安全信息的公布对于公众来说只是指导消费者对食品的选择性购买，并没有对消费者予以强制。因此，从这方面来说，消费者不能对此提出行政复议和行政诉讼，并且我国法律也没有赋予行政指导这样的救济权。但是，若有关部门由于故意或过失而发布了错误的信息导致消费者受到损害，那么政府是否应该承担相应的法律责任呢？如果承担，其承担怎样的责任？法律对上述问题并没有作出明确规定。信息的公布对于食品生产经营者来说一般会产生影响，因此《食品安全信息公布管理办法》第17条规定了公民、法人和其他组织对公布的食品安全信息享有异议权，但其并没有规定若其侵犯了食品生产经营者的权利时，应该提供什么样的救济。若是具体行政行为，那么生产经营者直接可以根据《政府信息公开条例》第51条的规定申请行政复议或提起行政诉讼。

三、我国食品安全风险警示的行政实施障碍

制度的生命力在于实践，生命力的旺盛与否取决于实施的效果。就食品安全风险警示的制度实践而言，目前还存在一些障碍。行政机关在发布食品安全风险警示时存在公共利益与私人合法利益以及A公共利益与B公共利益的价值平衡难题。同时，食品安全风险警示主体多元

不利于食品安全风险警示制度预期功能的实现。检测检验工作常常受到排斥。监管责任之间亦具有分裂性，这些影响了食品安全政府监管的绩效。从行政效能提升的角度审视，食品安全风险治理制度实施还存在短效性和低效性的问题。

（一）食品安全风险警示的价值冲突

食品安全风险警示的制度价值在于为广大民众提供一种生存照顾。当前，食品安全监管职能主体的食品安全监管时间与空间范围明显扩大。但职责的时空变化打破了原来的价值均衡格局，食品安全风险警示在保障人民生命健康权、财产权等权利的同时亦可能会侵犯企业的营业自由。风险的盖然性特征使得食品安全风险警示并不是一种"证据确凿"的"可靠决策"。而企业营业自由则可能会成为行政主体进行食品安全风险警示决策的牺牲品。生存照顾与营业自由之间的冲突实质上是公共利益与个人利益之间的冲突。公共利益与个人利益之间的冲突源于人们对法律制度的不同需求。当现有法律不能同时满足各种不同需求时，冲突就不可避免。这种价值冲突不像法律冲突一样可以通过法的位阶原则、"新法优于旧法"原则、"特别法优于一般法"原则予以调整。公共利益与个人利益之间没有"位序""新旧""特殊性"的区别，公共利益并不必然优于个人利益。因此，行政机关在发布食品安全风险警示时存在价值平衡难题。在现有规则下，行政机关自身往往无法解决这一难题。较为可能的办法是通过立法细化食品安全风险警示的时间条件、空间范围、事实条件、权限规定以及责任条款等，再综合考虑主体之间的特定情形、需求和利益，从而找到维护公共利益与保障私人利益之间的最佳结合点。

（二）食品安全风险警示的主体多元

食品安全风险警示主体多元不利于食品安全风险警示制度预期功能的实现。我国《食品安全法》第5条的规定："国务院设立食品安全委员会，其职责由国务院规定。国务院食品安全监督管理部门依照本法和国务院规定的职责，对食品生产经营活动实施监督管理。国务院卫生行政部门依照本法和国务院规定的职责，组织开展食品安全风险监测和风险评估，会同国务院食品安全监督管理部门制定并公布食品安全国家标准。国务院其他有关部门依照本法和国务院规定的职责，承担有关食品安全工作。"在我国，具有食品安全监管职责的主体较为多元。全国层面的监管机关主要有食品安全委员会、卫生部、国家市场监督管理总局、商务部、农业部、粮食局、国家出入境检验检疫部门，这些部门对食品的生产、流通、消费、进出口、综合协调等活动进行安全监管，而食品安全的信息规制工作监管部门还包括宣传部和工信部。总体而言，我国的食品安全监管仍具有"分段监管"的特征，由于上述部门都有食品安全信息的发布权，因此食品安全风险信息工作也具有"分段化"和"多中心"的特点。虽然，《食品安全法》第 118 条明确规定"国家建立统一的食品安全信息平台，实行食品安全信息统一公布制度"，但该食品安全信息平台也只限于统一发布"国家食品安全总体情况、食品安全风险警示信息、重大食品安全事故及其调查处理信息和国务院确定需要统一公布的其他信息由国务院食品安全监督管理部门统一公布"，国务院商务部门、农业行政管理部门等亦有根据各自职责公布食品安全日常监督管理信息的义务，并且省级食品安全监督管理部门也有直接发布影响限于特定区域的"食品安全风险警示信息和重大食品安全事故及其调查处理信息"。此外，《食品安全法》第 17 条还明确规定了国务院卫生行政部门对食品安全风险评估结果享有独立、专享的对外发布权。实践中，消费者协会还有消费警示的发布权。由此，我国在食品安全风险警示主体上形成了一种"央地共治"的多元主体模式。这种多元风险警示模式可能会加强食品安全警示密度，实现"人多力量大"的效果，但这是一种可能性，因为多元警示模式也可能出现"三个和尚没水喝"的结局。"当风险规制机关被组织成不同的部门，每一个部门被赋予相应的规制任务，同时每一个部门中的工作人员都认真、负责和有效率地从事规制活动时，这种表面上看来精致和有序的风险规制体系，其实会产生视野狭窄的弊病，即当每一个部门的工作人员以一种部门化的单一思维过度追求自己的工作目标时，在整体上会产生规制成本远远大于规制收益的消极后果。"①因此，有必要重新梳理各行政部门在食品安全监督的权限，形成"一物一权"的品种专属管理模式，将风险警示权责条理化以避免行政机关在食品安全风险警示过程中的积极冲突与消极冲突。食品安全监督中的政府信息有既成事实的食品安全信息和具有潜在危险的风险警示信息两种。我国《食品安全法》第 22 条规定："国务院食品安全监督管理部门应当会同国务院有关部门，根据食品安全风险评估结果、食品安全监督管理信息，对食品安全状况进行综合分析。对经综合分析表明可能具有较高程度安全风险的食品，国务院食品安全监督管理部门应当及时提出食品安全风险警示，并向社会公布。"由于食品安全风险警示信息的存在，行政机关开展食品安全政府信息工作就需要更加慎重。因为食品安全风险警示信息既关系到消费者的生命健康权也关系到企业经营者的"生命健康权"。当市场中存在具有较高程度安全风险的食品时，行政机关不及时发布食品安全风险警示，必然会影响到消费者的人身财产安全；当市场中不存在具有较高程度安全风险的食品时，行政机关错误或不恰当地发布食品安全风险警示则可能会损及生产经营者的法人"生命健康权"。就食品安全风险警示信息的发布而言，一方面应合理确定信息发布权的主体。从我国当前的食品安全方面立法来看，食品安全风险警示信息的发布权归属于"国务院食品安全监督管理部门"，但食品安全风险评估结果发布权则归属于"国务院卫生行政部门"。但"国务院卫生行政部门"的内涵应更加具体明确。换言之，"国务院卫生行政部门"是仅指卫生部还是包括卫生部、国家中医药管理局、国家防疫中心等在内的广义上的"国务院卫生行政部门"？隶属于

---

① 杨小敏，戚建刚. 风险规制与专家理性——评布雷耶的《粉碎邪恶循环：面向有效率的风险规制》[J]. 现代法学，2009(6)：169.

国务院卫生行政部门的部门是不是在《食品安全法》第 17 条所指的"国务院卫生行政部门"的范围之列？地方性的食品安全风险警示信息的发布主体与全国性的食品安全风险警示信息的发布主体是否相同？以上这些问题都应当进一步明确。食品安全风险警示信息的发布工作的另一个重要方面就是警示信息当以何种方式发布。警示信息的风险提示功能决定了警示信息方式应当具备快速传播的特性。毫无疑问，在当前社会，网络应当成为食品安全风险警示信息的最主要传播方式。风险警示职能部门如何正确、有效利用互联网开展风险警示工作既是重点也是难点。

（三）食品安全风险的检测检验障碍

1. 抽样检验的自我排斥

我国《食品安全法》第 87 条规定了食品定期或者不定期的抽样检验制度，并且食品安全监督管理部门"不得向食品生产经营者收取检验费和其他费用"。该项制度一方面能在一定程度上保证食品检测的客观公正性，避免检验机构同食品生产企业形成利益同盟；另一方面有利于减轻对行政相对人行政负累。从某种意义上说，制度设计的价值与目标符合法治要求和社会期待，但是在制度的执行效果方面却不尽如人意。抽样检验制度在增加了食品安全监督管理部门工作量的同时，也增加了食品安全监督管理部门工作人员的执法风险。实践中，如果对某种食品进行抽样检测时，食品安全监督管理部门工作人员与食品生产经营者对检测结果都具有共同的期待结果，即检测的食品没有任何问题，然后"案结事了"。但是如果检出问题，那就可能成为执法人员的一个"烫手山芋"，该执法人员皆会有大量的后续工作，并且处理的过程是十分复杂的。例如，要对存在类似问题的产品要求食品生产经营者对不符合食品安全标准的食品召回和下架退市或者直接决定对不符合食品安全标准的食品在流通领域采取停止销售措施，将名单予以公示曝光。对流通环节发现的问题较为严重的食品，还要立案查办，有的甚至还需要进行联合执法，追溯至源头厂家。在整个过程中，基层食品监督管理者工作量大大增加，且"步步惊心"，任何环节稍有不慎就可能使所在食品安全监督管理机关成为被告，而直接办案人员则可能被行政问责。但是如果不对食品进行抽样检验，即使辖区内某食品出现问题，食品监督管理者被问责的可能性也比较小。实践中，因这种原因而被问责的案例并不多见。因监管不严而被问责的食品安全事件，一般都是具有较大社会影响的案件，被问责的主要是领导，只有极少数监管执法人员可能会被问责。因此，监管执法人员秉持"多一事不如少一事"的理念，食品进行抽样检验的"主动性"严重不足。事实上，基层抽检大多是为了完成上级任务，主动抽检的情况并不是很多。

2. 委托检验的现实困境

食品生产者生产加工食品必须经过出厂检验合格后才能销售。根据我国《食品生产加工企业质量安全监督管理实施细则（试行）》的规定，食品出厂检验制度以自检为主，委托检验为补充，即"具备出厂检验能力的企业，可以按要求自行进行出厂检验。不具备产品出厂检验能力的企业，必须委托有资质的检验机构进行出厂检验"。就企业检测而言，企业自检形同虚设，首先是硬件基础上不达标。很多企业人力、财力、设备都不足，检测技术不够，检验环境达不到技术要求，难以做到批批检验，即使检验也不能确保检测结果的准确性。实践中，有的食品生产经营者唯利是图，只顾企业利润，错误地认为自检只是做给别人看的"把戏"，抵触或变相抵触批批检验制度。就食品安全检测结构而言，无论是在科学基础、人才队伍、检测技术还是经费保障方面都还存在较大的短板。这对我国食品安全检测能力和食品安全标准的制定形成了外在限定。在此种情形下，食品安全企业自检的客观性和科学性存在"先天不足"和"后天发育不良"的问题。此外，委托检验因为存在利益勾链，可能成为一些监管部门的创收渠道。实践中，一些检验检测机构就是监督部门设立或者实际掌控的。委托检验机构只对送检样品的检测结果负责，因此，只要送检产品的质量有保证，检测结果必然"合格"。换言之，食品生产者只要在产品送检环节"做足工作"，就能得到一份"检验合格"的报告，获得市场准入资格，然后贴上质量安全(QS)标志出厂销售。事实上，委托检验合格的食品不一定表示该企业生产出来的所有产品都是合格的，实践中，检测合格的食品在销售过程因质量问题被投诉、查处的情况亦不少见。

3. 风险检测的技术难题

食品安全风险警示是政府社会治理理念由"危机应对"转至"风险预防"的必然结果。但仅有"理念"显然不足以支撑起整个食品安全风险警示制度。食品安全风险警示制度的实际运行依赖科技理性。《食品安全法》第17条规定："国家建立食品安全风险评估制度，运用科学方法，根据食品安全风险监测信息、科学数据以及有关信息，对食品、食品添加剂、食品相关产品中生物性、化学性和物理性危害因素进行风险评估"；第22条规定："国务院食品安全监督管理部门应当会同国务院有关部门，根据食品安全风险评估结果、食品安全监督管理信息，对食品安全状况进行综合分析。对经综合分析表明可能具有较高程度安全风险的食品，国务院食品安全监督管理部门应当及时提出食品安全风险警示，并向社会公布。"虽然《食品安全法》第17条、第22条并没有出现任何"技术"字眼，但是实际上任何一项食品安全风险警示的形成过程都离不开技术支持。技术因素贯穿于风险检测、风险评估、风险交流、风险预警之中。食品安全风险警示的核心要素是可靠的信息，而技术理性是可靠信息的前提条件。它对技术理性的依赖使得食品安全风险警示呈现出技术受限性。事实上，大多数误报性食品安全风险警示或食品安全风险警示不作为并不是工作人员的失职造成的，而是技术限制的必然结果。例如，食源性疾病菌检测，如果没有好的实验室技术就无法正确分析食品中的危害，进行危险识别，从而影响食品安全风险警示信息可靠性。为了确保食品安全风险警示的有效运行，一方面要不断加强技术的研究工作；另一方面要合理构建警示责任的判断标准，不能唯"错误信息论"，将信息失真作为食品安全风险警示侵权责任判定的唯一标准。实际上，食品安全风险警示形成于法有据、程序正确，发布的信息即使错误或不准确，食品安全风险警示主体也不应承担法律责任。

(四) 食品安全风险警示的权责分裂

不择手段的逐利性是任何社会中的生产经营者的天性，亦是导致食品安全问题的根本原因。具有"本性"属性的逐利性是一种不可改造或者短期内不可能发生变化的内在因素。外在的政府监管问题成为食品安全领域的最现实、最主要的问题。食品安全的政府监管问题就是"权责"问题。"权上至上"的文化基因、"有权无责"的立法隐患以及权力运行的"问责漏洞"造就了监管权力与监管责任之间的分裂性，这影响了食品安全政府监管的绩效。

1. 食品安全风险警示制度中的"权责分居"形态

"权责一致"通俗表述就是每个人都应该为自己的行为负责。马克思曾说过："对于法律来说，除了我的行为以外，我是根本不存在的，我根本不是法律的对象。我的行为就是我同法律打交道的唯一领域，"[1]法律责任分配的事实依据即人的行为。当然这是理论层面的理想状态。实践中的"有权无责"和"有责无权"现象却是管理学中的一个永恒话题。这种现象亦广泛存在于食品安全的政府监管工作之中。

(1)"一把手"下的"权责一致"困境

"'一把手'是指各级党政领导班子中的主要负责人。他们在决策中处于主导地位，在实施决策中处于指挥地位，在领导活动中处于督导地

---

① 中共中央马克思恩格斯列宁斯大林著作编译局. 马克思恩格斯全集第1卷[M]. 北京：人民出版社，1956：16-17.

位，对一个地区、部门、单位的全局工作起着至关重要的作用。"①虽然，"一把手""五个不直接分管"（不直接分管人事、财务、工程项目建设、物资采购、行政审批等五项工作）渐成趋势，但在实际工作中，"一把手"仍处于核心地位，"一把手说了算"的情况并未发生根本性的改变。公务员"忠于职守，勤勉尽责，服从和执行上级依法作出的决定和命令"的基本义务逐渐演变成"为领导服务"，"一把手依赖症"日益突出。"一把手依赖症"使得原有的权责机制变得日益模糊，影响政府部门提供社会管理和公共服务的能力。在食品安全政府监管的实践中，"权责"在"一把手"的影响下会出现"权责分居"的状态。根据我国现行的食品安全政府监管机制，有关食品安全的行政决策通常是由"一把手"决定，但根据我国《食品安全法》的规定，违法决策的责任最终会在分管领导身上。《食品安全法》第142条规定："违反本法规定，县级以上地方人民政府有下列行为之一的（对发生在本行政区域内的食品安全事故，未及时组织协调有关部门开展有效处置，造成不良影响或者损失；对本行政区域内涉及多环节的区域性食品安全问题，未及时组织整治，造成不良影响或者损失；隐瞒、谎报、缓报食品安全事故；本行政区域内发生特别重大食品安全事故，或者连续发生重大食品安全事故），对直接负责的主管人员和其他直接责任人员给予记大过处分；情节较重的，给予降级或者撤职处分；情节严重的，给予开除处分；造成严重后果的，其主要负责人还应当引咎辞职。"这种权责失衡状态在一定程度上影响了食品安全政府监管的实际效果。

（2）纵向分权的"权责失衡"

"权力理性"会使食品安全监督管理权力的纵向体系出现事实上的失衡状态。根据《食品安全法》第5条、第6条规定，我国在食品安全政府监管方面已经形成了在中央以国务院卫生行政部门主导的，在地方

---

① 谭建. 对"一把手"权力监督的理论探讨与对策研究[J]. 理论探讨，2002（5）：64.

以各级人民政府为主轴的"央地共治"的多层级监管体系。不仅省级人民政府、地市级人民政府、县级人民政府具有食品安全监督职权，而且各级人民政府的有关部门亦要在各自职责范围内负责本行政区域的食品安全监督管理工作。食品安全监督管理权力的纵向分配在提高食品安全监督管理的密度的同时，亦可能形成权责的"事实上失衡"状态，"各级政府领导人多少具有'经济人'的特征，往往从个人利益出发进行'理性'决策，如果给下级政府授权过大，制约过小，就使其承担较大责任，其领导人往往进行虚假治理，掩盖真相，'捂盖子'，以求保住官职。如果对其授权过小，制约过大，其承担的责任也相应会较小，此时，下级政府往往不愿主动承担责任，而是消极应付，事事请示、报告，谨小慎微，不敢越雷池一步，且互相推诿责任"①。在食品安全监督管理的纵向权力体系中，食品安全监督管理活动的开展亦会受到"权力理性"的制约。权力的拥有者在"理性经济人"的影响下必然追求自身利益的最大化，最终可能会形成一种上下级部门想方设法"避责"的状态。例如，上级部门为了规避责任会把食品安全监督管理的"重要职责"转托至下级部门，而下级部门则会"见招拆招"，极尽"请示报告"之能事，事事都征询上级部门的意见，以消极履职的方式推诿食品安全监督管理责任。

（3）横向分工的"权责真空"

权力主体的多元化会造成权责的碎片化问题。横向职责分工不合理，会形成"有事不管，有利争管"的权责真空局面。"食品安全治理的'碎片化'是现代公共事务治理中具有一定普遍性的问题，这一问题是21世纪公共事务治理中遭遇的一种普遍性困境。"②根据我国《食品安全法》第5条的规定，食品安全监督管理职责分属于卫生行政、农业行

---

① 曹现强，赵宁. 危机管理中多元参与主体的权责机制分析[J]. 中国行政管理，2004(7)：86.

② 颜海娜. 我国食品安全监管体制改革——基于整体政府理论的分析[J]. 学术研究，2010(5)：43.

政、食品安全监督管理部门。"现有监管体系为产业、卫生、商业等多个部分所分割，形成了同一种食品，同一环节的监管职能为多个监管机构所分割，但部门间责任又划分不清。"①虽然国家机构改革在形式上结束了"多部门分段综合管理模式"，实现从田间地头到百姓餐桌的一条线管理，但是卫生防疫部门、农业部门、商务部门、城市管理部门仍然对食品的生产、运输、销售活动具有行政管理权，实践中食品安全监管权责边界的交错、交叉和相互挤占现象仍然不同程度地存在，监管盲点并未完全清除，例如农贸市场中家禽家畜幼崽、自产鸡鸭鹅蛋、菜籽幼苗等商品是交叉监管下的盲区，一旦出现问题，如何确定责任则变得异常困难。

(4)"行政自由决定"下的权力"打酱油"

虽然《食品安全法》明确规定："县级以上人民政府食品安全监督管理、农业行政部门依据各自职责公布食品安全日常监督管理信息。公布食品安全信息，应当做到准确、及时，并进行必要的解释说明，避免误导消费者和社会舆论"，但行政机关在具体决策中存有自由活动的空间。"行政自由决定"一方面源于立法机关的授权，即行政裁量权，"行政经法律之授权，于法律之构成要件实现时，得决定是否使有关法律效果发生，或选择发生何种法律效果"；② 另一方面源于"风险""初级""较高程度""专家"等模糊性概念的解释适用权。在食品安全政府监管中，"行政自由决定"的存在可能会诱发权力"打酱油"现象。特别是在食品安全的信息公开工作中，行政机关可能会出现"选择性失明"，对风险"视而不见"，隐匿或延迟发布关系社会大众食品安全的信息，例如"广州市食品安全监督管理部门日常抽检发现部分单位的食品不合格，其中米及米制品被检出重金属镉超标、食用油被检出致癌物质黄曲霉素 B1 超标、熟肉制品金黄色葡萄球菌超标等，但是却没有依法向社

---

① 王耀忠. 食品安全监管的横向和纵向配置——食品安全监管的国际比较与启示[J]. 中国工业经济，2005(12)：69.

② 陈敏. 行政法总论(第四版)[M]. 台北：自刊行，2004：177.

会公布不合格产品的品牌、生产单位及销售单位，有关食品的危害性也只字不提。"①从某种意义上说，食品安全事件所造成的恶性后果与"行政自由决定"下的权力"打酱油"之间存在因果关系。

2. 食品安全风险警示制度中"权责分居"的原因分析

生产经营者的逐利性是食品安全问题的内生性因素，食品安全政府监管的"权责分居"状态则是食品安全问题的外生性因素。在现代法治社会，行政机关的权力与职责是紧密相连、密不可分的。食品安全政府监管领域中的"权责分居"现象源于我国的传统政治文化基因。食品安全政府监管的立法缺陷和问责漏洞是"权责分居"的直接原因。

(1)"权力至上"的文化基因

"社会政治文化是一个民族特定历史时期内在政治行为中所表现出来的政治态度、政治信念、政治心理、政治习惯、政治价值判断及政治情感形式的总和。"②权力运行与社会政治文化之间存在一种内在关联，权力的实际使用状况会促进某种社会政治文化的形成，而权力的运行又必然会受到特定国家和地区的社会政治文化的影响。传统东亚社会的封建专制文化埋下了"权力至上"的文化基因。"长期封建专制主义在思想政治方面的遗毒仍然不是很容易肃清的，种种历史原因又使我们没有能把党内民主和国家政治生活的民主加以制度化、法律化，或者虽然制定了法律，却没有应有的权威"，③ "权力本位"的社会传统和权力"逃避责任"的习性决定了责任不是权力的"对手"。当"责任"与"权力"两相冲突时，责任往往要败下阵来。当然，在现代社会中，"权力也会作

① 李柯勇，欧甸丘. 食品安全信息公开为何"躲猫猫"[N]. 中国质量报，2013-05-12(2).

② 季正矩，赵付科. "一把手"监督与党内民主建设[J]. 当代世界社会主义问题，2011(4)：17.

③ 中共中央文献研究室. 三中全会以来重要文献选编[M]. 北京：人民出版社，1982：819.

恶"已经成为一种社会共识，但由于"权力至上"的"余威"尚存，食品安全政府监管过程中权力与责任亦不可避免会出现两相分离的情形。这突出地表现在以下两个方面：一是食品安全监管对上不对下。监管部门在获取食品安全风险信息后，在第一时间并不是告知社会大众，而是及时上报其上级部门。有的地方政府甚至为了保护地方政绩和局部利益，置国家和人民的利益于不顾，阻挠食品安全风险信息的发布，"三鹿毒奶粉"事件就是一个典型案例。在法院的审理中，三鹿集团的管理人员承认公司最早接收到投诉的时间是在 2007 年底。① 但在 2008 年 9 月之前，政府部门对奶粉问题并未向社会发布任何警示信息，直到 2008 年 9 月 11 日卫生部才表示：高度怀疑石家庄三鹿集团股份有限公司生产的三鹿牌婴幼儿奶粉受到三聚氰胺的污染。② 食品安全监管过分强化行政管理色彩，社会参与不足，民众很难真正参与到食品安全的立法、执法和司法工作中。在食品安全的立法中，民众的话语权不充分；在执法工作中，许多地方尚未建立食品安全协管员制度，在有协管队伍的地方，协管员的选取工作不够透明；在行政问责程序中，社会大众不是问责的启动主体。食品安全监管的社会参与不足会诱发权责分离现象，即让社会大众为公权力部门的食品安全的决策失误买单。三是"权力至上"的滥权现象。生产经营者千方百计地与食品安全监管者形成利益同盟，共同谋取非法利益；食品安全监管者为了利益则放弃监管责任。此外，地方政府为了增加税收和罚款，滥用权力，采取"放水养鱼"或选择性执法的方式，姑息纵容食品安全违法行为。

（2）"权力运行"的问责漏洞

行政问责"不仅是提高行政效率、增强政府执行力的有效保障，而

---

① 新华视点 . 是谁打倒了"三鹿"[N]. 桂林晚报，2008-12-29（22）；百度百科 . 中国奶制品污染事件 [EB/OL]. （2009-09-14）[2009-10-17]. http://baike. baidu. com/view/2805883. htm.

② 卢斌 . 家有"结石宝宝"[N]. 南方都市报，2009-09-09（AT02）.

且也是影响政府合法性和党的执政能力的重要因素"①，亦是实现权责统一的制度性保障。作为一种内部监督与责任追究制度，食品安全的行政问责制度还存在一些漏洞：一是"问下不问上"。目前，行政机关内部的上级对下级的"同体问责"仍然是食品安全行政问责的主流形式。发生食品安全事件后，被问责的对象通常是地方领导或下级单位的人员，而履行食品安全监管职责的中央部门或上级单位很少出现被问责的情况。二是"问错不问不做"。食品安全行政问责主要是针对滥用职权和违法行政的行为，食品安全政府监管中的行政不作为或行政怠惰往往不在问责的范围之内。三是"问大不问小"。食品安全行政问责往往针对的是重大食品安全事件，对于小规模的食品安全事件缺少问责监督环节。这导致监管部门对小规模的食品安全事件极不重视。实践中，食品安全监管部门的工作人员以"麻木作答"的方式敷衍"小型餐饮食品安全问题"的投诉者。四是"问而不责"。重大食品安全事故发生后，所问之"责"与行政决策失误所造成的严重后果不相称。有的食品安全行政问责甚至异化成了责任人员的"带薪休假"，"高度问责，低调复出"的现象仍然较为普遍存在，"行政问责的刚性不足而柔性有余、敷衍有据而强制乏力，也注定会大大衰减行政问责的实际效果"②。

（五）食品安全风险的行政效能障碍

食品安全监督管理是保护食品安全生产和经营的社会关系，保障公民、法人或其他组织的人身权和财产权。当前，我国已出台了一系列对食品安全风险进行监管的制度，但目前的效果还不太尽如人意。从结果倒推原因，可以得到这样一个结论：监管效果欠佳源于监管过程中障碍性。

---

① 姜晓萍．行政问责的体系建构与制度保障[J]．政治学研究，2007(3)：70.

② 史浩林．我国行政问责的现实问题、成因与对策[J]．广东行政学院学报，2010(4)：67.

1. 监管的低效性

许可证制度是对食品安全风险的一种前置性控制制度。但由于食品行业自律性的整体不足，食品生产经营准入条件存在"形式大于实质"的问题，一些食品安全风险规制措施常常会遭遇执法抵触。通过发放许可证对食品生产经营行为进行监督，要求对市场主体的资格进行一一审查，需要大量的时间、人力和物力，成本很高，因此监管部门有时候仅仅是根据书面审查结果而不是现场核查做出许可决定，这给申请人提供了钻"制度漏洞"的机会。为了获得监管部门的发证许可，有的生产经营者甚至会采取隐瞒、欺骗等违法手段，伪造相关文件。即便是监管部门能够做到每一个申请都进行现场核查，申请人也可能是通过突击达标获取审批，而一旦获得审批后，就"原形毕露"。换而言之，对于大多数生产经营者而言，申请时的食品安全状况就是最好状态，一旦拿到许可证后，就不再严格规范自身行为。所以在获得准入的许可证以后，对市场所起到的监督、过滤作用也基本上结束了。取得许可证的商家也可能会出现违法失信行为，无法持续地保证其所生产经营的食品的安全性。这也就是说，食品生产经营者是否获得许可证同他是否会进行健康安全的食品生产之间并没有什么必然联系。另外，没有获得许可证的商家同样也能凭借市场与体制当中所存在的一些漏洞进行经营，也就是这样的现象导致了"机会主义文化"的诞生，政府监管会被当作一种障碍，在进行市场优势的获取时必然是能够翻越的。无照经营者在"基本需求"市场中游刃有余，一些存在食品安全隐患的"路边摊"以其独特的口味和良好的"人缘"与周围居民"打成一片"，当执法人员对他们无照经营的行为进行取缔时，有时不但得不到当地群众的支持，而且还会受到群众的指责甚至可能引发群体性事件。

从理论上来说，能够获得许可证进入市场当中的主体通常都是具备一定规模的企业，他们一般都不会用他们自身的声誉去进行冒险的尝试，因此也能够依靠企业自律来保证食品安全。当然，更让人担忧的一种情形是，许多申请者都不能达到国家相关标准，地方又要发展经济，解决就业，解决剩余劳动力，维持社会稳定，因此监管部门审核时就可能"睁一只眼闭一只眼"，即便确实通不过的，也可能会通过发放一个经营辅导证，默认其进行经营活动。

2. 监督的短效性

在食品安全事件发生后，往往政府通过个案方式进行处理和解决。在对食品安全事故的处理过程中，往往存在"事件偶发性"执法心理，将事故原因主要归结于生产经营者，认为产生这一问题的根本原因或主要原因在于食品生产经营者自身的道德缺失、愚昧无知、贪图利益和无照经营。因此他们通常比较重视个案影响的消除工作和个别"不法商贩"的责任追究工作，并在"无证照者"以及"不法商贩"等极个别的人的处置中结束。[①] 而这样的追责的方式一旦不奏效，通常会将责任归为一些人的贪污腐败与玩忽职守而导致的管理漏洞。当然，能到这一个处理程序上的一般都是那种范围极广、有着非常恶劣的影响的事件，例如"三聚氰胺事件"。但责任追究工作往往并非如此，有的食品安全事件最后就"大事化小、小事化了"。

在食品检验检测中，一方面我国的食品监测任务十分繁重，另一方面专业监管人员又严重不足，因此几乎每一名监管人员都有大量的监管任务，实际工作中他们不但要面对繁重的工作任务，并且执法风险很大，一旦出了重大食品安全事件，之前的努力就是直接归零，"你查了100家，但是在101家的时候出事了，那么之前的努力就白费了"，类似这些情况都给监管人员形成了无形的压力。在调研过程中，当工作人员被问及遇到这种情况后心里是怎么想的，结果大多数工作人员的回答是"倒霉""欲哭无泪"。我国在对食品安全事故进行处理的过程当中，

---

① 陈桂梅，徐东. 食品安全法律法规制度的分析及探讨[J]. 中国医药指南，2012(24).

尤其是在重大的食品安全事故发生以后,在社会的舆论之下,有的上级机关往往要求在最短的时间内将事态控制住。然而,许多"当机立断"采取的一些措施并不是最优选择。事实上,采取措施的"当机立断"应急模式有"作秀"的嫌疑,其主要考虑因素往往并不是这些措施是否能够取得效果或是否从根本上解决了问题,而是能否及时、有效地控制社会不稳定性因素。事件过后,或者公众注意力转移,这些"当机立断"的措施的执行力度就难以持续,最后甚至不了了之。这表明我国的食品安全风险监管还存在一定的短效性。

四、食品安全风险警示制度的司法监督困境

司法监督并不是万能的。司法权作为一种重要的公权力会受到其他权力的制约。同时,司法运作会因为立法的滞后性而出现监督困境。就食品安全风险警示的司法监督而言,当前我国权力架构的不平衡性、食品安全风险警示法律性质的不确定性以及风险不确定性下责任认定等问题应受到重视并努力克服。

(一)权力架构不平衡性下的司法监督困境

司法监督是一种合法性监督,这也就是说,司法监督应以法律规定为唯一准则。公权力侵权案件的受理、审理则是一种纯技术性活动。如果抛开其他层面的因素,司法监督的技术性运行本是十分简单的事实与法律比对适用过程。然而,由于我国当前司法机关与行政部门的畸形关系,使得技术性活动往往要让位于行政性功能。"在现行体制下司法权力的配置主要考虑的是行政管理的便利,而不是个人权利的保障;而司法权威终极性要求的是个体公正的优先保障,矛盾的结果是司法目的的行政化。"①司法监督的根基是司法独立,司法监督的"机械"运行须以

---

① 廖奕. 司法与行政:中国司法行政化及其检讨[J]. 学术界,2000(1):54.

实质意义上的独立审判权为基本前提。虽然我国《宪法》第 131 条规定"人民法院依照法律规定独立行使审判权，不受行政机关、社会团体和个人的干涉"，但该宪法条文在实践中的被遵守程度不容乐观。人民法院许多事项都受制于当地政府，使得司法与行政之间的制衡性蜕变成为司法与行政的附属关系。作为附属于行政的司法机关，在司法审判中如若涉及行政权，其司法决断的公正性必然大打折扣。"由于人民法院缺乏独立性，法院和法官的政治地位往往处于上级或同级行政级别之下……在当前中国权力结构的强行政、弱司法的总体态势下，高扬的行政部门利益和地方保护主义往往逼得法院的行政审判步步后退，难以秉公执法。行政审判机构和法官既不能也不愿开罪于行政部门……致使大量的甚至高达三分之二的行政案件，以行政诉讼提起人的撤诉告结。"[1]如果说受案范围的限制如同孙悟空头上的紧箍一样，使得人民法院在司法实践中常常是心有余而力不足，那么权力配置的失衡则使得法院有时成为"花瓶"式的摆设，对于"民告官"案件既无力也无心。这种权力架构的失衡性一方面致使立法中的行政诉讼受案范围过于狭窄，另一方面使得法院在既有的规定下也产生畏惧受理的心理。在司法实践中，涉及行政机关的案件往往就不仅仅是单纯的法律问题，还有法院不愿意、也害怕受理"民告官"的案件问题。实践中，人民法院所受理行政诉讼案件的数量相当有限，远不及民事诉讼案件。由于食品安全风险警示行为的特质，人民法院对行政案件的司法监督困境体现在对食品安全风险警示的司法监督上更是有增无减。

(二) 行为属性争议下的司法偏好

食品安全风险警示是国家进行风险预防和危机管理的一种重要手段，其柔性管理的特质在淡化行政管制色彩的同时，也引起学界对其性

---

[1]　陈云良. 中国行政司法监督的困局与出路[J]. 西部法学评论，2009(3)：9.

质界定的争议。一种代表性观点将食品安全风险警示划归行政事实行为。当然，如果从食品安全违法事实公布的角度出发，食品安全风险警示又可被视为一种行政强制执行手段。① 与学界所持观点大相径庭，亦造成了食品安全风险警示的司法监督困境。司法机关与行政机关的现实依附关系，使得人民法院对食品安全风险警示的司法监督过程中出现特定偏好。学界关于食品安全风险警示的法律属性的多种学说为司法机关的这种偏好提供了一定的实现空间。而我国立法中关于行政诉讼范围的规定将一些行政活动排除在司法审查范围之外，又为这种偏好的实现提供了合法性空间。1999 年颁布的最高人民法院《关于执行〈中华人民共和国行政诉讼法〉若干问题的解释》将所谓的"不具有强制力的行政指导行为"排除在人民法院行政诉讼的受案范围之外。同时，根据《行政诉讼法》第 13 条和《最高人民法院关于〈中华人民共和国行政诉讼法〉的解释》第 2 条的规定，"宣布紧急状态""总动员"等国家行为亦被排除出行政诉讼的受案范围，人民法院不受理对此类事项提起的诉讼。理论上的选择空间与司法审查的排外范围实际上为人民法院对食品安全风险警示进行司法监督提供了"选择性失明"的机会，使得人民法院可以"合理""合法"地表达特定偏好。"不具有强制力的行政指导行为"很可能成为一个"筐"，行政机关可以此名义实施不受司法监督、实际上却会对行政相对人权利产生重大影响的食品安全风险警示行为。

(三)风险不确定性下的责任认定难题

司法监督的功能在于通过责任分配机制(违约责任、侵权责任、行政赔偿责任、刑事责任)控制违法行为，恢复公民、法人或者其他组织的合法权益。这种责任分配机制是以确定的条件和标准为基础的。然而，风险是指在特定时间条件下某种不利后果出现或者损失发生的可能

---

① 章志远. 作为行政强制执行手段的违法事实公布[J]. 法学家，2012(1)：52.

性，风险的核心因子就是不确定性。这种不确定性既包括风险本身的不确定性，也包括损害结果的不确定性。在风险的普遍性以及不确定性作用下，风险越发呈现出一种不可预知性，即"风险已经无法通过传统的制度设计实施控制，无论专家系统还是知识都失去了人们的信任"①。食品安全风险警示作为一种风险规制手段具有"决策于未知之中"②的特征，立法机关可以授予行政机关进行风险预防的权力，但法律规定很难准确涵摄风险决策和具体措施。行政机关在规制风险过程中的违法性以及法律责任往往难以确定，"立法者授权规制机关在不确定性面前做出自己的预测和判断，在未来不确定性的范围之内，规制机关的任何预测和判断都至少在形式上是合法的"③。实际上，我国《食品安全法》对于风险规制部门实施食品安全风险警示行为的法律责任界定是相当模糊的。对于诸如"什么样的风险评估才是合法有效的""应该发布以及不能食品安全风险警示的具体情形""食品安全风险警示行为违法的举证责任"等问题立法基本上没有涉及或规定不明确。这使得司法机关对食品安全风险警示行为进行司法监督的空间大大缩小。

---

① 任春雷. 风险社会的来临与历史决定论的消解[J]. 沈阳师范大学学报(社会科学版)，2008(5)：10.

② 宋华琳. 风险规制与行政法学原理的转型[J]. 国家行政学院学报，2007(4)：61.

③ 金自宁. 风险规制与行政法治[J]. 法制与社会发展，2012(4)：63.

第三章　食品安全风险警示的制度镜鉴

食品安全风险治理是一个全球性的难题。任何国家和地区都无法回避食品安全问题，都要在制度建设上回应食品安全风险。事实上，在食品安全风险治理上，一些国家或地区已经形成了较具特色的制度或措施。以"风险防控"和"权利保障"为检索重点，可以发现美国的食品安全风险防控制度、我国台湾地区的医师通过制度以及德国的基本权"三阶审查"制度都具有一定的借鉴价值。

一、美国的食品安全风险预防制度

美国《食品安全现代化法案》(*Food Safety Modernization Act*)是为了解决《联邦食品药品化妆品法案》(1938 年通过)的滞后性问题，以便推进现代社会的食品安全监管工作，更好地实现食品安全的风险预防功能。该法案有一个较为突出的特点，即事前预防重于事后反应。美国食品和药物管理局获得了许多新的食品安全监管权力和职责。该法案由四大部分组成，即"提高食品安全问题的预防能力；改进发现和应对食品安全问题的能力；提高进口食品的安全性；附则"①。通过《食品安全现代化法案》，美国的食品安全风险预防机制更加成熟，美国食品和药

---

① FDA. Food safety modernization act [EB/OL]. http://www.fda.gov/Food/GuidanceRegulation/FSMA/.

物管理局的风险防控和交流的能力也得到一定提升。

(一) 食品安全风险的预防

当前，世界各国都在致力于食品安全风险的预防能力改进，美国《食品安全现代化法案》亦秉持此一理念，在《食品安全现代化法案》第一部分就明确规定加强食品安全风险预防性控制的立法要求，并形成了较具特色的预防性规制机制。

1. 美国农业和食品防御的国家战略计划

美国将农业和食品防御列为国家战略。国家农业和食品防御战略由美国卫生与公共服务部、农业部和国土安全部共同协商制定。该防御战略信息系统并不单独运行，它与美国的国家事故管理系统、应急管理系统等保持统一协调。农业和食品防御战略必须是一个可被卫生与公共服务部、农业部和国土安全部所应用的，其目的在于改进农业和食品系统脆弱性，提高农业、食品安全风险交流、监测和应急能力，实现对食品污染和疾病的快速识别和有效控制，及时净化和恢复受农业和食品紧急情况影响的区域，防止更多人群感染疾病。国家农业和食品防御战略十分重视对健康数据和食品"良好制造规范"的分析和修订工作。为了避免发生大范围的食源性污染，这些数据每两年要更新一次。

2. 食品安全记录监督制度

美国的食品安全记录监督制度是一种食品安全风险间接预防制度，即食品生产经营者根据行政机关的要求提供相应的经营信息和食品安全信息。在食品安全记录监督制度中，行政机关并不直接向社会大众提供食品安全风险预防信息，而是通过信息监督的方式，以确保食品生产经营者向社会提供安全可靠的食品。美国的食品安全记录监督制度包括记录监督和登记监督两大方面。记录监督主要指向"食用或接触该食品会对人类或动物造成严重的健康问题甚至死亡"这一情形，美国食品和药物管理局要求食品生产经营者(农场和餐馆除外)对食品生产经营活动进行无缝化的全程记录，美国食品和药物管理局随时可以要求生产经营者提供所有和该食品或其他关联食品的相关记录。登记监督是指食品生产者应当登记食品经营信息。食品生产者每两年进行一次延续登记。如果食品企业所生产或经营的食品有致人或动物健康严重损害或死亡的可能，则美国食品和药物管理局可以暂停该工厂的登记。

3. 危害分析和风险防控制度

《食品安全现代化法案》确立了危害分析和风险防控制度，"该《法案》将近年来世界各国食品监管领域普遍应用的危害分析与关键点控制(HACCP)方法，以法律的形式确立为食品风险预防控制制度。要求食品链的所有企业和环节均应实施危害分析和基于风险的预防控制体系"①。危害分析和风险防控的主体是食品生产经营者，美国食品和药物管理局是间接参与者，对生产经营者的危害分析和风险防控行为进行监督。所有食品生产经营者都要对与食品相关的危害因素进行全面评估并采取与之相适应的预防性控制措施。食品生产经营者应制定和实施预防性控制措施，并对所做的防控措施的实施效果进行监测以避免危害发生或将危害降到最低。对所实施的预防性控制措施要进行监控，并对相关记录予以保存。危害分析和风险防控相关记录②一般要保留 2 年以上。危害分析和实施预防性措施的最低标准由美国食品和药物管理局通过条例的方式予以明确。

---

① 高彦生，宓萍，等. 美国 FDA 食品安全现代化法案解读与评析[J]. 检验检疫学刊，2011(3)：73.
② 记录的内容包括"实施的防控措施的监控情况、不符合食品安全规范的事例、按照规定进行测试和其他形式检验的结果、实施整改措施的状况以及防控、整改措施的成效"，FDA. Food safety modernization act[EB/OL]. http：//www.fda.gov/Food/GuidanceRegulation/FSMA/.

4. 食品过敏症和过敏反应的管理制度

食品过敏症和过敏反应的管理主要是针对教育机构的在读学生的食品过敏症和过敏反应情况进行分析和控制的相关制度。教育机构主要是指公立幼儿园、小学、中学。食品过敏症及过敏反应自愿性管理导则由卫生与公共服务部主导并与教育部共同协商制定。导则不具有法律的强制效力，仅具有指导效力。教育机构以及其他相关团体和个人有权按照自己的真实意愿独立自主地决定是否实施该导则。自愿性导则主要包括家庭提供的资料和教育机构的应对策略。具体而言，父母有责任在每学年开始前向学校或学前教育机构提供学生食品过敏症和过敏反应史以及应急处理方法和要求的相关资料。教育机构应提供的资料主要包括教育机构与急救服务机构的应急沟通方式和救助策略，过敏源预防的策略和学生避免接触过敏源的策略，关于影响生命健康的食品过敏的相关知识。

(二) 食品安全风险发现和应对

1. 食品设施分类的检测制度

美国把制造、加工、包装或储存食品的设施分为高风险设施和非高风险设施，分类的标准包括设施的已知安全风险、设施的合规性历史、设施的优先标准、设施的证书以及其他合理标准。对于高风险的设施在法案公布以后的 5 年内至少检验一次，之后至少每 3 年检验一次；对于非高风险设施在法案公布以后的 7 年内至少检验一次，之后至少每 5 年检验一次。

2. 食品安全年报制度

美国食品与药品管理局的部长在每年的 1 月 1 日前应该向国会提交上一财政年度的年报，年报的内容为检测部门所做的工作，具体包括食品设施的信息、食品进口信息和食品药品管理局国外办事处的信息，并且公布在食品与药品管理局的网站上。食品设施的信息包括上年检测所用的总体费用、高风险和非高风险食品实施检测的各自平均费用、检验的国内和国外设施的数量以及计划检验但没有检验的数量、已检验的高风险设施数量以及尚未检验的数量。食品进口的信息包括上一年度检验或抽样的进口食品数量和没有检验的进口食品数量，以及对进口食品检验的平均成本。食品与药品管理局国外办事处的信息包括国外办事处的数量和常驻人员数量。

3. 检测机构认证制度

美国的食品检测机构主要是各种经过认证的实验室，可以是官方的实验室，也可以是私人实验室，都需要在登记簿中登记相关的信息。为了提高实验室的检测能力，需要设置模型实验室，从而进行特定采样或者分析检测。实验室作为被认可的检测机构随时可能因为其不符合条件而被撤销。在认可的实验室中，一些实验室可以因检查方法的一致而形成网络的整合，从而减少检测和应对突发食源性疾病所需的时间。美国还规定了境外运营的实验室认可制度。只要这些境外运营的实验室达到国内实验室的标准就能获得认可。经过认证的实验室的检测结果应当直接提交给食品与药物管理局。"未经美方认可的境外食品分析实验室，不得从事输美食品的检测活动，美国不承认其检测报告。"①

4. 食品跟踪和追溯制度

当前美国还有一套行之有效的食品跟踪和追溯制度。食品跟踪的目的是快速、有效地识别食品的摄入者，预防和减少突发食源性疾病，并避免或减少食品标识错误对人和动物生命健康的影响。为了确保这个制

---

① 高彦生，宦萍，等．美国 FDA 食品安全现代化法案解读与评析[J]．检验检疫学刊，2011(3)：73．

度的安全实施，美国食品与药物管理局要求先进行试点项目，开发和演示快速、有效地跟踪和追溯食品的方法，并且到各种规模的企业均适用时再进行推广适用。追溯制度也需要先进行试点项目，之后再进行制度的推广以确保追溯系统能够得到试点项目的充分支持。对于高风险食品的记录保存要求，由部长发布相关建议规则。高风险食品由部长根据"高风险食品标准"①指定。高风险食品清单应在联邦食品与药物管理局的网站上公布。高风险食品清单依法更新后应在《联邦公报》上发布更新通知。

5. 食源性疾病监控系统

突发食源性疾病是指由于摄入某食物发生了两例以上（包含两例）类似疾病。食源性疾病监控系统在美国食品与药物管理局部长的领导下由疾病控制与预防中心的负责人主管，疾病控制与预防中心会以"工作组"的形式开展突发食源性疾病的控制与预防工作，工作组的构成较为多元，既有食品、卫生机构的公职人员，也有相关领域的专家，同时还包括利益相关的人。工作组每年要提供一个关于突发食源性疾病控制与预防的建议和意见的研究报告。食源性疾病监控系统每年也要至少发表一次报告，并且允许公众及时获得综合的待识别信息。为了提高食源性疾病信息的收集、分析、报告和应用能力，美国的食品与药品管理局在食源性疾病监控系统建设中作了较为严格的规定，包括"食源性疾病监控系统之间的协调和共享""实现政府与公众之间的信息共享""开发获

---

① 《食品安全现代化法案》第 204 条规定了高风险食品的认定依据，主要包括：（1）特定食品的已知安全风险，包括美国疾病控制与预防中心采集的食源性疾病数据；（2）特定食品因其性质或者采用的生产工艺而产生高潜在微生物或化学污染，或者支持病原微生物生长的可能性；（3）食品制造过程中最有可能发生污染的点；（4）发生污染的可能性以及为降低污染可能性在制造过程中采取的措施；（5）由于特定食品受污染，消费此食品会造成食源性疾病的可能性；（6）因特定食品产生的食源性疾病的可能或者已知严重性，包括健康和经济影响。FDA. Food safety modernization act[EB/OL]. http://www.fda.gov/Food/GuidanceRegulation/FSMA/.

取优质暴露数据的经改进遗传病学工具以及用于病例分类的微生物学方法""改进突发食源性疾病对某特定食品的归因"等一系列要求。

6. 食品强制性召回制度

《食品安全现代化法案》扩大了美国食品与药品管理局的食品召回强制权。美国食品与药品管理局可以对除婴儿配方食品以外的任何有问题的食品行使强制性召回权。当然，美国食品与药品管理局有强制性召回权并不意味着美国食品与药品管理局一发现某食品存在问题就对该食品进行强制性召回。强制性召回程序只有在食品生产经营者没有履行主动召回义务的情形下才会启动。美国食品与药品管理局进行食品强制性召回时亦要给责任方提供非正式听证的机会，但是部长不得对任何酒精类饮料发出强制性召回命令或者其他措施。听证会应该在停止销售的命令发出的两天之内举行，如果经过听证发现此商品要撤出流通，部长可以修改命令以完成要求；如果经过听证发现停止销售的证据不足，部长应该撤销或者修改命令。发生错误召回时，美国食品与药品管理局应该赔偿损失。

(三) 进口食品安全风险的规制

1. 国外供应商的审核制度

为了充分发挥美国各进口商在进口食品安全风险预防中的作用，《食品安全现代化法案》确立了国外供应商的审核制度，赋予各进口商对其进口的食品进行审核的职责，"进口商须实施基于风险的国外供应商核查计划，以验证进口食品按规定生产，并且不是掺杂或标签错误的食品"[①]，这些进口食品既要符合美国法规所规定的质量要求，同时还

---

① 高彦生，宦萍，等. 美国 FDA 食品安全现代化法案解读与评析[J]. 检验检疫学刊，2011(3)：73.

要满足美国食品与药品管理局认为的与美国国内生产同类食品同样安全的其他合理性要求。

2. 食品进口证明制度

检视《食品安全现代化法案》，美国食品与药品管理局对进口食品的安全水平持怀疑态度，因此，采取了许多手段对进口食品的安全风险进行严格控制。食品进口证明就是一种较为常见的方法。《食品安全现代化法案》规定进口食品应有相应证明，以确保该进口食品符合美国《食品安全现代化法案》以及其他相关法律的要求。进口食品需要有证明才能入境主要是因为"（1）此类食品的已知安全风险；（2）食品原产国、原产区或原产地的已知安全风险；（3）食品原产国、原产区或原产地的食品安全计划、体系和标准不足以确保此类食品与美国境内依据本法的要求制造、加工、包装或者储存的同类食品一样安全"①。

3. 第三方审核机制

为了加强对进口食品的监管，美国《食品安全现代化法案》引入了第三方审核机制，"通过第三方审核机构对输美食品企业进行咨询审核和监管审核，鼓励外国食品企业参与自愿合格进口商计划，从而建立一个自愿性审核体系"②。第三方审核机构需要经过美国食品和药物管理局的认证。第三方审核机构既可以是组织也可以是自然人。经认证的第三方审计机构及其工作人员要严格执行利益回避规定，如果出现违反利益回避规定的情况，其认证资格将会被撤销。"2015 年 11 月 27 日，美国食品和药物管理局正式发布《认可第三方认证机构执行食品安全审核和出具认证证书》，该法规属于美国《食品安全现代法案》的 5 个配套框

---

① 高彦生，宦萍，等. 美国 FDA 食品安全现代化法案解读与评析[J]. 检验检疫学刊，2011(3)：73.
② 高彦生，宦萍，等. 美国 FDA 食品安全现代化法案解读与评析[J]. 检验检疫学刊，2011(3)：73.

架性法规之一。"①该法规适用范围广泛，基于涵盖了所有食品和食品原材料，具体而言包括"水果、蔬菜、鱼、奶制品、蛋类、用于作为食品或者食品成分的食品、动物饲料(包括宠物食品、食品农产品原料和饲料配料和添加剂、膳食补充剂和营养成分、婴幼儿配方奶粉、饮料(包括瓶装水)、活生食用动物、焙烤食品、休闲食品、糖果以及罐头食品等"②。但值得注意的是，该法规并非对所有食品都具有强制性作用，事实上只有高风险食品才需要强制性的第三方审核认证，"对存在高风险的食品，FDA 有权要求相关进口食品在进入美国境内时具备可信赖的第三方认可证明。对于那些拒绝接受美国检查的外国食品出口企业，FDA 有权拒绝其出口到美国境内"③。

(四)美国的食品安全风险规制启示

1. 法律规定的明细化

美国的《食品安全现代化法案》对食品安全风险进行了详细的规定，仅关于高风险食品的其他记录保存要求就多达 13 项，并且《食品安全现代化法案》对可能存在异义的立法表述一般都有明确的法律指引，例如关于"食品零售企业"，《食品安全现代化法案》第 102 节规定："部长应对《美国联邦法规》第 21 编第 1.227(b)(11)节中'食品零售企业'的定义加以修订，说明由此企业向消费者直接销售食品的活动包括如下活动，以便澄清此节中所规定的食品零售企业的主要功能。"④相较而言，

---

① 赵海军，李建军，等.《食品安全现代化法案》有关第三方审核机制的研究和应对[J].食品安全质量检测学报，2016(5)：2122.

② 卢礼卿，张少辉.《食品安全现代化法案》有关第二方审核机制的研究与思考[J].上海食品安全监管情报研究，2014(8)：5.

③ 李腾飞，王志刚.美国食品安全现代化法案的修改及其对我国的启示[J].国家行政学院学报，2012(4)：120.

④ FDA. Food safety modernization act [EB/OL]. http://www.fda.gov/Food/GuidanceRegulation/FSMA/.

我国的食品安全立法相对笼统，一些法律条款的确定性不够且存在立法指引不足的问题。

2. 社会参与度较高

食品安全问题关乎每个人的身体健康，食品安全治理是一个社会参考度较高的治理领域。美国的食品安全风险信息规制制度较为重视公众参与。例如《食品安全现代化法案》第 105 节对产品安全标准的拟定明确要求："在对第一段中所述拟议法规通知的评议阶段，部长必须在美国 3 个不同的地区举行至少 3 次公开会议，以使不同地区的人都有机会参与评定"；第 205 节规定："促进食品药品管理局、农业部、州及地方级机构等政府部门之间以及政府部门与公众之间更及时的监控信息共享。"①另外，在食品安全风险的规制工作方面，美国食品与药品管理局还注意社会资源的利用，例如建立了第三方审计机构的认证制度。目前，我国的食品安全风险治理的社会参与程度还有待提高，例如就食品安全标准而言，公众并没有太大的话语权，许多食品安全标准由大企业主导，公众即便参与大多也只是形式上的参与，对食品安全标准的制定难以产生实质性影响。

3. 食品安全风险规制的全球化视野

美国在食品安全风险规制上的一个突出特点就是规制工作的全球化。《食品安全现代化法案》不仅重视美国国内的食品安全问题防御、检测和应对能力，而且还设专篇对进口食品的安全性进行规范，并建立了国外供应商的审核制度、进口食品发货的预先通报制度、国外食品工厂的检验制度、第三方审计的认证制度等。食品安全问题是一个全球性的问题。在"地球村"时代，食品安全风险亦是一个跨区域性的风险。

---

① Food safety modernization act[EB/OL]. http：//www. fda. gov/Food/Guidance Regulation/FSMA/.

我国在食品安全风险规制工作中亦应具有全球化视野，不断加强食品安全治理的国际合作，提高食品风险规制手段的跨区域性，进一步提高进出口食品的安全性。

二、我国台湾地区的传染病医师通报制度

我国《食品安全法》第 14 条明确规定："国家建立食品安全风险监测制度。"食品安全风险监测工作主要由卫生行政部门会同食品安全监督管理等部门共同负责实施。"对食源性疾病、食品污染以及食品中的有害因素进行监测"的工作具有共治性，这种食品安全风险的识别和信息报送就应形成一种"有效、管用"的制度。就危险程度和损害效率而言，有害食品与传染病极为相似。食品安全风险预防与传染病预防具有较大相似性，预防工作好坏都直接关系到人们的身体健康、财产安全以及整个社会的安定。因此，有关传染病监测、预测、调查、疫情报告等预防、控制的成功经验可以推广至食品安全风险治理工作之中。为了加强对传染病的监控，我国台湾地区建立了定点医师监视通报系统，并在近 20 年的传染病防治工作中发挥了巨大作用。在传染病医师通报工作中的两阶段模式、公私协力、健全的网络通报平台以及对私权的保障等方面值得关注和学习。

（一）台湾地区传染病医师通报的法律依据

传染病防治不仅是一个医学问题，同时属于社会治理的范畴。保障公众健康、财产安全和公共卫生是现代政府的重要职能之一，传染病防治工作的好坏直接关系到人们的身体健康、财产安全和整个社会的安定。传染病防治的政府行政介入与公民基本权利存在内在冲突。在法治社会，即使是为达到保障公众的身体健康，政府的传染病防治工作亦要在法治的轨道上运行。检视我国台湾地区的有关规定发现，台湾地区的医师通报行为并未脱离"法律的统治"，台湾地区的医师通报制度具有

较为充实的规范性依据。其中与台湾地区传染病医师通报制度关系最为密切者当属"传染病防治法"及其施行细则、《人类免疫缺乏病毒传染防治及感染者权益保障条例》、《医事人员发现人类免疫缺乏病毒感染者通报办法》等有关规定。台湾地区的传染病医师通报制度具有完备的规范性依据。

　　传染病是指由各种病原体引起的能在人与人、动物与动物或人与动物之间相互传播的一类疾病。台湾地区医师通报制度中所指传染病是由主管机关依致死率、发生率及传播速度等危害风险程度高低分类的疾病，将具有传染流行可能、对国民健康造成影响的疾病分为四大类，即三类名称确定的指定传染病和一类其他传染病或新感染症。①

　　传染病通报必须强调效率。传染性是传染病的本质属性，传染病的病原体会通过空气、血液、飞沫等方式传播、扩散。近年来出现的非典型肺炎（SARS）、甲型 H1N1 流感等传染病的传播速度特别快、波及范围特别广，全球正处于史上疾病传播速度最快、范围最广的时期。在这样的时代背景下，传染病防治工作的好坏在很大程度上取决于传染病信息的传递速度。传染病通报实质是一种信息流动，而信息唯有在及时、迅速地传递至主管机关后，才能为其行政决策提供事实依据。为了保证传染病通报的及时性和高效性，台湾地区对各类传染病通报有明确的时

---

　　① 台湾地区"传染病防治法"所称传染病及其分类如下：一、第一类传染病：霍乱、鼠疫、黄热病、狂犬病、伊波拉病毒出血热。二、第二类传染病：（一）甲种：流行性斑疹伤寒、白喉、流行性脑脊髓膜炎、伤寒、副伤寒、炭疽病。（二）乙种：小儿麻痹症、杆菌性痢疾、阿米巴性痢疾、开放性肺结核。三、第三类传染病：（一）甲种：登革热、疟疾、麻疹、急性病毒性 A 型肝炎、肠道出血性大肠杆菌感染症、肠病毒感染并发重症。（二）乙种：结核病（除开放性肺结核外）、日本脑炎、癫病、德国麻疹、先天性德国麻疹症候群、百日咳、猩红热、破伤风、恙虫病、急性病毒性肝炎（除 A 型外）、腮腺炎、水痘、退伍军人病、侵袭性 b 型嗜血杆菌感染症、梅毒、淋病、流行性感冒。四、第四类传染病：其他传染病或新感染症，经中央主管机关认为有依本法施行防治之必要时，得适时指定之。前项第四款之第四类传染病，其病因、防治方法确定后，得由中央主管机关重行公告归入第一款至第三款之第一类、第二类或第三类传染病。

限要求。

医师诊治病人或医师、法医师检验尸体，发现传染病或疑似传染病时，应立即实行必要之感染控制措施，并报告当地主管机关。对于天花、鼠疫、严重急性呼吸道症候群、白喉、伤寒、登革热等第一、二类传染病的通报应于 24 小时内完成；对于百日咳、破伤风、日本脑炎等第三类传染病的通报应于一周内完成；对于第四类传染病之报告，按照台湾地区主管机关公告之期限及规定方式进行。如若医师报告或提供的数据不全，医事主管机关有权限期令其补正。医事主管机关还可以要求医事机构、医师或法医提供传染病病人后续之相关检验结果及治疗情形。值得注意的是，医师对外说明相关个案病情时，必须先向当地主管机关报告并获证实。

(二) 台湾地区的定点医师监视通报系统

1. 定点医师监视通报系统的建立

1990 年之前，台湾地区主要通过医师填写"传染病个案报告单"的个案通报方式来收集疫情资料。"传染病个案报告单"上项目繁杂，医师填写的积极性不高，这大大影响了传染病通报率以及时效率，医师漏报、缓报、不报现象经常发生。为了弥补传染病低通报率和低时效的缺点，同时也为了能够及时评估传染病对社区造成的影响，台湾地区卫生署检疫总所于 1989 年 7 月着手规划建立定点医师监视通报系统，并于 1990 年 1 月开始运行。定点医师由检疫总所(1999 年以后为疾病管制局)选取，数量基本维持在 650～800 位。根据台湾地区卫生署疾病管制局 2010 年发布的数据，截至 2009 年底，台湾地区参与该监视通报系统的医疗机制共 704 家，其中诊所 633 家，医院 71 家，定点医师人数达 800 位，以内科、儿科、家庭医学科及耳鼻喉科医师为主。定点医师监视通报系统覆盖了台湾地区 368 个乡镇中的 320 个。在台湾地区的 25 个县市中，台北、高雄、桃园、台中等九县市的定点医师监视通报系统乡镇覆盖率为100%，其余大部分县市的定点医师监视通报系统乡镇覆盖率亦为70%以上，只有嘉义、金门、台南和台北县(现为新北市)四县市的定点医师监视通报系统乡镇覆盖率较低，分别为44.4%、50%、51.6%和65.5%，台湾全岛的定点医师监视通报系统乡镇平均覆盖率为86.96%。

2. 定点医师监视通报系统基本构成

(1)基本功能

定点医师监视通报系统有五大基本功能：一是及早发现可能于社区中爆发的传染病，二是评估监视通报的疾病对人们健康的危害程度，三是评估传染病预防计划的成效，四是建立台湾本地流行病学基本资料，五是建立疾病的流行趋势及流行预测。

(2)定点医师的选取标准

定点医师监视通报系统中最重要的部分为定点医师。台湾地区对定点医师的选取十分慎重。成为一名定点医师须具备以下条件：一是须由台湾地区各县市卫生局推荐的医师；二是在其执业辖区内就诊数高且具代表性的开业医师；三是经检疫人员考察，属于热心传染病防治工作、配合度高并且合作意愿强的医师。① 定点医师具有志愿者的性质，不因监视和通报行为而领取报酬。

(3)通报方式及资料分析回馈

定点医师通过电话、传真、邮寄、网络等方式，通常每周一次提供其所监视通报疾病的病例数等资料(一、二类传染病则是在24小时内完成通报)。疾病管制局每周在网站上公布统计分析资料，并出版《定点监视周报》发送给定点医师供其参考。值得注意的是，基于隐私权保护的相关法律规定，HIV感染或后天免疫缺乏症群等传染病的通报不能

---

① 吴和生，壮人祥，张筱玲. 台湾传染病监视系统简介[J]. 学校卫生护理杂志(台湾)，2010，21(1)：54.

以传真的方式进行。

3. 定点医师监视通报系统的运行方式

(1)早期传染病医师通报作业流程

早期台湾地区传染医师通报主要以填写《传染病个案报告单》的方式进行,即临床医师在就诊时发现疑似或确定案例时,主动填写《传染病个案报告单》,该报告单由护理人员送至医院的感染管制委员会,感染管制委员会负责核对各栏目资料后,向县卫生局通报。此种作业流程常常需要耗费大量时间,缺乏时效性,并且对于漏报个案难以查证。由于不是直接在卫生署网站通报,医院提交的《传染病个案报告单》中资料需依靠卫生单位人员输入。如果传染病通报整个过程出现纰漏,即使不是医生或医院的疏失,医生或医院方亦没有相关佐证来证明其无过错。①

(2)定点医师监视通报系统作业流程

随着传染病通报业务的日益增多,传统的通报模式弊端日益凸显。台湾地区为提升医师通报之主动性及通报率,开始运用计算机技术辅助传染病通报作业,基本实现了传染病通报作业的电子化,即电脑辅助之定点医师传染病监视通报作业(见下图:电脑辅助之定点医师传染病监视通报作业流程图)。在电子化的医师通报模式下,定点医师通报工作就变得相对轻松。医师在门诊、急诊或住院病患中发现疑似传染病例时应将疑似传染病病原体送到当地的传染病合约实验室检测,若检验结果是传染病时,定点医师需按《传染病防治法》规定的时限要求输入计算机通报传染病,将符合监视项目之病例及人次数及时通报疾病管制局当地分局。疾病管制局当地分局将病例数和总门诊人数登录到定点医师监视管理资讯系统并对区域性资料进行分析,随后将分析结果通报疾病管

---

① 陈郁慧,壮银清.通报之漏报率及提高临床医师之认知及顺从性[J].感染控制杂志(台湾),2003,13(3):148-150.

制局，疾病管制局通过定点医师监视管理资讯系统对全台湾地区资料进行分析并指挥监督全台湾地区各疾病管制局分局的传染病防治工作。另外，台湾地区疾病管制局还会通过发布《定点监视周报》的方式将传染病防治资料反馈给各疾病管制局分局和定点医师。

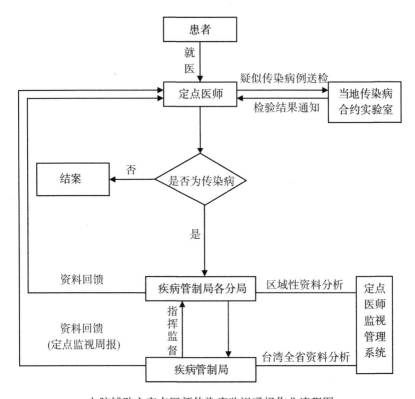

电脑辅助之定点医师传染病监视通报作业流程图

4. 历年定点医师监视通报疾病项目

台湾地区的定点医师监视通报疾病项目以急性传染病为主，初期确定了水痘、腮腺炎、麻疹、德国麻疹四种传染病。然而，定点医师监视通报疾病项目并非恒定不变。实际上，台湾地区疾病管制局（前身为防疫总所）根据每年疫情流行状况，并在征询相关领域专家学者意见基础上，确定监视通报疾病项目。另外，一年内的监视通报疾病项目也并非确定不变，台湾地区疾病管制局可根据该年疫情实际情况适时调整，例如2002年上半年的定点医师监视通报疾病项目为侵袭性肠胃炎、非侵袭性肠胃炎、类流感、手足口病和疱疹性咽峡炎，下半年则为水痘、腹泻、类流感、手足口病和疱疹性咽峡炎。

(三) 台湾地区医师通报制度的经验启示

1. 两阶段通报模式

传统的传染病通报模式以"病名"为主。然而，这种通报模式存在先天不足，医师常因个案疑似，一检验却找不出确切病因或病名，因而未向卫生主管部门通报，导致部分个案遗漏，形成潜在传染源。台湾地区卫生主管部门参照世界卫生组织及其他国家和地区的传染病通报经验推出了两阶段传染病通报模式，即医师接获疑似传染病个案时，只要症状相符，便可在第一时间内通报，待实验室检验结果出炉，再通报一次。[①] 两阶段通报模式扩大了监测网络，不仅对已知传染病具有早期监视效果，而且还能对台湾地区暂时无力检验的新兴病原体进行有效监控。如果发现台湾地区无力检验的新兴病原体，医疗单位可送到欧美等国的更为先进的实验室检验。

我国《食品安全法》第119条亦规定了食品安全信息通报机制，即"县级以上地方人民政府食品安全监督管理、卫生行政、农业行政部门获知本法规定需要统一公布的信息，应当向上级主管部门报告，由上级主管部门立即报告国务院食品安全监督管理部门；必要时，可以直接向国务院食品安全监督管理部门报告"，"县级以上人民政府食品安全监督管理、卫生行政、农业行政部门应当相互通报获知的食品安全信

---

① 国际医药卫生导报社. 台湾传染病通报改采两阶段模式[N]. 国际医药卫生导报，2001，7(2)：12.

息"。与台湾地区传染病通报制度相比,大陆地区的食品安全信息通报存在以下几个方面的不足:一是信息通报的层级过多,影响信息流动的速率和效果。根据我国《中华人民共和国地方各级人民代表大会和地方各级人民政府组织法》,县级人民政府的上级有地厅级政府、省级人民政府、国务院,县级地方人民政府食品安全监督管理、卫生行政、农业行政部门的食品安全信息上报至国务院的食品安全监督管理部门就要经过四个阶段。事实上,食品安全信息流动的阶段越多,食品安全风险防治工作的难度就越大。因此,应当建立食品安全信息的直报制度,并且在有条件的地方建立食品安全定点信息员制度。

2. 公私协力机制

公私协力是指在实现行政任务过程中,公权力机关与私主体的合作关系。台湾地区医师通报制度实际包括法定传染病通报和定点医师监视通报。法定传染病通报是一种法定义务,具有强制性。这种通报义务及于台湾地区的每位医师。定点医师监视通报是指各县市卫生局推荐的具有合作意愿的医师对特定传染病予以监视通报,这种通报义务仅及于具有志愿者性质的定点医师。定点医师监视通报是公私协力的典范,实现了病症管制局的防疫目标与个体医生的社会责任有效结合,形成了传染病防治的公私协力关系。在当代社会,"全能政府"已经不可能存在了,为了实现特定行政目的,公权力机关必须与私主体通力合作。食品安全风险治理工作亦要加强公私协力和社会协同。食品行业具有准入门槛不高,涉及面广,诚信度低,监管难的特点。传统的单一治理模式,即由行政部门负责食品安全风险治理的模式已经难以应对日益频发、复杂、多样的食品安全风险。在食品安全事件中,单一的政府治理模式的效果不佳,政府部门"疲于应对"且"日益无奈"。事实上,食品安全风险治理与传染病防治工作一样,不仅仅是政府的事,亦是全社会的事,它们都属于治理领域中的共治范畴。换言之,食品安全风险治理只有调动全社会的积极力量,发动群众参与风险治理,才能实现治理效果的最优化。目前，我国一些地方已经建立了一些较好的食品安全风险协同治理制度，例如河北省确立了食品安全风险会商联席会议制度，河北省食品安全委员会在分析研判风险因素、确定风险程度和防控措施时邀请行业协会、高等院校、检测机构等相关单位人员参加。这不得不说是一个重大的进步。但是食品安全风险协同治理的问题亦然突出。一是食品安全风险协同治理制度还处于地方实践阶段，全国层面的食品安全风险协同治理制度并没有统一、完全确立。二是在食品安全风险共同治理的地方实践中，社会参与大多数只是一个备选内容而不是必选内容，例如河北省的食品安全风险会商联席会议制度的社会参与以必要为前提，即"必要时可邀请行业协会、高等院校、检测机构等相关单位人员参加"。三是食品安全风险共同治理中"协同"缺乏法律定位，社会性的协同主体仅仅扮演"协助""配合"的角色，权利和责任的内容都相对不足。社会参与主体对食品安全风险共同治理的主动性和积极性相对缺乏。因此，应当通过立法明确协同治理主体的权利和义务，实现参与者由"协同治理"向"共同治理"角色转变。让行业企业、消费者和其他社会团体能平等、有效参与食品安全风险治理。

3. 健全的网络通报平台

传染病医师通报实际上是信息的物理位移，信息是通报制度的"血液"，传染病医师通报制度的实施效果在很大程度上取决于信息传导方式。就传染病防治工作而言，信息传递速度越快，则收效越好。医务工作者在传染病信息通报手段的选择上应充分利用最新的科学技术，以保证信息传递的高效性。台湾地区在传染病防治工作中特别强调对网络技术的运用，先后建立了定点医师监视通报系统、传染病通报管理系统、新感染病症候群监测通报系统、即时疫情监视及预警系统，台湾地区各主要医院全面实现了电子化、网络化，传染病通报工作由计算机网络辅助实施。在食品安全风险治理方面，健全的网络通报平台亦至关重要。

虽然我国《食品安全法》第118条规定："国家建立统一的食品安全

信息平台，实行食品安全信息统一公布制度"，食品安全信息的网络通报工作已取得一定成效，但由于网络覆盖范围、基层食品安全监管及相关部门的硬件基础设施等方面的限制，跨区域、跨部门应急协作与信息通报机制，覆盖全国的突发事件信息直报网和舆情监测网直到 2015 年才被纳入国务院的食品安全重点工作安排之中，现在仍处于建设和完善阶段。检索国家市场监督管理总局网站，亦未发现国家统一食品安全信息平台相关内容或链接。许多地方还未能做到网络直报，仍以电话、传真的方式向省级、国务院食品安全监督管理部门报告食品安全信息。这在一定程度上影响了食品安全风险治理的工作效率。目前，各地现有的食品安全信息平台普遍存在社会共治属性不足的问题，无法全面调动消费者、志愿者、媒体工作者等第三方主体的参与积极性。因此，当前要大力推进基层食品安全风险治理的电子化和网络化，加强食品安全风险监视通报系统和统一食品安全信息平台建设，健全部门间、区域间、政府与社会间的信息通报机制，提高食品安全的风险预判、风险交流、信息规制能力。

4. 注重对私权的保障

管控传染病，需要搜集、传递与利用病患信息，这些信息往往涉及病人的隐私权。因此，"医师通报制度存在着公共卫生与病患信息隐私权之间的价值冲突。过当的行政行为会导致病患遁逃于管制网络之外，致国家掌握疫病信息失真，反而造成公共卫生危机"[①]。我国台湾地区对病患的隐私权保护问题较为重视。台湾地区的"传染病防治法"第 10 条明确规定："政府机关、医事机构、医事人员及其他因业务知悉传染病或疑似传染病病人之姓名、病历及病史等有关资料者，不得泄露。"医事人员及其他因业务知悉传染病或疑似传染病病人有关资料之人违反第 10 条规定将被处以新台币 9 万元以上 45 万元以下罚款。大陆《传染病防治法》第 69 条亦对泄露传染病病人、病原携带者、疑似传染病病

---

① 曾勤博. 从医师通报制度论公共卫生与病患资讯隐私权之平衡 [D]. 台北：台湾大学，2009.

人、密切接触者涉及个人隐私的有关信息、资料的行为作了处罚规定，但值得注意的是，该条规定有两点不足：一是该条规定只针对故意泄露行为，如果是过失泄露，则无责任追究之可能。实际上故意是不确定性法律概念，故意与过失之间存在辨认困难。这在一定程度上为一些人提供了侵权的"合法空间"，增加了司法审判机关认定侵权责任的难度。二是惩处力度畸轻。虽然该法第 69 条也有关于吊销执业证书、追究刑事责任的规定，但由于对故意泄露病患隐私行为的最低处罚为责令改正、通报批评、警告等申诫罚，吊销执业证书、追究刑事责任的强度惩罚性被冲淡。实践中对故意泄露病患隐私行为大多采取责令改正、通报批评、警告方式予以处罚，对故意泄露病患隐私行为的规制力度十分有限。因此，大陆的食品安全风险防治工作要吸收我国台湾地区的正反两方面的经验，正确处理公共安全保障与私主体的权利保障之间的关系，并通过完善现行法律规定、责任机制以加强对食品安全监管中的敏感信息的保护，从而避免或减少在食品安全治理中对私主体权利的侵害。

三、德国的基本权三阶审查制度

德国联邦宪法法院在基本权保障上建构了一个三阶段抽象审查模式。当权利主体主张其基本权受到侵害时，宪法法院则通过对"基本权保障领域""干预""宪法上之正当化"三项内容的逐一审查，以判断基本权是否受到侵害以及责任之承担。"审查基本权保障领域之目的在于认定系争案件中，人民的行为是否受基本权保障；干预认定阶段主要通过目的性、直接性、强制性和法效性等标准判断国家行为是否构成干预；宪法上之正当化审查主要解决国家行为如构成基本权的干预，此一干预是否具备正当化的基础或者国家对人民自由权利之限制是否逾越限制之界限等问题。"①三阶段审查模式已成为理论与实务界判定基本权侵害的"思考模型"，广泛地应用于国家权力行为与基本权折冲事件或领域之

---

① 张桐锐．论行政机关对公众提供资讯之行为[J]．成大法学，2001(2)：151-152.

中。基本权是一种防御权,统领基本法,其功能在于拘束国家权力,防御权力对权利侵害。基本权保障领域审查阶段主要从两方面切入:一是特定的人民行为是属于基本权范围,二是公权力行为是否损及该基本权利的保障范围。1985年德国爆发乙二醇丑闻,当时许多奥地利与德国生产的葡萄酒被检验出含有乙二醇,造成民众恐慌,随后,联邦健康部公告了受检验后证明含有乙二醇之酒,以及瓶装酒商名单。列于名单上的酒商遭受销售上的重大损失,酒商提起诉讼主张联邦政府公告掺有乙二醇之酒商名单的资讯行为,侵害酒商的营业自由。德国联邦宪法法院判决认为:国家发布与市场相关之资讯并未损害营业自由的保护范围,只要国家遵循发布资讯行为之条件,亦即,国家对其资讯存在有任务、权限以及资讯具有正确性与客观性。①

(一)风险警示之干预符合性判断

风险警示是公权力机关应对消费风险的重要手段。消费者是公权力机关的服务对象,而企业经营者则是公权力机关的监管对象。公权力机关通过风险警示向社会传播危机信息,就其内容而言,风险警示是一个"坏消息",社会对风险警示的态度具有分裂性。消费者对风险警示基本上持欢迎态度,及时的风险警示可以避免或减轻危险源对消费者的人身利益和财产利益的侵害,即使风险警示最后证明是虚惊一场,但消费者也不会受到太大的实质损失;而商事营业者对风险警示持反对态度,风险警示往往会对商事主体的营业自由产生侵扰,影响其营业收益。

在国家资讯行为侵扰营业自由的这一问题中,基本权干预概念存在着一个从传统到现代的转变。依传统的干预标准(目的性、直接性、强制性、法效性),风险警示并不构成基本权干预,"资讯行为之基本权侵害性格之所以成为问题,特别是在'直接性'这个特征上凸显出

---

① 王韵茹.浅论德国基本权释义学的变动[J].成大法学,2009(1):92-93.

来……在资讯行为，行政机关对一般公众提供资讯，而受到不利者却是厂商。换言之，在此所涉及的并不是行为对象间的双边关系，而是还有一个受到不利的第三者，亦即一种三角关系。在这个三角关系中值得注意的是，如果没有资讯接受者接受资讯后所反映出来的行为，厂商就不会遭受损害。换言之，损害结果即是资讯行为的间接事实效果，从而不具备上述之直接性"①。然而，随着风险社会的到来及基本保障领域的日益宽泛，现代的基本权利干预概念也必须进行相应调整，"过去基本权所保障的是要让基本权主体去对抗国家有目的性、直接性与强制性的法律行为。但如今却已扩及于事实上、非意欲性、间接性及不具有强制特征的影响，这些影响均得被定性为基本权之干预"②，也就是说，"不管国家的行为是否针对相对人或只是无意的附随效果；直接或间接产生不利的结果；是否发生法律效果或只是事实效果；以命令与强制执行与否，只要是个人在基本权利保护领域内的行为，因国家行为发生全部或部分无法实现的效果，该国家行为便构成对基本权利的干预"③。由此，基本权利干预的概念实现了由传统到现代的转变，基本权利的实现效果成为判断干预的标准。

从"警示葡萄酒掺乙二醇案"的处理中，可以得出德国司法机关对营业自由干预的具体判断标准。国家资讯行为有时可表现为事实行为，有时可表现为具有强行性的行政命令，国家资讯行为性质本身不是考量因素。资讯内容的客观真实性及发布程序的合法性是判断国家资讯行为是否构成营业自由干预的重要标准。在资讯社会，负面资讯对企业的经营活动影响甚大，资讯的内容有误或发布程序违法，必然

---

① 张桐锐. 论行政机关对公众提供资讯之行为[J]. 成大法学，2001(2)：163-164.

② Vgl. Bodo Pieroth/Bernhard Schlink, Grundrechte. Staatsrecht II, 21. Auflage., Heidelberg 2005, Rn40.

③ 陈英钤. SARS 防治与人权保障——隔离与疫情发布的宪法界限[J]. 宪政时代(台湾)，2004(3)：422-423.

会使企业经营者的营业自由"发生全部或部分无法实现的效果",构成营业自由干预。当然,符合法律要求(内容正确、权力正当、程序合法)的国家资讯行为也可能会造成特定企业经营者的营业收入减少,但"市场参与者在基本权上,并没有要求其他的市场参与者不能接近涉及自己市场活动,同时也是实现其自由重要的资讯请求权。同时他也没有要求他人仅能对其愿意如何被看待或其如何看待自己及自己产品的权利"①,并且隐瞒商品缺陷不属于营业自由的范畴,企业经营者隐瞒商品缺陷,侵犯消费者知情权所获得的营业利益是一种非法利益。因国家资讯行为公布商品缺陷造成企业经营者的营业收入并非是对企业合法营业利益的侵害,换言之,企业的合法营业利益并未因符合法律要求的国家资讯行为而发生丝毫减损,其营业自由也未出现"全部或部分无法实现的效果"。

(二)宪法上之正当化

宪法上之正当化审查阶段实质上是一个责任排除环节,主要对宪法上的责任阻却事由进行检视。简言之,基本权干预行为可否因宪法上的规定而得以正当化,其思考逻辑如同刑事案件可否因行为人的正当防卫而阻却违法。宪法上之正当化审查以基本权干预形成为前提,通过宪法上的价值衡量对基本权干预行为合宪与否作出判断。德国联邦最高行政法院认为:联邦政府公共警示行为的合宪性依据乃是源自联邦政府依据基本法第 65 条规定"执行职务之地位",结合源自基本法第 2 条第 2 项第 1 句(人人享有生命和身体不受侵犯的权利)与第 6 条第 1 项规定(婚姻和家庭受国家特别保护)之国家保护义务……系争形态的言词侵害宗教或世界观自由,得以因联邦政府具有从事公关工作之宪法权限,以及联邦政府同样具有直接源自宪法要求之保护人性尊严、国民健康的义务

---

① 程明修.基本权之宽泛"保护领域"或狭隘"保障内涵"?——德国基本权释义学之动向描述[J]//城仲模教授古稀祝寿论文集编辑委员会.二十一世纪公法学的新课题[M].台湾法治暨政策研究基金会,2008:264-265.

和宪法强调婚姻家庭之共同体的法益而被合理化。① 实际上，许多国家资讯行为与营业自由之间的冲突亦可依据《德国基本法》第 2 条所导出的国家基本权保障义务而得以正当化。

(三) 基本权三阶审查的延伸性思考

基本权保障领域与干预紧密相联，"基本权之保障领域与干预之间事实上存在着无法割舍开来的关系……如果说自由是一种宽泛、全面的自由，而保护的是个人主观上之随心所欲的话，那么针对所有存在于自然或事实形成之保护领域中的自由权而言，即使是基本权利主体的行为所受到之一般法秩序之拘束，即可被认定是一种基本权利之干预"②，如此说来，基本权干预判断究其本质而言，就是一项事实判断，而基本权保障领域所构筑的权利藩篱本身不就是对基本权利的干预吗？基本权是一种与生俱来的权利，但无所约束地行使必然会与社会公益、他人的基本权利发生冲突。因此，需要对基本权利的行使进行必要限定，这种限制须以宪法定之，限制的结果就是基本权的保障领域。这种限制不是对基本权的干预，而是公民之间基本权均衡之约在宪法上的体现。在基本权三阶审查思维上，保障领域与干预审查两阶段之间有时并非泾渭分明。基本权干预审查的逻辑起点是基本权干预之假定，而这假定之排除往往通过基本权保障领域来实现。换言之，基本权保障领域审查阶段亦是基本权干预审查的内容，只是提前进行了而已。

值得注意的是，在国家资讯行为与营业自由之间的冲突中，一项符合法律要求的国家资讯行为因其不具备"侵害品质"而无需讨论其宪法上的正当化问题。因为不存在基本权干预，自然就不需要研讨责任排除

① 参见张永明."警示教派之危害"裁定[J]//台湾"司法院".德国联邦宪法法院裁判选辑(十一)[M].台湾"司法院"自版：2004：189-195.

② 程明修.基本权之宽泛"保护领域"或狭隘"保障内涵"？——德国基本权释义学之动向描述[J]//城仲模教授古稀祝寿论文集编辑委员会.二十一世纪公法学的新课题[M].台湾法治暨政策研究基金会，2008：249.

的问题。然而，依据传统"宪法上之正当化"理论，对于资讯内容存在瑕疵的国家资讯行为，似乎无法得以正当化。德国宪法法院在"警告葡萄酒掺乙二醇案"中，一反常态地直接从宪法推导出国家的领导任务，以使国家资讯行为获得某种正当性，但是这样的正当化模式似乎"偏离以往以法律保留原则作为审查基准之模式"①，将其推及适用至存在瑕疵的国家资讯行为似乎并不恰当。当今世界，人类的生存和发展存在许许多多的客观威胁，风险无处不在。国家资讯行为作为一种危险防御措施，能够起到生存照护的作用。但须知国家在面对不确定性危险作出的风险警示决定本身就是一项风险决定，如果片面追求国家资讯内容的绝对正确、过度强调对特定基本权的保障，则会限制政府与民众之间的风险沟通，导致国家危险防御功能的萎缩。而现实中，许多国家的政府也正处于一种两难境地：发布风险警示可能导致侵权，不发布风险警示则可能会因不作为遭致诉讼。因此，需要一种新的理论来调和国家资讯行为与基本权保障之间的冲突。

人们应当在作出风险警示的特定情境下来评判风险决定的正当性。"期待可能性"应当作为考量风险警示的正当性的一个重要标准。期待可能性思想源于霍布斯的"任何法律都不能约束一个人放弃自我保全"②，转换到国家角色上，宪法不能约束国家放弃其对人民整体安全的自我保全。诚然，风险警示是通过资讯实现人民整体安全保障的新兴公共治理方式，不能向这样的国家资讯行为提出过高要求，附加多余义务，不能仅根据损害结果的发生确定国家资讯行为的可责性，应以作出国家资讯行为的客观情境、行为主体的自身能力（特别预测风险的科技能力）为有效的判断标准。当然，期待可能性并非要摒弃对行为人主观因素的判断。国家资讯行为人的故意、过失仍然是常规考量内容。期待

① 王韵茹．浅论德国基本权释义学的变动——以德国联邦宪法法院 Glykol 与 Osho 两则判决为中心[J]．成大法学（台），2009(1)：96.
② [英]霍布斯．利维坦[M]．黎思复，黎廷弼，译．北京：商务印书馆，1985：234.

可能性是指在行为当时的具体情况下，期待国家资讯行为不具侵害的可能性，强调的是在特殊情况下，国家为了保障公共安全，决定发布风险警示是唯一或最佳的选择，即使可能会侵犯公民的基本权利也可因"迫不得已"而阻却违法。值得注意的是，"迫不得已"只是排除了国家资讯行为间接侵害的违法性（间接故意），直接故意或过失从内容上说并非是一种"迫不得已"，不能依据期待可能性而阻却其行为的违法性。

第四章　食品安全风险警示的行政自制

伴随着风险社会逐步到来，风险渗透至人们日常生活的方方面面，政府对社会风险的规制模式与路径选择也在发生着悄然的改变。在食品安全领域，这种变化尤为明显。政府从最初的在食品安全事故爆发之后对事故的处理以及事后对相关责任人的惩处，逐步向事前的食品安全风险监测、风险评估以及在监督检查过程中发现有毒有害食品时向社会发出食品安全风险警示转变。食品安全风险警示制度应运而生。尤其是从2009 年《食品安全法》颁布后，该种食品安全风险处理行为得以普遍展开。基于食品安全风险警示行为的特殊性，若行政机关运用不当，可能会给相对人的合法权益带来不可挽回的损失。因此，食品安全风险警示行为应当受到控制。以控制主体的不同类别，可以将控制模式宏观地分为自制和他制两种。基于食品安全风险警示行为的独特性，应当探索与之相适应的行政自制的具体模式。

一、食品安全风险警示行政自制的理论分析

行政自制旨在从行政系统内部探索出一种控制行政裁量权恣意性行使，确保其合法、合理运行的规范以及制度体系。当前，行政权力日益扩张，行政行为专业化和技术化，过份倚重外部控制手段往往难以达到预期效果，此时行政自制手段在行政权控制体系中的价值日益显现。食品安全风险警示是一种新型行政行为，同时也是一种风险密集型、技术

密集型的行政行为，在加强外部控制的同时，还要注意行政自制手段的运用，以减少或避免食品安全风险警示出现侵害公法、法人和其他组织合法权益的现象。

（一）食品安全风险警示行为受控的原因分析

食品安全风险警示作为一种新兴的政府规制手段，旨在改变以往规制方式的事后性以及效果的微弱性，实现食品安全风险的预防与控制。行政规制作为行政权的一种运行模式，具有双重效应：一方面，政府凭借其强大的行政权力，作用于规制对象，实现规制目标；另一方面，由于裁量权行使的任意性，"可能导致权力寻租现象的出现，致使权力异化以及规制俘获现象的发生，导致规制失败"①，亦可能造成规制对象的"权亏益损"。食品安全风险警示行为亦是如此。2015年4月24日修订的《食品安全法》第22条、第118条将食品安全风险警示信息纳入食品安全监督管理部门以及其他部门公布的信息范围。因此，从某种意义上说，食品安全风险警示行为亦是一种"执法信息"公开行为。根据《食品安全法》第118条和《食品安全法实施条例》第51条的规定：在国家层面，由食品安全监督管理部门统一公布食品安全信息；在地方层面，农业行政部门也可以公布食品安全信息。由于我国《国家赔偿法》将可得盈利损失以及商誉降低排除在国家赔偿的范围之外，因此，食品安全风险警示信息一旦出现错误，就可能会给相关生产经营者造成无法填补的损失。理论上，根据《政府信息公开条例》中有关规定，执法信息应当属于行政机关主动公开的范围之列，行政机关对此应当具有不可推卸之责任。然而，食品安全风险警示信息公布对于食品生产者、销售者来说将会造成商誉以及营业利益上的不可挽回的损失，此种伤害程度无异于行政处罚对规制对象造成的损失。② 若事后又再次受到行政处罚，那

---

① 江必新.论行政规制基本理论问题[J].法学，2012(12)：25.

② 我国《国家赔偿法》将可得盈利损失以及商誉降低排除在国家赔偿的范围之外，因此，基于警示信息的错误可能性，这将会给企业造成不可逆转的损失。

么企业一次违法行为则实际上受到了双重惩罚。"风险警示既是一种警示风险的有效工具,又具有一般侵害行政行为的属性,具有双面特征,很多时候还构成一种重大的'信息惩罚'。"①在食品安全风险警示行为效果的轴线一端,食品安全风险警示可以有效地防范食品安全事故于无形之中;但在轴线的另一端,食品安全风险警示效果可能发生反转,即故意或过失造成风险警示信息的错误不仅损害了消费者对食品安全风险警示信息的信赖利益,而且造成了食品生产者、销售者的商誉、信誉以及营业利益受损。因此,对食品安全风险警示进行系统性规制成为政府在短期内必须完成的一项重要工作。对食品安全风险警示进行规制亦是对行政机关自由裁量权的控制,这种规制或控制可以进一步保证行政机关在发布食品安全风险公布警示信息时已经拥有确凿的证据并已合理考虑法治主义下的多元利益平衡。

(二)食品安全风险警示行政自制的理论证成

在诸多的控制模式中,行政自制亦是一种有效的控制方式。食品安全风险警示行政自制是指行政主体自发的对有关食品安全风险警示信息的公布行为采取约束性措施,以防止警示行为给行政相对人的利益造成不可挽回的损失。食品安全风险警示行政自制主要是基于食品安全风险治理过程中存在较大自由裁量权这一事实,而合理行政则是食品安全风险警示行政自制的理论基点,它确立了食品安全风险警示行政自制的价值目标。

1. 食品安全风险警示行政自制的概念分析

行政自制理论是一种内部行政法理论,是对内部行政法功能的再认识和强化。目前学界有不少公法学者对"行政自制"理论进行过研究。

---

① 朱春华. 公共警告与"信息惩罚"之间的正义——"农夫山泉砒霜门事件"折射的法律命题[J]. 行政法学研究,2010(3):76.

较具代表性的学者主要有于立深、周佑勇、崔卓兰等。于立深教授认为："行政自制理论有其独特的涵义和内容，主张行政主体通过行政组织架构、内部行政法律规则和行政伦理，进行自我约束、自我克制、积极行政，并成为一种独特的控权模式。"①周佑勇教授认为："有必要倡导一种功能主义的行政自制观，以此推进中国行政法治的新发展。"②在众多学者中崔卓兰教授对行政自制理论的研究较为深入，它系统地论证了作为一种新的行政权控制理论的行政自制理论。崔卓兰教授认为："行政自制是指行政主体自发地约束其所实施的行政行为，使其行政权在合法合理的范围内运行的一种自主行为，也即行政主体对自身违法或不当行为的自我控制，包括自我预防、自我发现、自我遏止、自我纠错等一系列下设机制。"③行政自制理论是基于行政权的扩张以及行政的专业化、技术化导致了外部控制模式显得"捉襟见肘"这一客观情况而提出的，其目的在于从行政系统内部探索出一种控制行政裁量权恣意性行使，确保其合法、合理运行的规范以及制度体系。行政自制强调的是行政主体进行自我规制的自愿性、自觉性以及非强制性。行政自制依据内部规范性文件，实现行政权运行的自我规范和完善。"没有权威性政府机构、强制性法律要求行政机关这么做，但基于自愿性选择，其还会自发的约束自身的裁量权。"④对此，我们应当注意以下几个问题：第一，这里所谓的"非强制性"是指相对于行政系统之外的强制性权力而言的，即立法机关、法院等机构没有对行政机关施加强制力，但是政府机关内部可以相互设定强制性义务。第二，自愿性也并非完全意义上的毫无约

---

① 于立深. 现代行政法的行政自制理论——以内部行政法为视角[J]. 当代法学，2009(6)：3.

② 周佑勇. 裁量基准的制度定位——以行政自制为视角[J]. 法学家，2011(4)：1.

③ 崔卓兰，刘福元. 行政自制——探索行政法理论视野之拓展[J]. 法制与社会发展，2008(3)：98.

④ ［美］伊丽莎白·麦吉尔. 行政机关的自我规制[A]. 安永康，译. 见姜明安编. 行政法论丛(第13卷)[C]. 北京：法律出版社，2011：506.

束性。因为行政机关的自我规制行为从某种程度上来说总是符合法律的要求，契合法律的框架性规定，是在法律的限定范围之内进行自我约束。如《行政处罚法》第 4 条规定："实施行政处罚应当与违法行为的事实、性质、情节以及社会危害性程度相当。"因此，各省市的裁量基准的划定应当以此原则性规定为限。可见，此处的自觉性意指非有权威性的、明确的、具体的、直接的强制性法律规定的压力。"行政自制的主体是政府自身，客体是行政权以及行政行为，载体是内部行政法，目标是实现善治。"①

食品安全风险警示的行政自制是指行政主体自发的对有关食品安全风险警示信息的公布行为采取约束性措施，以防失真的食品安全信息发布后给相对人的利益造成不可挽回的损失。根据新修订的《食品安全法》的规定："食品安全风险警示行政自制主体主要是食品安全监督管理部门、卫生行政部门和农业行政部门；行政自制的客体是食品安全风险警示行为；行政自制的目标是规范信息公布者的自由裁量权，避免给相对人的利益带来不可挽救的损失。"

2. 食品安全风险警示行政自制的理论基础

行政自制的形成前提是行政自由裁量权的存在。"行政裁量广泛存在于行政立法、行政计划、行政契约乃至所有行政行为的领域……裁量行为的要件及内容并不受法律规范的严格拘束。"②为了全面规范食品安全风险警示行为，必须对法院无法干预的但又有悖常理的合法行政行为进行必要地规制。食品安全风险警示自由裁量权既源自不确定法律概念的语义裁量也源自于预测性决策的盖然性特征。③ 行政自制意味着行政

---

① 崔卓兰. 行政自制理论的再探讨[J]. 当代法学，2014(1)：6.

② 杨建顺. 论行政裁量与司法审查——兼及行政自我拘束原则的理论根据[J]. 法商研究，2003(1)：69.

③ 徐信贵. 政府公共警告的权力构成与决策受限性 [J]. 云南行政学院学报，2014(2)：160.

主体自发地通过行政系统自身的多样性(裁量基准、行政惯例、内部行政法等)和约束性策略来规制行政权以促使其合理运行。行政机关在发布食品安全风险警示时应当在"行政惯例"的基础上，根据食品安全风险的危害程度、紧迫程度、行政机关支配证据的证明力大小、涵摄一般公众的范围等因素，将此次的事态性质与先前本机构发布的警示信息的情形作比较，再来决定是否采取以及如何合理采取食品安全风险警示措施。行政机关基于谨慎性原则和法律责任机制的约束，时常根据先例来判断是否应当发布警示信息以及如何发布。这为其他行政自制手段的选择提供了实践上与理论上的支撑以及价值规范意义上的指导。换言之，"行政自制"应成为食品安全风险警示自由裁量权的一个重要边界。

合理行政原则确立了食品安全风险警示行为行政自制的价值追求。谁享有权力，谁就应当对权力负责，保证权力在良好的行为范式与环境下运行。合理行政原则强调行政机关以一种合乎情理、便民利民、遵从理性、通过成本-效益分析的手段并按照预设的行政目标和价值理念来行使法律所赋予的行政权力。合理行政原则要求行政机关的行政行为在可能过分地损害相对人利益的情况下，其应当为自己恰当的行为选择负责，即是否应当作出这样的行政行为以及通过何种行为方式以最小程度损害相对人利益为代价来实现行政目的。立法机关在赋予行政机关的风险规制权力的同时，也赋予了行政机关以一种理性的行为模式为自己的权力获得良好口碑的责任。行政机关拥有何种权力，就负有与这种权力相对等的合理行政的义务。这也是践行权责相统一原则的基本要求。食品安全监督管理部门以及其他部门在握有公布食品安全风险警示信息的法定权力时，在该行为可能给消费者以及食品生产者、销售者的利益带来无法挽回的损失时，该行政部门应当对食品安全风险警示行为的合法性、合理性负责，对其面临着合理行政原则要求的行为选择考量。行政部门在公布食品安全风险警示信息之前应当自发地通过系统内部的约束性措施对该行为的恣意性形成控制，对行政相对人的合法利益给予事先的保护，通过行政机关内部的多样性手段而无需通过外部的强制性制约机制实现合理行政。从某种意义上说，合理行政是一种具有"自由心证"属性的内部约束机制。

(三) 食品安全风险警示行政自制的现实考量

总体而言，对行政权进行控制的方式无外乎内部控制与外部控制两种。内部控制与外部控制相互补充，共同构成行政权力的控制系统。当然，作为相互补充关系的内部控制与外部控制在整个权力控制系统中的角色分配并不天然均等。换言之，对某一特定行政权的控制可能是"外部为主，内部为辅"，而对有的行政权的控制亦可能是"内部为主，外部为辅"。作为内部控制的食品安全风险警示，行政自制日显重要是因为风险警示行为的外部控制天然不足。当传统的外部控权模式显得"心余力绌"之时，必须从行政系统内部挖掘潜力，探索出多样性的控权模式来挽救"他律"控权机制的危机。

1. 风险警示任意性的立法抑制先天不足

由于行政事务复杂化、多变化、专业化以及技术化问题，导致立法机关的法律控制已经显得"力不从心"。主要表现在：(1)法律对行政机关只进行宽泛的授权，具体的行为模式由行政机关自行选择，行政机关的裁量权无形之中被扩大；(2)社会事务的复杂多变性，导致立法出现空白与漏洞，行政机关根据行政职权自行作出决定以弥补法律的真空；(3)法律规定模糊导致了行政机关判断余地的空间拓宽；(4)行政事务的专业化倾向，使得缺乏相关专业性人才的立法机关无法对其做出明确的规定。法律控制的不足，必然引起人们对"立法方式抑制行政裁量权有效性"的质疑。立法机关的软肋导致"行政机关在根据宽泛的制定法指令行使自由裁量权以平等地、有效地履行其职责方面已经归于失败"①。由于现代社

---

① [美]理查德·B. 斯图尔特. 美国行政法的重构[M]. 沈岿，译. 北京：商务印书馆，2011：29.

会的多元利益、多元价值观在冲突中妥协与耦合，导致社会主体对能动性政府具备行为灵活性的期望度正在增强。这导致了"依法律行政"原则得以修正为"依法行政"原则，并且这亦造成了法律保留原则的不断变迁。法律保留原则的动态性发展使一些模糊领域的行政职权出现了法律保留的真空，这给行政机关进行职权设定留下可乘之机。并且基于能动性行政的追求，除了全部保留说之外，其他保留学说都存在某种程度上的模糊不清的界定领域，如"重要事项保留说中对于什么是重要事项并不存在明确地判断"①，这给行政机关的"决策自由"留下了巨大的空间。在食品安全风险警示领域中，《食品安全法》对风险警示行为作了总体性规定。由于食品安全风险评估以及警示信息制定流程的专业性、技术性，立法机关只进行了框架性、概括性、原则性规定，并且该法在风险警示领域存在一些模糊性法律语言如第 22 条的"可能具有"。检视《食品安全法》全文，共 154 条的法律条款中，"可能"一词共出现了 15 次。当然，这些具有模糊性的法律语言是基于食品安全风险规制特点的无奈表述，但不可否认，这种模糊性的立法表述折损了《食品安全法》的可操作性，并在事实上扩大了行政机关在风险评估以及食品安全风险警示的具体运作过程中的自由裁量权。这种立法控制无法满足裁量约束的要求，对食品安全风险警示任意性的抑制效果不佳。

2. 食品安全风险警示的司法审查范围受限

由于法院司法审查范围及能力的有限性，可能导致法院的司法控制"鞭长莫及"。在世界范围内，从自由资本主义向垄断资本主义过度及转变后，尤其是"二战"后福利国家的推进，导致行政权不断地扩张，行政权介入人们生活的方方面面。因此，有学者感叹道，"行政法制度的发展史，就是一部日益扩大行政权，不断限制司法权的历史，对于行

---

① 杨建顺. 行政规制与权利保障[M]. 北京：中国人民大学出版社，2007：107.

政决策的司法复审范围不断受到限制"①，例如在美国"谢弗朗案"之前，法院可以审查行政机关对法律的解释是否正确，可以用法院对法律的解释来取代行政机关的解释。在"谢弗朗案"之后，法院的审查范围逐步缩小，"法院只能审查行政机关对法律的解释是否合理，不能用法院认为是正确的解释代替行政机关合理的解释，虽然该判例受到行政机关只对它负责执行的法律和由它制定的法规具有解释的权力的限制"②，但行政机关的裁量权确在不断地伸张，而法院的司法审查权在持续地限缩。对于自由裁量行为，法院的审查力度不强，仅限于专横、任性、滥用自由裁量权标准。在德国，行政法院一般情况下不承认行政机关享有针对不确定法律概念的"判断余地"权力，但是在特殊情况下，"司法界承认行政机关的'判断余地'特权"③。可见，基于行政事务的专业化走向，法院不具备技术性事务裁断方面的专业性人才，致使此类的决定权事实上成为行政机关自行处置的范围。

在我国，2015年修订的《行政诉讼法》进一步扩大了行政诉讼受案范围，但是其仍然将受案范围限制在合法性审查之内，只对"明显不当"类行政行为进行合理性审查。这严重制约了我国司法审查的效果，使得司法监督无法"更上一层楼"。并且基于食品安全风险警示行为的特殊性，行政相对人的利益受到司法保护的力度极为有限。对于消费者来说，作为行政指导性质的食品安全风险警示，即使信息错误，消费者也很难获得法院的救济和行政赔偿。对于食品生产者、销售者

---

① ［美］伯纳德·施瓦茨. 美国法律史［M］. 王军，等，译. 北京：中国政法大学出版社，1997：201.

② 王名扬. 美国行政法（下）［M］. 北京：中国法制出版社，2005：705-706.

③ 具体情形包括：第一，不确定法律概念的内容理解取决于预测性决定和具有评估性质的风险；第二，根据有关个性特征、能力、机智程度等方面的个人印象作出的有关个人品格的判断；第三，行政决定的根据是高度人身性的专业判断；第四，各方利益集团或者社会代表组成的独立专家委员会负责对不确定法律概念作出具有最终约束力的判断。［德］汉斯·J. 沃尔夫，奥托·巴霍夫，罗尔夫·施托贝尔；高家伟译. 行政法（第一卷）［M］. 北京：商务印书馆，2002：352-356.

来说，食品安全风险警示是在行政机关作出行政处罚之前所做的一种面向社会大众的政府信息公开行为。由于生产经营者的此种利益诉求并不在国家赔偿的范围之内，因而即使企业向法院起诉也难以胜诉，其利益很可能会遭受不可逆转的损失。司法审查的滞后性并不能满足相对人的利益保护需求。这种行政处罚前的利益流失，属于司法审查的"外部领地"。并且，由于我国还没有建立预防性行政诉讼制度，导致法院在该领域对行政权的遏制以及对行政相对人利益的维护显得"心有余而力不足"。

3. 食品安全风险警示的公众参与度不高

社会监督是行政权外部控制的重要内容之一，但社会监督往往"心长力短"，公众的主观参与意愿与客观参与状态往往存在落差。现代民主理论制度经过不断的流变与发展，"经历了从议会民主到街头民主，再演变为参与式民主和协商式民主等更为广泛的社会民主"①。参与式或协商式民主强调的是公众参与对于行政决策的意义以及参与者在参与程序中享有为自己的见解提供辩护的权利。西方学者在批判"'自由主义法律范式'的不受国家干预的自由个人主义以及'福利国家范式'的国家干预主义下，提出了新型的'程序主义范式'"②，该种法治模式旨在突出政治国家与市民社会的互动与合作，宣称多元主体的参与对于政府有效治理的重要意义。并且西方新公共管理运动如火如荼地展开，为私人参与行政决策领域更是提供了明确的理论上的指导。然而，参与式民主对于合理行政的促进作用来说仍具有一定的局限性。首先，因为公众的参与意见对于政府政策选择来说只具有参考意义，而不具有强制性，因而公众的意愿不能对政府行为模式的选择形成强迫力；其次，由于受到现代行政事务专业性、技术性的限制，缺乏专业技术的普通民众很难

---

① 蔡定剑. 民主是一种现代生活[M]. 北京：社会科学文献出版社，2010：7.

② 马长山. 国家、市民社会与法治[M]. 北京：商务印书馆，2005：187.

提出具有实质价值的参考意见，他们也没有能力去抑制政府的行动，甚至可能出现由于短视的、不理性的公众导致行政机关合理的行为选定停滞不前的现象发生。虽然，利用"专家知识"限制行政机关的自由裁量权已经被证明效果不佳，但是公众参与对于约束裁量权的任性来说亦是至关重要的。目前，我国通过公众参与方式以抑制行政自由裁量权滥用现象的效果较差，主要原因在于：（1）参与的资格受到政府机关的限制，导致参与者的选定缺乏代表性；（2）各种形式的参与缺乏具体、细致的程序指导，程序设计粗线条；（3）缺乏有效的制度设计（如对行政机关的责任设置不明确）保证行政机关尊重参与者的意见。这使得我国出现社会参与流于形式的怪象。在食品安全风险评估工作中，公众参与也严重不足。食品安全风险评估是指政府机关组织人员对食品、食品添加剂中生物性、化学性和物理性危害进行风险评估。食品安全风险评估的结果是食品安全风险警示行为的根据。由于风险评估工作具有十分强的专业技术性，导致一般公众或企业很难参与其中。此外，基于一般公众对政府的风险警示信息的依赖性、及时性需求以及行政机关防止食品安全事故的发生，造就了企业在政府公布风险警示信息之前全然不知的局面，企业没有能够行使为自己充分辩护的权利。《食品安全法》也没有规定该领域的公众参与权。这的确也是个两难问题，即公共利益和私人利益的价值取舍问题。

二、食品安全风险警示行政自制的具体路径

行政权具有自我扩张的天性，亦有自我规制的特性。食品安全风险警示行政自制是行政权特征的表现。加强食品安全风险警示行政自制，应以问题为导向，以效果为目标，以健全食品安全风险警示行政自制的规范体系、行政组织、内部监督和政府回应机制为主要路径，从而提高食品安全风险警示行政自制的强度和效果。

（一）健全自我规制规范体系

1. 健全食品安全风险警示自我规制的外部规范

行政权具有自我扩张的天性，亦有自我规制的特性。行政权的这种"背反"现象既让人惊奇，又让人迷惑。麦吉尔曾指出："学者们仍无法解释如下现象，即行政机关通常会进行'自我规制'，行政机关会限缩自己的选择和裁量权，主动采取限制自由裁量权的措施，而这种规制并非权威机构的特定要求。"①当然，这种自我规制的存在并非意味着我们对行政权扩张性可以视而不见。由于自我规制具有主动性、自愿性的特点，规制的边界、时机、强度、范围等往往让人琢磨不透。因此，完善食品安全风险警示行政自制不仅要完善内部规制，亦要健全外部指引。当前，我国关于食品安全风险警示行政自制的外部规范相对不足，对于哪些事项属于食品安全监督管理部门的自我规制范畴，哪些事项应由外部规制方式解决并没有明显的区分，食品安全风险警示规制存在"内""外"混杂的情况。并且食品安全风险警示行政自制的外部指引规范无论在量上还是在质上都难以支撑行政自制实践。检视《食品安全法》，对食品安全风险警示的行政自我规制的外部指引主要是通过"责任约谈"等方式实现，责任约谈主要是基于"未及时发现食品安全系统性风险，未及时消除监督管理区域内的食品安全隐患"这一事由，而对于食品安全风险警示的行政自制内容却语焉不详。

除了健全食品安全风险警示行政自制的外部规范，还应对不科学的食品安全法律规则进行必要修正。立法通过设定权利和义务的方式实现法律正义的分配，但这种分配并非是一种"一次性"的行为，而是一种持续调整与修正的过程。而其调整与修正的效能也直接决定分配正义的

---

① E lizabeth Magill. Annual Review of Administrative Law：Foreword：Agency Self-Regulation[J]. *The George Washington Law Re-view*，2009(77)：860，882-890.

效果。作为调整、修正之重要手段的法律清理工作就显得异常重要。"法律能否发挥其作用，取决于国家法律体系是否科学合理、是否统一和谐。而法律体系的完善必然需要通过法律清理来实现。只有及时发现法律体系中与社会实际不一致、不适应的情况，并通过合法程序进行清理，才能促进法律体系的完整和完善，从而更好地发挥法律的作用。"①法律清理是加强和改革立法工作，完善社会主义法治体系，推进国家治理能力现代化的重要手段。为了配合食品安全风险警示制度的推行，立法机关应对现行法律中已经明显不适应全面深化改革要求和经济社会发展需要的、法律规定之间相互矛盾的或可操作性不强的法律条文予以修改、补充或废止。各级食品安全监管部门如果发现不适应社会主义经济建设、政治建设、文化建设和社会建设的客观需要的法律规定，应当通过法定程序向立法机关提出可行的处理建议。合理的制度安排才可以使得规制的有效性得以实现。目前，我国食品安全法律制度中还存在一些问题，例如"中国驰名商标"会对食品质监部门形成隐性影响，即基于"驰名商标"信任而弱化监管或惧于"驰名商标"而产生监管负担并疏于或惧于监管，这些问题也需要立法修正的方式予以解决。

2. 内部行政规则的制定

行政自制是以内部行政法为规范依据的，因而内部行政规则同样受到行政自制的亲睐。"内部规则包括纲领性质的行政文献、行政机关的办事规则、行政机关公文规则、行政自我约束的规则。"②在美国，行政机关亦享有较大的自由裁量权，尤其是在事实认定方面。但是，行政机关大多都比较自愿性、非强制性地对自身的行为规则通过行为指南、内部规范等措施加以限定。"当立法机关赋予不具备标准的裁量权时，行

① 李致. 我国法律清理浅析[J]. 理论视野，2013(2)：79.
② 于立深. 现代行政法的行政自制理论——以内部行政法为视角[J]. 当代法学，2009(6)：11.

政官员应当尽量制定标准，然后通过原则和规则进一步限定自身的裁量。"①可见，内部行政规则对于限定行政机关自由裁量权来说具有其他外部控制模式所不可比拟的优势，即基于自控意识以及合理行政的价值诉求自愿地接受限制。

行政机关应当对食品安全风险风险警示信息的制作、发布过程制定一个内部行政规范②，针对食品安全风险评估的流程、食品安全风险警示信息形成的步骤、食品安全风险警示信息公布的条件(食品安全风险的危害程度、紧迫程度、证据的证明力度、辐射消费者的范围宽广)、行政相对人的权利、公布后的处理工作制定详细的、可操作性的规范性文件。行政机关自身制定的行政规则屡遭诟病的关键原因在于：规范性文件存在违背上位法的情况以及不受司法审查。然而，我国新修订的《行政诉讼法》已经将规范性文件纳入司法审查的范围。这弥补了过去违背上位法、侵害公民人身、财产权利的内部行政规则逃脱司法审查控制的缺憾。学者对其的疑虑可能会随着《行政诉讼法》的不断完善而逐渐消失。通过对食品安全风险警示行为形成一个详细的规范限制，确保行政机关对食品安全风险警示信息的制定、公布的非任意性，力促其在审慎权衡公共利益以及企业私人利益的价值取舍上选择食品安全风险警示的方式。内部行政规范以及食品安全风险警示信息的公布应当遵循一个基本的价值追求，即以最小私人利益的损失为代价来满足公共利益维护的需要，并且对合法权益的损失给予适当补偿。

(二)行政组织重构

"如果行政组织的形式、结构与规模设计不合理，如组织形式过于

---

① [美]肯尼斯·卡尔普·戴维斯.裁量正义[M].毕洪海，译.北京：商务印书馆，2009：60.
② 在大陆法系国家(如德国、我国台湾地区)，行政机关制定行政规则的主要目的虽然只是为了规范行政机关系统内部的工作程序等，但是其依然会涉及外部相对人的权利义务关系。因此，本文这里的"内部行政规范"并不是完全属于内部性质的以及不涉及相对人的权益。本文只是强调行政规则由行政机关自身制定的特性。

集权化或分散化、组织的结构关系不协调、组织的规模不适当等,那么行政权内部将会处于一种无序、紧张或矛盾的状态之中。"①行政自制要求行政系统内部组织体系的再调整,以适应行政机关能够有效地、自发地选择约束行政职权的行为模式的要求。一种不完善的行政组织构造是滋生权力腐败、权力滥用、权力不作为的"土壤"。因此,要避免裁量权运行出现背离初始目的的状况,应当从组织系统内部来避免权力的不合理使用现象。在2013年通过的《国务院机构改革和职能转变方案》与2015年新修订的《食品安全法》颁布之前,县级以上卫生行政部门、农业行政、质量监督、工商行政管理、食品安全监督管理部门都享有对食品安全风险警示信息的公布权。这种"九龙治水""政出多门"的情形严重阻碍了各部门信息之间的流动与融通,导致出现各部门公布的食品安全风险警示信息不一致现象发生。这不仅错误地左右着消费者的选择权,也给消费者以及企业的利益带来了不可弥补的损失。"管理体制上的多头模式与信息公布上的统一机制本身就是一对矛盾。"②鉴于此,《国务院改革方案》将质量监督、工商行政管理、食品安全监督管理部门三者的食品安全监管职能统一于国家市场监督管理总局。新修订的《食品安全法》进一步完善了食品安全信息统一公布制度,明确规定食品安全风险警示信息由国务院食品安全监督管理部门和省、自治区、直辖市人民政府食品安全监督管理部门(影响限于特定区域的食品安全风险警示信息)统一公布。但是食品安全风险警示信息统一公布制度并未实现完全意义上的"统一"。《食品安全法》第118条第2款规定:"县级以上人民政府食品安全监督管理、农业行政部门依据各自职责公布食品安全日常监督管理信息。"在食品安全风险警示信息无法明确界定时,县级以上人民政府食品安全监督管理、农业行政部门等相关部门完全可

---

① 崔卓兰,卢护锋.行政自制之途径探寻[J].吉林大学社会科学学报,2008(1):23.

② 孔繁华.我国食品安全信息公布制度研究[J].华南师范大学学报(社会科学版),2010(3):8.

以以"公布食品安全日常监督管理信息"之名行"食品安全风险警示"之实。事实上，任何试图从食品安全风险警示的内涵出发，从而确保食品安全风险警示权的专属性都是徒劳的。因为食品安全风险警示信息和食品安全日常监督管理信息之间的界限存在不以人的意志为转移的模糊性。要在真正意义上实现食品安全风险警示信息的统一公布制度应以行政组织重构和平台建设为切入点。食品安全监督管理部门与农业行政部门、卫生行政部门等相关行政部门在行政地位上相同，食品安全监督管理部门难以全面实施其食品安全风险警示信息的统一发布权。当前，应当进一步将食品安全风险警示权上移至食品安全委员会。由食品安全委员会统一协调食品安全监督相关部门的监管职责和信息发布权限，并加快统一的食品安全信息平台及其运行机制建设。食品安全监督管理部门、农业行政部门、卫生行政部门等相关行政部门均有在食品安全信息平台上发布信息的权利，但这些信息应当经过食品安全委员会的审查程序后再予以发布。

(三) 内部行政监督

在我国的行政系统领域，公务员具有上级依附性，这能够确保上级的层级监督有效地制约下级机关以及下属人员的行政权的行使。当然这种内部监督有时也是双向的，下级公务员也可以制约上级领导的决策。由于行政机关主要负责人要对整个机关工作负责，因此，他们的重心往往"在内不在外、在大不在小"，将时间和精力主要用在处理机关内部重要的行政事务、制定机关内部的行政规则、引领机关的发展方向上。事实上，他们也无时间和精力过多地参与具体内部事务和外部执法工作。机关内部的具体事务也主要由其下属行政人员来完成。行政机关领导在作出最终的行政决策时，会征询具体承办者的意见。"在原则性的问题上，上位机构是需要领先于下位机构的，而在具体的操作性的问题上上位机构则需要依靠下位机构。"①这又给下属人员对上级的权力制约

---

① 关保英. 论行政权的自我控制[J]. 华东师范大学学报(哲学社会科学版)，2003(1)：68.

带来一定实现的可行性。此外，上级机关或上级领导成员对下级机关或下属人员的行政责任进行具体的、合理的、可操作性的规定，可为下级机关以及成员的行为模式提供详细的责任性指导。责任的设置应当合理，根据行政事务的自身特性，从多角度而非单向性的定式思维对下级追究责任。否则，可能会抑制下属人员的积极性，从而导致权力的不作为，甚至可能出现部门监管人员为了避免被追究行政责任而采取逆监管行为，进而颠覆了行政权行使的正当性目的。从某种意义上说，上级对下级的内部控制效果会比外部控制更好。

食品安全风险警示行为涉及的专业知识非常丰富，因此，由于自身专业知识的相对匮乏，上级机关作出公布食品安全风险警示信息的决策往往会征求执法人员的意见。执法人员应当充分、有效地履行自身的风险评估以及监测职能，为上级机关提供正确的食品安全风险警示信息，避免信息的模糊性以及不确定性，限制上级机关的恣意决策。由于《食品安全法》规定了食品安全风险警示信息的上报制度，因此在食品安全风险警示信息制作之时，上级机关应当对下级机关的食品安全风险评估和食品安全风险警示信息制作工作进行监督，防止下级机关暗箱操作。上级机关或上级领导应当为下级机关或下属成员在不违反《公务员法》以及《食品安全法》下制定详细的行政责任规范，以防止他们对警示权的滥用。基于食品安全风险警示信息的特殊性，这里的行政责任设置应当注意以下问题：（1）由于食品安全风险警示信息会给行政相对人的权益（尤其是企业的利益）带来不可挽回的损失，因此，行政机关只有在具备充分的、严格的证据证明存在食品安全风险的情况下才能公布食品安全风险警示信息。（2）由于技术的有限性和技术检测需要一定的时间，行政机关往往不会在缺乏明确的科学证据证明存在食品安全风险的情况下贸然发布食品安全风险警示（除非食品安全事故爆发的可能性极高，且破坏性极大）。在此种情况下，如果出现食品安全事故，并为消费者的利益带来损失时，行政机关及其成员由于没有过错就不应承担法律责任。因此，行政责任的设置应当考虑到这一特殊性，不能落入教条主义，即只要有社会事故的爆发就应当追究相关人员的行政责任。事实上，如果食品安全监管行政责任制度设计时缺乏这一因素考虑，其行政责任设置亦将失之合理。并且，行政机关可能会为了避免被行政问责，在缺乏科学有效证据的情况下，象征性地发布食品安全风险警示信息，食品安全风险警示的预警功能渐渐丧失。这将会给行政相对人利益和社会公益造成更大的损害。实际上，合理的行政责任的设置也是一种权衡公益与私益的间接工具。当然，就食品安全监管的行政责任设置而言，我国的现有规定还相对不足，对食品安全监管人员违法的惩罚力度相对较轻且适用频率也不太高，例如，《食品安全法》第138条第1款明确规定："违反本法规定，食品检验机构、食品检验人员出具的虚假检验报告，由授予其资质的主管部门或者机构撤销该食品检验机构的检验资质，没收所收取的检验费用，并处检验费用五倍以上十倍以下罚款，检验费用不足一万元的，并处五万元以上十万元以下罚款；依法对食品检验机构直接负责的主管人员和食品检验人员给予撤职或者开除处分；导致发生重大食品安全事故的，对直接负责的主管人员和食品检验人员给予开除处分。"但实际上这一责任条款的使用频率并不高。

(四)政府回应机制

1. 信息融通与治理整合

在政府监管领域尤其是食品安全领域，信息不畅通是产生政府治理碎片化现象的重要原因之一。如在食品安全监管中，工商局、卫生局以及药监局分管各个流程，由于缺乏监管信息统一平台，各个政府部门各自为政，互不共享各自收集到的监管信息，导致出现监管信息闭塞现象。这不仅使部门的治理能力出现危机，更损害了食品生产者、销售者以及消费者的权益。为了形成各部门之间的信息融通，实现各部门协力合作，有必要借鉴整体政府的概念。"整体政府是指一种通过横向和纵向协调的思想与行动来实现预期利益的政府改革模式，它包括四个方面内容：排除相互破坏与腐蚀的政策情境，更好地联合使用稀缺资源，促使某一政策领域中不同利益主体团结协作，为公民提供无缝隙而非分离的服务。"①构造整体性政府的目的在于破除阻碍部门间通力协作的不良因素，实现跨部门的信息融合。"在食品安全监管领域，政府监管部门以职能与专业化划分监管环节，在明确彼此的权力与责任的基础上，实现食品安全环节的无缝隙监管，这就需要多部门共同协作。"②把各个政府部门看成一个有机系统的整体，是为了实现行政政策的特定目标而形成的有机联合体。通过加强各个部门之间的信息通融，强化各个政府部门协作性和整体性，从而形成为实现行政政策的特定目标的有机联合体。这有助于政府治理碎片化问题的解决。

在整体性政府的构建过程中应当注重技术力量，特别是重视对现代科技手段的运用，应将网络技术、信息技术、电子技术等运用于政府治理中，来治理政府失灵。政府在食品安全监管中，应建立一个公开、透明、准确、快速的食品安全风险信息平台，以实现政府与人民之间以及食品监管主体之间的信息交流和风险沟通。政府还应建立食品安全信息的强制披露机制，通过多种信息传播媒体定期、不定期地对食品安全信息进行披露，使广大消费者能够始终保持对食品安全问题的高度敏感，尽量将因信息不畅通而导致的消费者权益受损的情况降到最低。

2. 健全投诉处理机制

只有构建起有效的维权机制，才能实现社会大众在食品安全治理中的有效参与。食品安全监督管理部门要"寓管于民"，重视社会大众就食品安全问题提出的投诉、建议和举报，积极进行调查取证，对真实的举报高效、及时地依照相关法律法规进行处理。对于消费者的

---

① Christoppher Pollit. Joined-up Government: a Survey [J]. Political Studies Review, 2003(1): 35-42.

② 陈刚，张浒. 食品安全中政府监管职能及其整体性治理 [J]. 云南财经大学学报，2012(5): 153.

维权渠道，政府部门应当积极拓宽，并进行有效的管理，保持其通畅。此外，也应当进一步完善投诉机制从而有效减少消费者进行维权所需花费的时间成本和金钱成本。在当前网络覆盖面相当广泛的情况下，网络投诉机制应成为最重要的一种投诉机制，对于消费者而言，通过网络渠道进行投诉，可以使其成本最小化，也更加方便和快捷。对此，相关政府机构可以通过构建相应的网络维权平台以方便消费者进行参与和投诉，如普及电子邮箱、网站，甚至可以推出专门投诉、举报的手机 App 等。

三、自我规制下食品安全风险监测评估机制续造

近些年来，食品安全事件频发，食品安全监管引起政府和社会的高度关注。党的十八大报告首次将"食品安全问题"提升到"前进道路上""我们必须高度重视，进一步认真加以解决"的战略高度，并将"确保食品安全"的一般性部署深化到"改革和完善食品安全监管体制机制"的层面。

食品安全风险监测和评估是食品安全监管的起点和基础。没有体系完备的风险监测网络，食品安全监管就如同"聋子"和"瞎子"，对食品安全失去基本的接触和感知，风险评估也就没有了依据。风险评估的缺失，会影响食品安全标准的制定和修改，整个食品安全监管也将失去基本的科学依据。我国食品安全风险监测与评估制度处于起步阶段，在很多方面还不是很完善，例如食品安全风险监测功能单一、监测机构指向不明、法律关系不清、风险评估主体责任分配不合理、信息公开不充分。丰富食品安全风险监测功能，明晰部门与技术监测机构法律关系，完善食品安全风险评估责任追究机制和评估信息公开制度，是我国食品安全风险监测评估机制创新的主要途径，同时也是实现食品安全风险决策的行政自制的必要举措。

(一) 食品安全风险监测机制问题分析

有学者认为，"三鹿奶粉"事件造成的社会性损害宣告了"既有的建立在个体主义观念之上的，以权利为中心、自己责任、国家在维护社会利益中主要负消极责任的主流法律制度"的"失灵"。"明确现代社会中生产经营者及相关的公共组织在社会经济生活中的角色，申明其行为的社会性，让其承担含有积极的、向前看的'预设的社会责任'，是现代社会经济法的必然要求。"①对于政府部门而言，食品安全风险监测就是这种"预设的社会责任"的最基础性环节。

所谓食品安全风险监测，是指由特定技术机构通过系统和持续地收集食源性疾病、食品污染以及食品中有害因素的监测数据及相关信息，并进行综合分析和及时通报的活动。② 我国食品安全风险监测起步晚，在风险监测理念和功能的认识上存在不足，技术监测机构的法律地位及相互关系亟待进一步明确。

1. 风险监测功能单一

从《食品安全法》的立法规定来看，食品安全风险监测目的主要有二：(1)保证食品安全，保障公众身体健康和生命安全；(2)为食品安全风险评估提供根据。③ "保证食品安全，保障公众身体健康和生命安全"是《食品安全法》的立法目的，自然也适用于食品安全风险监测制度，但不具有与其他食品安全监管制度作区分的独立价值。因此，从实际效用来看，风险监测的直接目的即在于"为食品安全风险评估提供根据"。

这里需要申明的是，为食品安全风险评估提供根据的风险监测(狭

---

① 刘水林. 从个人权利到社会责任[J]. 现代法学，2010(5)：32-37.

② 参见《食品安全法》第 14 条第 1 款，《食品安全法实施条例》第 9 条第 1 款，《食品安全风险监测管理规定(试行)》第 2 条、第 12 条第 1 款。

③ 参见《食品安全法》第 1 条、第 17 条第 1 款。

义)与通常所说的食品检验是有区别的。首先,风险监测侧重于从宏观上把握食品安全的总体动态及情况,为风险评估和食品标准、政策制定提供根据和技术支持;食品监督抽检则侧重于对具体食品的安全信息进行检验,作为对问题食品进行执法处罚的依据。其次,风险监测由检验机构人员按照监测计划规定的任务量采集样品、进行检验,通常环节多、数量大、范围广;而食品监督抽检则由执法人员采集样品送检验机构进行检验,针对性较强,规模、数量远不及风险监测。① 一言以蔽之,狭义的风险监测侧重于一般的数据采集活动,不提供专门的食品检验活动,而这可能会使消费者对风险监测的预期以及监测的实际效果大打折扣。

在笔者看来,完整意义上的风险监测(广义)至少应该包括两方面的内容:(1)监测机构按照监测计划主动采集样品进行数据收集、分析及通报的活动;(2)监测机构依据消费者的请求对可能存在风险的特定食品进行的检验并将结果作为执法依据的活动。监测机构可就检验出来的问题食品展开大规模的专项监测,从而为食品安全风险评估、标准制定(修订)提供根据。拓展风险监测内容主要基于以下三点考虑:

首先,解决消费者"检测难"问题。"检测难"是消费者在维权过程中遇到的"老大难"问题。一些食品检验机构基于直接或间接的利益关系,不愿意接受消费者提出的检验请求。尽管有学者建议"确立举证责任倒置制度"②,但食品生产具有数量多、流通范围广、质量安全不确定的特点,同一批次的产品也有可能因为运输或存储不当而产生参差不齐的质量问题,食品生产经营者无法自证有责或无责。在举证责任倒置的情况下,为提高胜诉几率,消费者可能会出现合理的销毁证据的情形。因此,解决消费者"检测难"问题,还是应该从食品检验体制本身

---

① 徐娇,张妮娜.浅析国内外食品安全风险监测体系建设[J].卫生研究,2011(4):533.

② 刘俊海.《食品安全法》应当确立举证责任倒置制度[EB/OL].[2013-07-13].http://www.china.com.cn/fangtan/2013-07-11/content_29394758.htm.

入手，而监测机构也应当承担应有的职责。

其次，避免技术资源浪费。从《食品安全法》及其实施条例的规定来看，食品安全风险监测机构是国家在既有的食品检验机构之外建立的技术机构体系。① 根据《食品安全风险监测管理规定(试行)》第 4 条规定，国家将建立覆盖各市(地)、县(区)，并逐步延伸到农村的食品安全风险监测网络体系。建立如此规模庞大的风险监测网络，如果仅限于既定规程的样品采集、数据分析未免失之过窄，难脱资源浪费之嫌。

再次，提升风险监测实际效果。风险监测除了要对食品安全状况进行一个总体的把握之外，还应对问题食品进行积极发现，缺乏问题食品发现意识的风险监测是不完整的。监测机构流水化的检测作业对于发现问题食品具有一定的积极作用，但再严密的监测网络总有疏漏，而经过监测的食品占市场总量的比例总是微乎其微。食品安全关乎消费者身体健康和生命安全，最关心食品安全的是消费者，风险监测如果能够有消费者的积极有效参与，食品安全风险监测的实际效果将会显著增强。

2. 监测机构不确定

《食品安全法》规定国家建立食品安全风险监测制度，并将风险监测计划、方案交由国务院、省级卫生等相关部门制定、实施,② 并没有提及监测机构。对监测机构作出规定的是国务院通过的《食品安全法实施条例》，该《条例》第 9 条第 1 款对食品安全风险监测工作的技术机构作了相应规定。国务院卫生等 5 部门据此制定的《食品安全风险监测管理规定(试行)》第 12 条第 1 款对承担国家食品安全风险监测工作的技术机构的确定流程与主体作了相应规定。由此可以确定，食品安全风险

---

① 《食品安全法》分别将"风险监测"和"食品检验"分置第二章和第五章。《食品安全法实施条例》第 9 条第 1 款规定：食品安全风险监测工作由省级以上人民政府卫生行政部门会同同级质量监督、工商行政管理、食品安全监督管理等部门确定的技术机构承担。

② 参见《食品安全法》第 14 条。

监测机构分为国家和地方两级，国家食品安全风险监测技术机构由国务院卫生等相关行政部门确定，地方食品安全风险监测技术机构由省级卫生等相关行政部门确定。但是，省级以上卫生等行政部门会同确定的技术监测机构，本身就是一个很不"确定"的概念，存在指向不明、法律关系不清的问题。

首先，省级以上卫生等行政部门会同确定的技术监测机构指向不明的问题。各部门"会同确定"的风险监测技术机构是一个机构还是多机构并存，相关法律法规并没有予以明确规定。事实上，我们的风险监测本身就是多部门并存，涉及卫生、食品安全监管、商务、农业等部门。① 在国家风险监测计划和地方实施方案中，除卫生行政部门所属的地方各级疾病预防控制中心以及定点监测的医疗机构外，其他部门所属技术机构指向不明，监测任务由各部门直接领受。各部门是直接参与风险监测工作，还是由其所属技术机构具体承担监测任务？如果由其所属技术机构承担监测任务，那么各部门所属的技术机构是否经过各部门"会同确定"？是否属于《食品安全法实施条例》确定的风险监测技术机构？

其次，省级以上卫生等行政部门"会同确定"的技术监测机构法律关系不清的问题。我国食品安全风险监测实行部门负责制，风险监测技术机构由多部门会同确定，相关行政部门对风险监测负总责。但风险监测又是一项具有相对独立性的技术工作，行政部门与监测技术机构在何种范围内承担各自的责任，相关法律法规并没有予以明确。并且各风险监测的技术机构隶属不同部门，各部门有相对独立的监测系统、监测实

---

① 根据《2013年国家食品安全风险监测计划》，风险监测分工如下：（1）食品中化学污染物和有害因素常规监测由卫生、商务、粮食部门负责，专项监测由卫生、质监、食品安全监管、商务、粮食部门负责；（2）食品微生物及其致病因子常规监测由卫生、质监、食品安全监管、商务部门负责，婴儿配方食品加工等专项监测由卫生部门负责；（3）食品中放射性物质监测由卫生部门负责（参见《2012年江苏省食品安全风险监测实施方案》）；（4）食源性疾病监测由卫生部门负责，地方各级疾病预防控制中心以及定点监测医院具体负责监测、报告工作。

施方案，各监测机构之间的关系如何协调并不十分明朗。另外，国家层面负责食品安全风险监测的技术机构是国家食品安全风险评估中心，而在各省、自治区、直辖市一般由省级疾病预防控制中心牵头开展相关工作。在一些地方，即使成立了专门的"食品安全风险评估中心"，也只是挂靠在省级疾控中心的非法人机构。① 国家与地方风险监测技术机构之间关系如何理顺还有待观察。

(二) 食品安全风险评估机制问题分析

食品安全风险分析(Food Safety Risk Analysis，FSRA)是国际上新近发展起来的旨在保障食品安全的一门新兴的发展中的科学，也是国际通行的制定食品法规、标准和政策措施的基础。② 食品安全风险评估(Food Safety Risk Assessment)是安全风险分析的重要环节，为食品安全风险管理和决策奠定基础。所谓食品安全风险评估，是指对食品、食品添加剂中生物性、化学性和物理性危害对人体健康可能造成的不良影响所进行的科学评估，具体包括危害识别、危害特征描述、暴露评估、风险特征描述等结构化程序。③《食品安全法》确立了国家食品安全风险评估制度，但风险评估还存在主体责任分配不合理、信息公开不充分的问题。

1. 主体责任分配不合理

食品安全事件在给食品行业带来灾难的同时，也给相关领域专家的声誉带来损害，有的学者已被网民唾入"砖家"行列。网民固然有走极

① 参见甘肃省卫生厅《关于成立甘肃省食品安全风险评估中心的批复(甘卫食安发〔2012〕174号)》，批复指出：甘肃省食品安全风险评估中心为非法人授权的技术机构，暂按省疾控中心内设机构进行管理。

② 王大宁. 食品安全风险分析指南[M]. 北京：中国标准出版社，2004. 转引自唐晓纯. 多视角下的食品安全预警体系[J]. 中国软科学，2008(6)：155.

③ 参见《食品安全法》第17条第1款、《食品安全法实施条例》第62条第1项、《食品安全风险评估管理规定(试行)》第13条。

端"一棒子打死"之嫌,但专家意见形成的放任无责状态,无疑也对两者间信任危机产生了推波助澜的作用。就食品安全风险评估而言,根据《食品安全法》第14条第2款、第16条、第17条第2款,《食品安全风险评估管理规定(试行)》第18条第1款之规定,国务院卫生行政部门具有:(1)组建食品安全风险评估专家委员会;(2)启动食品安全风险评估;(3)向有关部门通报、社会公布食品安全风险评估结果的职责。食品安全风险评估专家委员会具体承担食品安全风险评估等相关工作。根据《食品安全风险评估管理规定(试行)》第6条规定:"国家食品安全风险评估专家委员会依据本规定及国家食品安全风险评估专家委员会章程①独立进行风险评估,保证风险评估结果的科学、客观和公正。任何部门不得干预国家食品安全风险评估专家委员会和食品安全风险评估技术机构承担的风险评估相关工作。"该规定第15条还进一步确定:"国家食品安全风险评估专家委员会……对风险评估的结果和报告负责,并及时将结果、报告上报卫生部。"

由此可见,食品安全风险评估专家委员会独立承担风险评估职责,对国务院卫生行政部门负责;国务院卫生行政部门负责通报、公开评估结果并据此对外负责。笔者认为,风险评估是一项专业性和技术性较强的独立性工作,卫生行政部门无权、也没有能力改变评估结果,所谓评估结果公布行为,也只是照本宣科,例行公事而已。评估工作对于公众生命健康安全具有重要意义,对相关食品行业利益具有重大影响,让卫生行政部门对事实上是由专家委员会作出的评估负责(尽管专家委员会由其组建且可以启动内部责任追究机制),违背权责统一原则,不利于评估制度的良性发展。尽管相关法律、法规、规章声言卫生行政部门、

① 根据《国家食品安全风险评估专家委员会章程》第3条之规定,专家委员会的主要职责包括:(一)起草国家食品安全风险监测、评估规划和年度计划,拟定优先监测、评估项目;(二)进行食品安全风险评估;(三)负责解释食品安全风险评估结果;(四)开展食品安全风险交流;(五)承担卫生部委托的其他风险评估相关任务。

专家委员会对评估行为负责,但究竟在何种范围内、如何追究责任仍然不是十分明了。

2. 评估信息公开不充分

信息公开是食品安全监管的有效手段,对于规范市场秩序具有重要意义。伴随着科学技术的发展,食品种类日益丰富,工业加工食品呈井喷之势,大量食品添加剂运用其中。工业发展在给土壤、水源、大气带来污染的同时,也为农业初级产品的安全带来威胁。食品安全形势的新变化,普通人的智识已经难以认知,造成食品生产、经营秩序混乱,诚实守信价值扭曲,给行业发展带来灾难,消费者权益也深受其害。因此需要政府介入,加强食品安全信息公开,平衡消费者与生产经营者在食品安全上的信息不对称。根据《食品安全风险评估管理规定(试行)》第18条第1款规定,食品安全风险评估的信息主要限于评估结果的公布。尽管2010年卫生部等六个部门通过的《食品安全信息公布管理办法》第7条第1款将"食品安全风险评估信息"纳入国务院卫生行政部门负责统一公布的信息之列,但"评估信息"的内涵及外延并不十分清晰,因而评估信息公开也不太充分。

(三)食品安全风险监测与评估机制完善

通过建立在科学的风险分析和评估的条件下来积极选用有效的预防措施,采用HACCP(危险分析与关键控制点管理)系统来对风险进行管理,能够尽早发现食品安全方面所存在的风险,并对其进行有效的预防。欧盟和美国已广泛使用这种预防措施。对于食品安全监管而言,监测、分析和评估风险信息是其基础,因此,要及时对现有相关机构和资源进行相应的整合,构建完善而单独的机构来对风险进行分析和检验检测,强化检验检测机构和监管部门之间的交流与合作,运用相关资源来对风险进行科学评估。此外,还应积极学习美国在该方面的经验,使用HACCP系统来更好地控制食品方面的安全,并构建完善的法律法规来更好地促使企业对 HACCP 系统的运用，确保安全的食品制造工序。同时，也应向欧盟学习，运用 RASFF（欧盟食品和饲料类快速预警）或建立一个能协调全国所有统一的快速预警系统的机构。针对我国食品安全风险监测与评估制度存在的问题，笔者认为应主要围绕以下几个方面予以完善：

1. 拓宽食品安全风险监测样本来源，丰富食品安全风险监测功能

（1）在大中型食品销售市场设置简易食品安全检测点，做到"即购即检"。检验结果不能即时出来的，可以通过手机短信或检测编号在指定食品安全信息网站查询。（2）加大食品安全信息应用软件研发力度，并及时将同批次食品安全检测信息与软件共享，让消费者在购买时，通过手机应用软件扫描，及时了解食品安全信息。（3）整合现有食品检验机构资源，赋予部分公营食品检验机构风险监测职责，完善食品安全风险监测体系。

2. 确定风险监测技术机构，明晰行政部门与技术监测机构之间的法律关系

国务院相关部门在成立或确定食品安全风险监测技术机构时，应特别申明："本机构为《食品安全法实施条例》第 9 条第 1 款（或《食品安全风险监测管理规定（试行）》第 12 条第 1 款）规定之国家食品安全风险监测技术机构，具体承担食品安全风险监测之××职能。"省级有关部门确定的风险监测技术机构，同样应申明："本机构为《食品安全法实施条例》第 9 条第 1 款规定之食品安全风险监测技术机构，具体承担食品安全风险监测之××职能。"风险监测技术机构确定以后应保持相对的稳定性，食品安全风险监测相关法律法规应就风险监测机构与卫生等有关部门的法律关系作明确规定，确定技术检测机构在履行监测职能过程中的独立法律责任。

3. 设立独立的风险评估与分析机构

当前，在我国食品安全的风险信息评估分析机构方面，制定上是多头设置，管理上不尽如人意。其实很多风险信息评估分析机构都有自身的优势，因此，相关政府部门应该及时将他们的有效资源进行整合，在国家食品安全委员会下，构建起单独的风险评估与分析机构。食品安全信息平台方面，也要进行统一协调，采取和使用的风险分析方法要以信息共享作为基础，在进行食品安全风险分析的过程中，则要独立、公开和透明，由此更好地为食品安全监管者提供更具参考价值的信息。

4. 完善食品安全信息快速预警系统

对于整套食品安全信息预警系统而言，如果没有检验检测体系的技术力量来对其进行支撑，那就无法获取有效的信息，所以我们必须要构建起完善的检验检测系统。当前，我国检验检测机构的管理并不统一，不同的监管部门负责属于自己的检验检测机构的管理，并不像国外那样集中，所以很难对它们进行协调，也很难使它们之间的资源进行共享。① 对于这一现状，我们应当加快构建一个能统一管理全国所有检验检测机构的总机构，并设立一个部门来整合和管理所有的检测资源，建立共同的检验检测标准。食品安全监管机构通过数据库和资源整合部门将食品链的各个环节的实时监测信息与其进行关联，使用监测等措施来对与食品安全风险有关的一些数据和信息进行收集，并根据分析所得出的结果进行食品安全风险预警决策，再通过媒体平台将消息公布于大众，进而与广大消费者共同处理食品安全方面所存在的风险。

5. 引导并帮扶食品企业强制进行 HACCP 认证

当前，食品企业并未被要求必须使用 HACCP 系统，对此，食品行

---

① 屈斐琳. 餐饮消费者权益保护的法律探索[D]. 桂林：广西师范大学，2011(14).

业协会和相关政府监管部门应当携手运用有效的措施来帮助和指导企业进一步运用 HACCP 系统，政府部门也应采用相应方式来引导食品企业全面实施 HACCP 系统，如舆论、教育、立法等方法，由此来确保食品生产过程中的安全性。同时，还应充分发挥食品行业协会的引导作用。实际上，要实现 HACCP 系统在食品企业中广泛运用的方式有很多，在众多方式中应采取相对柔性和有效的方式。食品行业的专业性较强，相较其他主体，食品行业协会更加知晓哪些措施真正的有效。当然，如果上述引导模式不能奏效，亦可以通过立法方式实现。通过先制定和完善相关的法律法规，强制要求食品生产经营企业必须使用 HACCP 系统，从而确保食品在生产经营过程中的安全性。

6. 建立并完善食品安全风险评估责任追究机制

由于专家委员会评估工作会对公众产生重大影响，笔者认为应建立健全专家意见形成和责任追究机制。在专家意见形成机制上，建立专家意见保留制度，对不同意见，实行严格的署名备案制度，以备责任追究。属于个人在科学技术上的认知错误的，应辞去专家委员会职务。非技术性因素，除辞去职务外，依据行为性质、危害程度，在专业技术资格、职称评定、就业等方面予以限制，触犯刑法的，依法科以刑罚。对于代表食品安全风险评估专家委员会，在国家重要媒体上发表专家意见的行为，参照上述办法予以追究。同时，卫生行政部门也应尽快明确领导责任的范围和追究方式。

7. 明晰信息公开范围，完善评估信息公开制度

风险评估信息在食品安全信息中具有基础性的标尺意义，评估信息对于规范企业生产、公众消费具有重要影响。由于食品安全对于消费者生命、健康安全具有重要意义，公众除了需要对风险评估结果具有清晰的知晓外，食品安全风险评估专家委员会还应就风险评估的方法、依据、过程予以公示，以便督促专家评估行为。另外，卫生行政部门在公

示评估信息的过程中，要严格与"警示信息"做区分。根据《食品安全法》第 22 条规定，"食品安全风险警示"是国务院食品安全监督管理部门应当会同国务院有关部门在对食品安全评估结果以及监管信息进行综合分析的基础上，作出的具有独立意思表示的行政行为，不能简单地以"警示信息"代替"评估信息"。

（四）食品安全风险评估中专家理性与公众认知的协调

专家评估与公众认知在食品安全风险治理中均具有重要作用。专家自身具有的局限性可能会导致食品安全风险评估结果失真。公众主体复杂性以及其认识的非专业性对食品安全风险治理会产生负面效果。应从形式合理性和实质合理性入手协调专家评估与公众认知的关系，通过公众参与克服专家评估的部分局限，通过专家理性引导社会公众对食品安全风险治理的正确认知。

1. 问题的提出

我国现行《食品安全法》第 17 条①规定了食品安全风险评估专家委员会制度。关于"食品安全风险评估"，学界存在一定认知争议。有学者认为《食品安全法》强调的主要是食品安全风险评估中的专家理性，忽视了公众参与的作用。在实践中食品安全风险具有双重模式：现实主义模式和建构主义模式。现实主义模式是指食品安全风险具有唯一属性——物质性，独立于主观存在，强调理性与科学，这种模式实质上是

---

① 《食品安全法》第 17 条规定："国家建立食品安全风险评估制度，运用科学方法，根据食品安全风险监测信息、科学数据以及有关信息，对食品、食品添加剂、食品相关产品中生物性、化学性和物理性危害因素进行风险评估。国务院卫生行政部门负责组织食品安全风险评估工作，成立由医学、农业、食品、营养、生物、环境等方面的专家组成的食品安全风险评估专家委员会进行食品安全风险评估。食品安全风险评估结果由国务院卫生行政部门公布。对农药、肥料、兽药、饲料和饲料添加剂等的安全性评估，应当有食品安全风险评估专家委员会的专家参加"。

我国《食品安全法》所确立的基本模式；建构主义模式是指食品安全风险主要具有社会属性，而不单纯是一种客观存在，在其中蕴含着经济、政治、文化、伦理、历史传统等多重维度的影响。"两类风险属性模式对食品安全风险评估隐含着不同意义"①，不可偏废，应兼而有之。

本书同意此种观点，食品安全风险并非单纯意义上的客观事件，人们对食品风险有着本能的回避，这种回避包含着自身的价值判断，而这种价值判断建立在人们过往的经验和对知识掌握的基础上。例如，"2008年的'三鹿奶粉'事件对上海整个食品行业的影响都很大……一些与该事件虽然无直接关系但选用了奶制品作为原料的涉奶食品企业的生产、销售都出现同比三成以上的暴跌"②。"三鹿奶粉"事件的此种后续结果正是由人民内心的恐慌以及对风险趋利避害的本能而引发的连锁反应，而治愈公众内心恐惧的一个药方即是公众参与。

食品安全是一种基本人权，具有"公共"属性。根据《世界人权宣言》《经济、社会与文化权利国际公约》的相关规定③，公众的健康权是一项包容性权利，食品的安全是健康权的重要组成部分之一。在某种意义上，食品安全是人生命权和健康权的延伸，食品安全风险评估作为保障食品安全的重要组成部分。为了全面保障公众健康，公众有权参与食品安全风险评估。食品安全风险评估作为食品安全管理的前提和基础，不能单纯依靠现实主义模式下的专家理性，也要注重评估中的公众参与。在食品安全评估中，专家理性和公众参与在某种意义上就犹如国家行政中的官僚制与民主制之间的关系。无专家理性，评估就无法进行，

① 戚建刚. 食品安全风险属性的双重性及对监管法制改革之寓意[J]. 中外法学，2014(1)：46-55.
② 戚建刚. 极端事件的风险恐慌及对行政法制之意蕴[J]. 中国法学，2010(2)：59-69.
③ 《世界人权宣言》第25条第1款规定："人人有权享受为维持他本人和家属的健康和福利所需的生活水准，包括食物、衣着、住房、医疗和必要的社会服务。"《经济、社会与文化权利国际公约》第12条第1款规定："本公约缔约各国承认人人有权享有能达到的最高的体质和心理健康的标准。"

食品安全监管就软弱无力，无法运行；无公众参与，公众只能被动接受行政机关所发布的单向标准，结果可能导致公众的反抗。① 当前，如何协调专家理性和公众参与之间的关系，弥补两者缺陷，发挥两者优势成为一个亟待解决的问题。

2. 食品安全风险评估的专家理性局限

食品安全风险评估是一项具有高度专业性的工作。正如有学者指出："风险评估是一个纯粹的专家行为"，"风险评估是独立评估……专家在工作中不受任何政治、经济、文化、饮食习惯的影响"②。因此为确保评估的科学性、专业性，我国《食品安全法》确立了专家委员会评估制度。专家是指在一个领域内的学术权威，具有较强的专业性。理想中的专家是独立的、客观的，完全摆脱了利益纠葛。但是这只是一种理想状态，在实践中并不存在。在食品安全风险评估中，专家理性存在诸多限制。

(1)专家认知的人性局限

从人性的角度分析，任何人都具有人性的弱点，趋利避害是人的本能，专家也概莫能外。专家作为一个特定个体，自身也有自身利益，有的专家在担任委员会的职务以外，还在其他单位担任着一些的重要职务，在评估时可能会受到部门利益的影响；有的专家可能过于自信，对不同观点的接受程度有限。"专家往往有一种奇怪的反民主意味，对专业技术、知识的关注，容易造成对同样重要甚至更重要的非技术问题(如谁获益、谁在承担代价)的排斥。"③并且科学的发展就是"一个接着

---

① 王名扬. 美国行政法(上)[M]. 北京：中国法制出版社，2005：224.

② 陈君石. 风险评估在食品安全监管中的作用[J]. 农业质量标准，2009
(3)：4-8.

③ 奥特韦. 公众的智慧，专家的误差：风险的语境理论[J]//克里姆斯基，戈尔丁. 风险的社会理论学说[M]. 徐元玲，孟毓焕，徐玲，等，译. 北京：北京出版社，2005：246-247.

一个的对无知和不确定领域的征服"①，在食品安全风险评估中，专家
所掌握的知识是有限的，专家所调查的数据是有限的。在进行实验时，
食品元素的化学反应可能反应过慢，专家无法保证评估的准确性；亦或
者某类食品在当前水平的评估之下是安全的，但随着科技的进步，又逐
渐发现其所带有的危害性。鉴于科学的不确定性，食品安全不可能处在
"零风险"状态，所以专家的作用是论证当前科技水平下该类食品对人
体的危害程度，为公众说明理由，降低人民的心理负担，而不能只是单
向地向人民说明论证结果，弱化食品安全风险评估中公众参与。

(2)"受聘专家"的立场局限

我国《食品安全法》第17—19条强调了卫生行政部门在食品安全风
险评估中的主导作用。《食品安全法实施条例》亦强调由国务院卫生行
政部门组织食品安全风险评估工作。这表明当前我国对于食品安全风险
评估委员会的功能定位尚不明确。在这种自上而下的食品安全风险评估
模式中，行政机关首先是与食品安全风险有关的公共利益的判断者和代
表者，其次是规制食品安全风险的绝对的领导者、支配者和监督者，最
后是食品安全风险规制责任的集中承担者②。专家的应然状态是客观中
立，在不受任何外来利益影响下进行食品风险评估，"只有完全客观的
科学才会有助于政策的制定，这就需要实现研究课题的自主性，自由地
开展广泛的同行评议"③。然而当这样一种自上而下的食品安全风险评
估模式使"科学论证"成为了行政的工具，不免引起公众对专家以科学
为依据纯粹性的质疑，例如2008年的"三鹿奶粉"事件，在该事件曝光

---

① 冯拖维克兹，拉弗兹．三类风险评估及后常规科学的诞生[J]//克里姆斯
基，戈尔丁．风险的社会理论学说[M]．徐元玲，孟毓焕，徐玲，等，译．北京：
北京出版社，2005：289.

② 戚建刚．我国食品安全风险规制模式之转型[J]．法学研究，2011(1)：
34-35.

③ [加]布鲁斯·德恩，特德·里德．充满风险的事业：加拿大变革中的基
于科学的政策与监管体制[M]．陈光，等，译．上海：上海交通大学出版社，
2011：47-48.

之前的三个月，国家质检总局网站上有消费者反映婴儿肾功能衰竭的情况，江苏、甘肃、河北各地政府也有收到反映问题奶粉的信息，但在2008年9月2日之前，一些地方的产品质量监督检验院对三鹿奶粉的检测结果竟然全都合格。因此，如何保证专家的独立性，摆脱行政机关的管制，增强公众信任是食品安全风险评估中的重要内容。

事实上，食品安全风险评估委员会中专家的数量是有限的，不可能把所有食品安全风险评估所涉及领域的全部专家纳入其中，一方面原因在于召集专家需要耗费大量资源，另一方面人数越多并不能意味着评估更加准确，反而可能导致评估效率的低下。但应如何对待"受聘专家"与其他同行专家之间关系呢？本书认为，鉴于"受聘专家"的潜在缺陷，有必要建立同行专家对这些"受聘专家"评估过程、结果的监督评价机制。两者是监督和被监督的关系，通过同行之间的专业监督，一方面可以提高评估结果的准确性和说服力；另一方面可以规制"受聘专家"的失范行为，避免评估"腐败"或"共谋"行为。

3. 食品安全风险评估的公众参与

在食品安全风险领域中具有高度的专业性和不确定性，过多的公众参与可能阻碍风险评估的顺利进行。有学者曾明确指出："我们所面对的最令人不安的威胁是那种'人造风险'，它们来源于科学与技术不受限制的推进。科学理应使世界的可预测性增强，但与此同时，科学已造成新的不确定性，其中许多具有全球性，对这些捉摸不定的因素，我们基本上无法用以往的经验来消除。"[①]为了保障专家委员会评估工作的客观、真实和理性，避免食品安全评估工作的恣意，应通过公众参与这一程序性机制对专家的评估工作进行必要控制。

(1) 食品安全风险评估的公众参与内涵

① ［英］安东尼·吉登斯. 现代性的后果［M］. 田禾，译，北京：译林出版社，2000：115.

根据我国《宪法》第 2 条规定："我国的一切权力属于人民，人民依照法律规定通过各种途径和方式管理国家事务，管理经济文化事业，管理社会事务。"可知公众参与的根本目的在于实行民主立法，管理社会事务，让法律能够体现人民意志。在食品安全风险评估中的公众参与不能仅仅局限于公众的知情权、建议权，还应该包含公众的获回应权。知情权是公众参与风险评估的前提和基础，也是公众提出建议和获回应的前提和基础，强调的是公众具有参与资格。建议权从本质上讲是公众言论自由的体现，也是整合公众智力成果的体现。在现实中，有大量对该领域感兴趣的民众尤其是食品生产经营者，能够并且愿意为保障食品安全提供良好的建议。食品安全风险评估机构应开辟民意渠道方便听取公民提出的异议并认真听取相关建议和意见。食品安全领域中的获回应权在本质上是行政立法程序中说明理由制度的具体体现，其目的在于对专家委员会对公众意见的态度形成控制机制，以实现承载人格尊严、过程公开和结果理性等价值的程序正义[1]。正如有学者所说："回应性是民主自身正当性的理由。"[2]在食品安全风险评估中公众若没有获得回应权保障，任何合理建议都无法发挥作用，风险评估亦可能成为一种事实意义上的单方表达。

（2）食品安全风险评估公众参与的正面效应

公众是由无数个群体的抽象化，在食品风险评估领域的公众可以划分为两大类：生产经营者和普通消费者。两类群体的不同利益诉求会引发食品安全风险评估公众意见表达冲突。食品安全评估中的公众参与模式一个显著特征是"通过制度化的方式让利害关系人和普通公众及其聘请的专家参与整个风险评估过程，让这些主体与专家委员会以一种相互信任的伙伴式关系来共同承担风险规制任务，以一种主人翁的态度来与

---

① 方世荣．论行政立法参与权的权能[J]．中国法学，2014(3)：111-125.

② Robert A. Dahl, Democracy and Its Critics[M]. New Heaven：Yale Universiy Press，1989，p.95.

专家委员会共享食品安全风险信息，从而尽可能克服食品安全风险评估中的信息不对称难题"①。食品安全风险评估具有高度专业性，其可分为四个阶段：危害识别、危害特征表述、暴露评估和风险特征表述。虽然在这四个阶段中，对专业性的要求强度会有所不同，但这四个阶段的共同基础都是证据收集。如若证据收集缺乏完整性，评估结果可能大相径庭。充分的公众参与能够为风险评估供给相关证据，克服食品安全风险评估机构证据收集能力的不足，确保食品安全评估结果的真实性和准确性。事实上，在危险识别阶段，普通民众和食品生产经营者有切身体会，对此应有较大的发言权。

此外，公众参与既增强了风险评估的合法性论证，也是人的生命权和健康权在食品安全领域的某种延伸。风险评估中的公众参与既是公众的一项基本权利，也是专家委员会风险评估工作的一种程序规制。从某种意义上说，公众参与是一种事中救济机制。

(3)食品安全风险评估公众参与的负面效果

公众作为无数个个体所构成的整体，其所生成的公众认知存在两大问题：一是公众所掌握的专业知识有限，会出现认知错误。"风险评估是指各种危害因素(化学的、生物的、物理的)对人体产生已知的或潜在的不良健康作用的可能性的科学评估。"②尤其是在食品领域，涉及毒理学、流行病学、微生物学、营养学等诸多领域，这些领域都需要高度的专业知识，而公众的评价大多建立在自身的经验和直觉的基础之上，若过分强调公众参与，只会导致评估效率低下、评估结果不可靠。二是公众认知会具有"羊群效应"，具有情绪化的特征。"普通大众在特定的情况下通常会对这些错误的观点或看法产生认同感，形成某种非理性的、情绪性的共鸣，这种共鸣往往会形成一种压力，迫使持不同意见者

---

① 戚建刚. 我国食品安全风险规制模式之转型[J]. 法学研究，2011(1)：34-35.

② FAO. Food and nutrition[M]. Rome：FAO，1997：65.

受制于这种非理性和情绪化的主流意见。"①这种情绪化的公众认知在网络时代更为明显。

4. 专家理性与公众参与的协调路径

专家理性代表评估中的事实判断，公众参与代表评估中的价值判断。即使两者之间存在不足甚至矛盾也需达成共识，共同证成评估的科学性和合法性。在食品安全风险评估中，片面强调专家理性或者公众参与都不是最佳选择，应通过有机结合发挥两者所具有的优势，弥补两者不足。两者必须统一于食品风险评估过程之中，用专家理性保证食品安全风险评估的科学性，用公众参与论证风险评估结果的合法性，通过两者的合理定位，更好地完成食品安全风险评估工作。本书认为需从形式合理性和实质合理性两方面入手，形式合理性使公众对专家产生信任感，实质合理性保障公众参与的实现。

（1）形式合理性

一是增强专家委员会的独立性。"根据联合国食品法典委员会（简称 CAC）制定的风险分析工作原则指明，风险评估与风险管理之间应该进行职能分离，以保证两个不同职能部门之间相互独立，以免因行政、历史和其他原因等造成不必要的干扰。"②食品安全风险评估领域不同于行政立法领域，在后一领域中，行政机关具有主导性地位，专家可视为行政助手，是行政机关手足的延伸，在行政机关的指导下完成行政立法任务，而在前一领域中主要是技术性工作，为保证评估结果的客观准确，要求专家必须客观中立。因此，必须要重新定位食品安全风险评估中的专家委员会。

为确保专家委员会的独立地位，应保证专家委员会在组织上的独

---

① 陈伯礼，徐信贵. 网络表达的民主考量[J]. 现代法学，2009（4）：155-166.

② 谭德凡. 论食品安全法基本原则之风险分析原则[J]. 河北法学，2010（6）：148-149.

立。根据《食品安全法》第 5 条第 1 款的规定，食品安全委员会的法律
定位应是国务院的一个议事协调机构，其主任由国家总理担任，所以食
品安全风险评估专家委员会应隶属于该机构，独立于其他国务院卫生部
门，组成人员也由国家食品安全委员会聘用。专家委员会与其他部门之
间具有两层意义上的联系：一是协助关系。食品安全委员会下达评估任
务时，由国务院其他部门负责提供信息和数据来源；二是委托关系。当
其他部门需要评估时应委托该机构评估，专家委员会属于被委托机关，
责任最终由委托机关承担。此外，还应保证专家委员会的经费独立，明
确规定"专家委员会的经费来源直接与财政部挂钩，以摆脱对食品安全
部门的影响"。

二是建立专家宣誓制度。凡担任食品安全风险评估委员会的专家在
就职时必须向公众宣誓保证利益独立，承诺自己在任职期间以科学分析
作为评估的唯一标准。专家宣誓并非仅仅只在就职时，在每年的食品安
全宣传日都应组织专家集中宣誓，增强专家的使命感。在宣誓时，应通
过媒体或者其他渠道予以公开，让公众以看得见的方式了解专家及其所
肩负的使命。在宣誓的内容上，不能仅仅是"固定套路"的语言，至少
包含四方面的内容，即"坚持以科学为评估依据；坚持自身独立性；坚
持注重保护人民利益；违反誓言如何处理"，从而让宣誓以体系化的方
式展现在群众面前。

(2) 实质合理性

一是加强信息公开。公众的知情权是公众参与的前提和基础，"公
众要想成为自己的主人，就必须用可得的知识中隐含的权力武装自己；
政府如果不能为公众提供充分的信息，或者公众缺乏畅通的信息渠道，
那么所谓的面向公众的政府，也就沦为一场滑稽剧或悲剧或悲喜剧的序
幕"①。因此，针对食品安全风险评估中的信息应予以记录并保留全部

---

① ［美］斯蒂格利茨，宋华琳. 自由、知情权和公共话语[J]. 环球法律评论，
2002(3)：263-273.

材料，食品安全委员会应及时、准确地公开评估信息。对于发现影响社会稳定、关系食品市场安全的不准确信息，应及时澄清。在公开的方式上，有食品安全委员会在其官网上予以公布亦或者在公共阅览室、信息索取点、信息公告栏、电子信息屏等场所或者设施专门设置食品安全风险评估信息公开栏，方便公众查阅。信息公开必须在评估结束后的合理期限内。对于评估中涉及不适宜公开的信息时可由利害关系人申请，再由负责信息公开的机关依法决定是否公开。

二是构建同行监督机制。其他同行专家不在专家委员会之列，可被视为社会公众的一部分。但由于其具有关于食品安全的专业知识，有必要区别对待。在同行评审的主体上，由于专家委员会之外的专家都可称之为同行，同行评审人必须由专家委员会之外的专家随机匿名选举产生。在评审方式上，由同行专家参与食品安全风险评估过程，可在评估完毕后匿名提出异议，由专家委员会解释，最后通过匿名投票的方式决定评估结果。同行评审应具有限制要求，并非任何食品安全风险评估都需要同行评审介入，同行评审介入的标准(可参照影响范围、人数、危害程度)由食品安全委员会规定；最后，食品安全风险评估的四个阶段并非都需要由同行评审，只有对专业性要求较高的阶段才引入同行评审。在危害特征表述、暴露评估和风险特征表述要求专业性较强，需要生物、化学、物理学、病理学等专业知识时，可引入同行评审机制。

三是扩大危害识别中的公众参与。食品安全风险评估的四个阶段中只有危害识别对专业知识要求相对较少，公众可全方位参与该阶段，可通过听证会、论证会、座谈会以及网上讨论会的方式，由普通公众、生产经营者、专家委员会、卫生行政部门以举证、质证、辩论等方式表明立场，再由食品安全委员会派出代表主持，在不能达成一致时由食品安全委员会作出最终决定。普通公众的代表可由人大代表担任，生产经营者代表可由生产经营者协会选举产生。在危害特征表述、暴露评估和风险特征表述阶段，对专业性要求较高，可以专家评估为主，公众过多参与只会导致评估效率的低下。当然，这三个阶段也并非完全排斥公众参与，一方面同行评审机制可视为公众参与的一部分，另一方面，普通公众享有对该三个阶段材料的知情权，在评估结束后可提出异议要求其专家委员会解答。另外，在进行食品安全风险评估之前，可组织一个专家委员会成员与公众之间的见面会，或者在网上开设征集公众意见的信箱，或者通过组织专家委员会网上解答等方式，加强专家与普通公众之间的交流。该阶段可称为"预评估"阶段，其目的在于让专家委员会在评估时能更多反映公众意见。

四是明确专家释明义务。专家释明是公众参与的重要内容。在食品安全领域中，普通公众与专家委员会之间存在严重的信息不对称问题，公众往往处于弱势地位。专家释明义务一方面是公众参与权的保障，另一方面也是对公众参与的人格尊重，间接说明专家委员会对公众意见处理决定是经过理性分析的结果。本文认为，在专家释明义务的具体构建上，也并非是对公众所有意见都要解释说明。专家委员会可对公民所提意见进行整理、分类，针对问题集中的区域可由专家委员会集中作答；专家委员会在作出评估决定后，可开展专家、民众面对面的活动，在网上或者其他渠道，由专家当面回答民众问题，此可称为食品安全评估的最后阶段；为防止专家委员会的拖延，可规定专家释明的时间限制。

五是完善公众参与的救济机制。一个正确的食品安全风险评估结论可造福于人民，一个错误的结论则可能损害公众的人身健康或者导致食品生产企业的破产。为保证风险评估中的公众参与权利，有关部门有必要规定救济机制。在食品生产企业认为评估结果不合理并损害自己合法权益时，可依法提起行政诉讼或者行政复议，诉讼或者复议的对象根据具体情况的不同而不同。若是由食品安全风险评估委员会主动采取，则对象为食品安全风险评估委员会，受理对象为食品安全委员会。若是由行政机关委托，则按行政复议或者行政诉讼法的规定即可。在举证责任分配上，由食品生产经营者举证。若是普通公众普遍对食品安全风险评估结果不认同，则可按照四中全会所提出的公益诉讼处理，或者仿照美国建立公共利益代理人制度，由人大授权"公共官吏"主张公共利益提起行政诉讼，也可不授权"公共官吏"，而制定法律授权私人或者私人团体提起诉讼。

食品安全风险评估往往被视为科学领域，专家具有更大的话语权，但这并不意味着专家具有绝对话语霸权，是绝对真理的代言人，不能由其听之任之。因此，在食品安全风险评估中，既要通过专家宣誓制度、专家独立性保证专家作用有效发挥，又要发挥评估中信息公开、同行评审、公众参与方式、说明理由、公众参与救济机制等方面的作用克服专家理性的局限性，"让上帝的归于上帝，恺撒的归于恺撒"。

第五章 食品安全风险的信息规制

食品安全关乎民众切身利益与社会安定和谐。近年来，食品安全"风险"不断蔓延，并一次次触动着民众的心理底线。而市场主体由于自身的局限性，无法做到有效、全面的预测、处理和应对。作为公权力组织，政府在"建设服务型和法治型政府"的宗旨下，有必要对食品安全进行必要的规制和干预，以保护公民的生存权和财产权。信息工具，由于其便捷、高效的特点，自从 20 世纪 90 年代以来，逐渐成为政府进行公共规制的重要手段，并逐步应用于食品安全风险的规制领域。政府信息公开是食品安全风险警示信息规制的制度基础。完善食品安全风险警示的信息规制应对食品安全信息公开的范围进行明确界定，对于具有处罚性的食品安全风险警示应通过实体规范和程序机制予以限制。食品安全监督管理部门对依申请应当公开未达到风险警示程度的食品安全信息，如若涉及个人隐私、商业秘密和国家秘密时，应当对这些信息进行保留。

一、食品安全风险行政规制的信息工具

信息工具选择和运用直接关系到食品安全风险行政规制的效果。食品安全风险行政规制中信息工具的应用涵盖了信息收集渠道、信息公示平台、全信息管理以及事后监管机制等。同时，食品安全风险行政规制信息工具存在具有信息来源与收集路径的单一性、信息流通的内部性、

信息控制与公布的主体的多重性和相对人权利救济的滞后性等缺陷。为此，需要针对性地拓展常规与非常规模式的信息收集路径；提高信息流通的透明度；加强信息工具与其他工具的组合运用；完善风险信息发布的相对人救济机制。

（一）信息工具选择的现实背景与理论基础

信息，通常指对人类有用、借助于一定的媒介表达的内容。它广泛存在于我们的周围，并不断地被人们加工、利用和传播。特别是随着现代科技革命的发展，信息一方面呈现"爆炸"式的出现和传递；另一方面信息的易传播性与易获取性没有缓解民众的选择恐慌。作为公共规制的重要方式，信息工具选择与运用正是为了解决信息需求增长与供给无序、选择盲目之间的失衡。在我国食品安全风险行政规制中，信息工具更是直接影响到公众的消费倾向、经营者的实质利益和社会归属感。但是，由于理论界对于信息工具的研究还不够深入，实践中缺乏牢固、可靠、细致的经验总结和案例指导，导致这类问题仍然具有较大争议。

1. 信息工具选择的现实背景

公共规制，是社会或公权力组织依据一定的程序、运用一定的方式对市场行为进行调节和控制。传统命令控制型工具，是依靠行政主体的单方意思表示而进行的规制活动。长期以来，这一工具曾是政府对市场失灵进行调控的主要方式，在现实中也常常表现为行政许可和行政审批，例如《食品安全法》第35条规定的食品生产经营许可制度①。但是，随着市场经济不断发展，传统命令控制型工具的诸多缺点日益显现，这主要表现在：(1)规制力度强硬。命令控制型工具往往以"全有全无"的方式运行，不符合市场经济自主性与竞争性的特点，也不易于灵活变通

---

① 《食品安全法》第三十五条第一款规定，国家对食品生产经营实行许可制度。从事食品生产、食品销售、餐饮服务，应当依法取得许可。但是，销售食用农产品，不需要取得许可。

和被相对方接受，例如在计划经济时期，我们对生活必需品的定量分配往往难以满足民众实际需求。(2)规制范围有限。由于行政主体精力有限，命令控制型工具的规制范围往往只涉及市场的某个方面，而难以贯穿和协调"生产—销售—消费"的全过程。实践中，行政主体基于规制成本的有限性，往往将其规制重心放在了市场准入许可环节，而忽略事中监管和事后救济，这可能使得规制效果事倍功半。(3)规制对象错位。命令控制型工具的规制对象集中于事前准入与"危情"应对，市场参与者对此"静态"机制了解之后，往往忽略社会责任与自身价值，肆意追逐利益。尤其在食品安全领域，许多食品生产者取得"生存"资格之后，再难遇到有效的监管。这样，规制对象的错位就会使得规制效果大打折扣。例如，2016年"3·15晚会"曝光，网上订餐平台"饿了么"部分商户取得运营资质之后，由于无人监管，不仅实体店与网点宣传差距甚远，而且食品卫生也让人大跌眼镜。作为一种新型的规制工具，信息工具以其间接性、温和性、可见性的特点，而为社会大众所接受和认可，并逐渐在公共规制中占据重要地位。在食品安全领域，信息工具的选择不仅在于打破"食品生产者和经营者的风险信息优势与集体沉默策略"①，而且还要建立规范、高效的食品安全风险警示体系，并为相对人提供便捷的参与平台和权利救济途径。

2. 信息工具选择的理论基础

规制工具是政府为了应对市场失灵而采取的机制与手段。有的学者将规制工具分为管制工具、经济工具和信息工具②。信息工具作为规制工具的一种类型，是伴随着人类社会进入民主化、信息化与科技化时代而发展起来的治理概念。相对于传统的规制工具，信息工具更加注重行

---

① 戚建刚. 向权力说真相：食品安全风险规制中信息工具之应用[J]. 江淮论坛, 2011(5)：115-124.
② 邓蓉敬. 信息社会政府治理工具的选择与行政公开的深化[J]. 中国行政管理, 2008(S1)：56-58.

政决策的针对性，倡导政府与公民的双向互动和服务。正如有的学者认为："在多数情形下，信息工具的目标不在于直接改变目标群体的行为，而在于改变其对于问题的理解，进而改变他们的价值理念。"①近年来，学界关于信息工具类型的研究逐步丰富，有的学者依据信息发布的对象和方式将信息工具分为"隐瞒信息的工具、公开传播信息的工具、发布特定对象信息的工具、发布群体信息的工具、发布大众信息的工具"②；有的学者依据对交易干预的类型将信息工具分为"平行的信息工具、自上而下的信息工具和自下而上的信息工具"③；还有的学者根据信息的功能将信息工具分为"收集工具、流动工具、识别工具和补强工具"④。客观而言，这些分类都具有一定理论意义和现实意义。但是，对于信息工具的分类，不能仅根据主体自身的固有特点，还要区分其运用的领域和发挥的作用。具体到食品安全风险规制方面，规制主体通过信息收集、评估、发布、救济，对市场主体的行为进行全面监督和定向管理。笔者以为，可以根据信息工具在其行政规制中所发挥的作用将其分为信息的收集工具、评估工具、警示工具和救济工具。

区别于传统的命令控制工具，信息工具具有特殊优点：（1）规制力度"软"，信息工具适用后，往往需要相对人的自愿行动，而并非由规制主体实施强制行为，此种行为方式容易得到相对人的认同和接受。例如，有的消费者网上选择商品十分注意店家的好评数量，就可以倒逼商家提高服务质量。（2）适用范围广泛，为行政决策和裁量提供依据，信息的适用贯穿于食品的生产、销售和售后保障，规制主体通过信息的收

① ［美］B. 盖伊·彼得斯，等. 公共政策工具——对公共管理工具的评价［M］. 顾建光，译. 北京：中国人民大学出版社，2007：82.

② 陈江. 政府管理视角下的信息工具［J］. 广东行政学院学报，2007（2）：23-26.

③ 应飞虎，涂永前. 公共规制中的信息工具［J］. 中国社会科学，2010（4）：116-131.

④ 邢会强. 信息不对称的法律规制——民商法与经济法的视角［J］. 法制与社会发展，2013（2）：112-119.

集、评估而采取发布，具有较强的决策和裁量依据。(3)适用方式较为公开，可以抑制公权力寻租和滥用。信息发布之后，要接受公众和舆论的监督，使权力的行使暴露在阳光下，有利于减少权力寻租和滥用。例如，实践中，食品安全监督管理部门将商品的抽样检查结果及时公示，就可以在一定程度上避免"暗箱操作"。

当然，信息工具也有一定的缺陷。首先，信息工具难以独立发挥作用，而需要其他工具辅助，在食品安全领域，信息的收集就需要借助行政工具的影响、信息的救济，需要借助行政复议和诉讼等。其次，信息工具的发挥需要较高的技术条件，而对于技术不成熟的领域，难以完全适用。再次，信息工具也面临一定的滥用风险，信息一旦公示，将给相对人带来难以预估的影响，而且短期内难以消除。例如在农夫山泉"砒霜门"事件中，海口市工商局发布"农夫山泉等企业的饮料产品'砷'超标"的商品质量监督消费警示受到企业的质疑并在一定程度上造成公众恐慌，虽然复检结果显示产品全部合格，但是却给企业造成了重大经济损失和负面影响①。

(二) 食品安全风险行政规制中的信息工具选择

在我国食品安全领域中，对于风险的行政规制手段包括：食品安全风险预测、食品安全风险评估、食品安全标准、食品生产经营者的许可制度、食品安全追溯和召回制度、食品检验制度以及监督管理制度等。而理性厘清其中信息工具选择的特点以及缺陷，对于食品安全风险行政规制无疑具有重要意义。

1. 食品安全风险行政规制中的信息工具应用

(1)"主动公开、政府监督"的信息收集渠道

---

① 农夫山泉砒霜门落幕 企业损失由谁买单? [EB/OL]. http：//foods1.com/content/886749/.

　　食品生产经营者不仅是市场经济运行的参与者，更是食品安全的直接责任主体。对于食品安全信息的来源，我国《食品安全法》第67条至第73条确立了食品生产经营者"采用标签、包装、说明书和企业日常生产记录"为主的"主动公开式"信息来源渠道。为了实现对食品经营者的日常监督和食品安全信息的收集，《食品安全法》第47条、第50条、第51条分别规定了，食品生产企业要建立食品安全自查制度、进货查验记录制度和食品出厂检验记录制度。行政机关及其相关部门除了设置食品生产企业准入的行政许可制度外，还要对其原料来源记录、产品出厂检验记录和生产卫生环境等状况进行不定期的抽样检验，以及建立经营者食品安全信用档案制度等，从而形成了"企业作为公开主体、政府监督"为主的常规信息收集机制。除此之外，《食品安全法》第10条、第12条、第115条提出了以食品安全违法举报和媒体曝光为辅助的第三方参与渠道，对于增强相关行政部门、社会组织和个人的监督动力正在发挥重要作用。

　　(2)"国家统一、地方分散"的信息公示平台

　　《食品安全法》第118条规定，国家实行统一的食品安全信息公示制度，对于国家总体的食品安全信息、食品安全风险警示信息和重大食品安全事故处理信息等实行统一公布。同时，县级以上政府食品安全管理部门和农业行政部门根据各自职责公布日常监督信息。作为统一公布主体的国务院卫生行政部门要依靠下级政府和相关部门提供信息，期间也必须经过行政层级的审核。而涉及食品安全风险警示信息的必须要由国家或者经过授权的省级食品安全监督管理部门统一公布。所以，从国家层面上建立统一的信息公示平台，意在以审慎的态度发布重大食品安全信息，从而避免出现以"地方裹挟全国意志"的尴尬情形。而地方食品安全监督管理部门和农业行政部门，分别负责相关领域内的食品安全监督、检验、检查，将其获得的"第一手"信息进行公示，是履行其作为公权力组织的义务和责任。同时，分散的地方部门，也应该相互通报获得的食品安全信息。这样，有利于克服部门之间和央地职责不明、行

政不作为的弊病。

(3)"央地共治、多部门联合"的食品安全信息管理主体

现行《食品安全法》第5条、第6条、第7条规定了国务院卫生行政部门和县级以上人民政府及其相关部门,都是食品安全行政管理的主体,体现了"央地共治"的纵向行政管理理念;《食品安全信息公布管理办法》第7条和第8条具体规定了国务院和省级卫生行政部门公布的食品安全信息范围;《食品安全信息公布管理办法》第12条、第13条、第14条也较为详细规定了卫生、农业、食品安全监督等部门具体分管、协同配合的横向信息行政管理体制。这样,就以法律明文规定的形式确立了"央地共治、多部门联合"的立体管理主体模式,也有利于克服部门和央地职责不明、行政不作为的弊病。

(4)"严格责任、全过程追究"的事后监管机制

食品安全事关人们生命财产安全,许多国家为确保食有可源,源有所追,都对此实行严格的责任追究机制。例如英国的《食品安全法》对"一般违法行为根据具体情节处以500英镑罚款和三个月的监禁;情节严重的处以无上限的罚款或两年监禁"。在美国,如果食品被查出存在质量问题,销售者和生产者都将面临巨额处罚。我国《食品安全法》第九章也对食品生产、销售、消费、监管等过程中违反规定的食品生产经营者、政府部门监管者、网络交易平台提供者、展会举办者以及食品广告的宣传者规定了严格的全过程责任追究机制。归责形式除了一般责任外甚至包括连带责任①。责任追究方式,除了责令停产停业、吊销营业执照、许可证外和罚款、没收违法所得之外,对于造成严重后果的要结

---

① 《食品安全法》第130条规定,集中市场的开办者、柜台出租者、展销会举办者允许未依法取得许可的食品经营者进入市场销售食品,或者未履行检查报告义务的,造成消费者合法权益损害的,要与食品经营者承担连带责任;第131条规定,网络食品第三方交易平台提供者未对入网食品经营者进行实名登记、审查许可证,或者履行报告、停止网络交易平台服务等义务的,造成消费者合法权益损害的,要与食品经营者承担连带责任。

合《刑法》中关于"生产销售假冒伪劣商品罪"的规定定罪量刑。

2. 食品安全风险行政规制中信息工具选择的缺陷分析

（1）信息来源与收集路径的单一性

利益驱动与科技进步，使市场情况瞬息万变。进入自媒体时代，信息的多样性和繁杂性却导致食品安全信息的来源与收集路径的单一性，这一矛盾着实令人始料未及。而受到执法人力、物力的制约，经营者主动公开的信息收集模式，让政府监督执法成为食品安全信息来源是主要渠道。虽然《食品安全法》第12条规定了食品安全问题举报和建议制度，但是同样作为市场主体的消费者和社会组织的活力并未被激发，也未改变以传统的命令控制模式为依托的单向流动格局。另外，信息来源与收集路径的单一，常常伴随着"懒政""官商勾结""选择性执法"等不法行为，最终可能造成人民群众利益受损。例如，2008年的"三鹿毒奶粉"事件，信息来源单一为官商勾结提供了土壤①。

（2）信息流通的内部性

受到商品生产过程的保密性限制以及复杂多变的客观因素影响，不论是行政机关还是消费者，掌握的信息往往都是片面的。而实践中，从生产人员的健康状况、食品安全自查、进货检验记录、出厂检验记录以及仓储、销售状况，食品生产经营者无疑才是掌握着商品信息的最大"拥有者"。这些信息，仅仅流通于经营者或行业链条内部，依靠经营者自觉处理、申报和公开。于是，我们能看到的食品信息只能是生产者愿意让你看到的。而真实情况可能是另外一番景象：生产人员的健康状况可能随时恶化、生产者从来不会自查、实际进货记录与记载不一致、实际出厂记录晚几天、标签信息错误、仓储环境让人"吃惊"等。在"福喜劣质肉"事件中，如果不是"自己人"举报，记者暗访，真相恐怕就难

---

① 三鹿事件致石家庄市长、副市长及三名局长落马[EB/OL]. http://www.china.com.cn/policy/txt/2008-09/17/content_16494642.htm.

以在短期内知晓了。

（3）信息控制与公布的主体的多重性

虽然《食品安全法》第 118 条规定了国务院卫生行政部门为统一的食品安全风险警示机关，但是县级以上的相关部门也具有日常信息的管理权，常规的信息公布仍然限定于区域内特定的机关，这就造成了信息控制机关和日常信息公布主体的多样化，如果有的基层行政机关不作为或者滥用职权，就有可能出现多个机关负责，容易出现权力的"重叠"，进而出现争权或者推诿情况，最后伤害的还是公众的利益。而且主体的多样性，也使信息呈现分散式，不利于公众的关注和监督。

（4）相对人权利救济的滞后性

《食品安全法》规定了食品安全的风险警示主体和市场参与者违反法律的监督和处罚措施，却没有明确规定行政机关由于错过发布食品安全风险警示信息而给相对人造成损害的救济措施，而此类现象在现实中并非没有。根据"权力与责任一致"和"无救济即无权利"原理，法律应该为受到公权力侵害的对象提供救济措施。而食品安全风险警示的相对人不仅包括生产经营者，还包括消费者。生产经营者作为食品安全风险警示的直接相对人，如果其被违法发布食品安全信息，即使事后被确认违法、撤销，根据现行的《行政诉讼法》《国家赔偿法》等法律规定，经营者的预期利益和间接损失实际上也是无法得到弥补的。消费者同样作为行政指导的对象，其同样会因为对行政机关的信赖利益而遭受损失，而这部分损失显然是难以获得救济的。

（三）完善食品安全风险行政规制的信息工具

完善食品安全风险行政规制的信息工具选择，一方面要将信息工具规制力度"软"、规制范围广泛、适用公开等优势充分发挥，另一方面要尽量避免其滥用等诸多风险。结合信息工具发挥的作用，我们可以从以下几个方面着手完善：

1. 拓展常规与非常规模式的信息收集路径

信息的收集需要依法进行，更需要行政机关充分发挥主观能动性，在常规模式基础上，拓宽非常规模式：(1)完善常规模式的信息收集路径。"政府具有信息形成权，其合法性基础在于正确行政决策和信用社会构建以及政府保护私人权利和公共利益之管制权的有效运用的需要。"①政府作为信息的最大控制者，应该严格依据《食品安全法》等法律的相关规定，做好对食品经营企业在准入许可和常规检查等方面的信息收集，对具有不良记录的食品生产企业加大检查力度和频次。同时加强基层行政执法队伍建设，严格实行食品安全监管责任制。(2)拓宽非常规模式的信息收集路径。随着大数据时代的到来，政府信息来源途径也可以是多方面的。实践中，行政机关可以建立微信、微博等网上举报平台，积极关注和融入现代媒体，进行信息互动。对于民众居住集中、反映强烈、社会影响较大的区域或商户，加强检查和食品安全信息收集。

2. 提高信息流通的透明度

破解经营者行业内的"信息垄断"是维护食品安全的重要切入点。《食品安全法》对于生产人员的健康状况、食品安全自查、进货检验记录、出厂检验记录以及仓储、销售状况等内容都作了明确规定。但是都不足以从实质上提高信息流通的透明度。对此，我们一方面要落实食品安全责任制，严格重点领域的行政执法，提高和扩大抽样检查的频率和范围，落实生活必需品的追溯机制。另一方面，可以鼓励经营者树立"品牌效应"思维，积极推广统一配送和连锁经营模式，建立透明、安全的食品供应产业链，对于完善信息公开制度，可以给予一定的税收、

---

① 于立深. 论政府的信息形成权及当事人义务[J]. 法制与社会发展，2009(2)：70-82.

财政优惠和一定范围内的市场宣传。另外，为了贯彻实施《食品安全法》第12条和第13条规定，地方立法机关可以通过地方性法规和规章的出台，来构建完善的食品安全举报机制、制定举报人奖励制度，从查获案件的数额中抽取一定比例进行奖励。同时，我们要加大对举报者个人信息保密制度、人身权利保障制度、就业保障制度等的建设，要让食品安全"捍卫者"无后顾之忧。

3. 加强信息工具与其他工具的组合运用

虽然，我们逐步建立起了全国的食品安全信息平台，地方政府机关也加大了食品安全信息的公开力度。但是，风险建立食品安全信息管理平台必须与其他工具组合才能发挥更大的作用。例如：(1)食品安全信息管理平台与产品质量标准组合。只有依据明确标准，食品安全信息的发布才能有据可循、有法可依。产品的合格与否，需要具体、明确、清晰的判断标准和检测技术，目前我国正在逐步建立完善的食品质量安全标准体系(包括食品国家标准、地方标准、行业标准、企业标准等)，未来的食品安全信息的发布只有与食品标准结合才能发挥重大作用。(2)食品安全信息管理平台与网络技术的组合。食品安全信息管理平台的建立、维护和运行，都需要成熟的网络硬件和软件的支持。行政机关要加强网络信息共享的财政和人才投入，制定严格的操作规范和程序，从而更好地为食品安全信息管理平台服务。(3)食品安全信息管理平台与食品追溯机制建立的组合。食品追溯机制涉及食品的来源路径和渠道，沟通了生产者、销售者和消费者，也是食品安全的保障。食品安全信息管理平台可以对食品的来源进行记录，对不合格食品的生产者、销售者信息保留和公示。食品安全信息管理平台也可以对食品追溯机制建立提供助力。

4. 完善风险信息发布的相对人救济机制

由于食品安全风险警示行为的影响较大，在事前约束机制中，需要强化对行政机关的程序性约束。在原有机制的基础上，有必要引入听证程序，充分听取相对人的陈述、抗辩和对于行政机关证据的意见建议。同时，在县级以上行政机关的食品安全信息公布过程中，也可以引入听证机制，邀请相对人、消费者等参与。另外，随着人权和公民权理念逐渐深入人心，传统的事后救济理念已经难以满足民众权利救济的要求，人们更希望在"伤害"出现之前就能阻止和减少伤害。预防性诉讼是"相对人认为行政机关的行政行为和事实行为正在侵害或者即将侵害自己的合法权益时，向人民法院提起诉讼，要求确认法律关系、行政行为无效、事实行为违法或者判令禁止或停止行政行为或事实行为实施的司法制度"①。一定范围内适用理论界倡导的预防性诉讼制度或许会取得更好的效果。在食品安全风险行政规制方面，我们可以引入预防性诉讼对风险警示信息的发布进行规制，对于可能存在重大错误的食品安全风险信息，在其发布之前赋予相对人向人民法院提起诉讼的权利。

二、《食品安全法》对信息规制的创新规定

信息规制是食品安全风险治理的一种新兴手段。我国《食品安全法》亦引入了信息规制模式，对信息规制做了一些创新性规定，例如食品安全信息统一公布制度，明确规定统一公布范围；建立了食品安全信息上报和通报制度；引入了参与型行政的信息规制模式。这些创新性规定对食品安全风险治理具有积极意义。

（一）明确规定统一公布范围

《食品安全法》第118条对国务院食品安全监督管理部门统一公布的关于食品安全信息和县级以上农业行政、食品安全监督管理部门的公布职责做出统一规定。《食品安全法实施条例》第51条对食品安全日常

---

① 解志勇. 预防性行政诉讼[J]. 法学研究，2010（4）：172-180.

监督管理信息作出了明确的解释，其包括依照食品安全法实施行政许可的情况；责令停止生产经营的食品、食品添加剂、食品相关产品的名录；查处食品生产经营违法行为的情况；专项检查整治工作情况；法律、行政法规规定的其他食品安全日常监督管理信息。《食品安全信息公布管理办法》第7条、第8条对食品安全监督管理部门负责统一公布的食品安全信息做了更为详细的规定。进行这种细致性规定的出发点是为了让有关部门更好地履行职责。当然，这种食品安全信息统一公布制度只是实现了食品安全信息公布的形式上统一。

(二) 食品安全信息上报和互报制度

《食品安全法》第118条、第119条明确规定了食品安全监督管理部门的食品安全信息统一公布的职责，并且规定了县级以上地方人民政府食品安全监督管理、卫生行政、农业行政部门的信息上报义务。从《食品安全法》第119条第1款的内容上看，这种信息上报以逐层上报为主，以越级上报为辅，即"必要时，可以直接向国务院食品安全监督管理部门报告"。当然，信息流通既有纵向路径亦有横向模式，因此，在确立食品安全信息上报制度的同时，《食品安全法》第119条第2款又确立了食品安全信息相互通报制度，即"县级以上人民政府食品安全监督管理、卫生行政、农业行政部门应当相互通报获知的食品安全信息"。《食品安全法》第119条确立的上报和互报制度，既确保了食品安全监督管理部门的信息供给，以便其更好地承担食品安全综合协调职责；又确保了部门之间的信息共享。地方食品安全监督管理相关部门在其执法过程中可能会收集到其他部门没有获取到的食品安全信息，这些信息如能实现有效互通，则能使地方的食品安全治理形成整体性效果。《食品安全法实施条例》第10条、第14条、第42条也做出了类似的规定。总的来说，这些规定体现了"责任政府"的职责理念。当然，食品安全信息的上报和互报制度在实践中还存在一些问题，其功能发挥并不充分。但从食品安全风险信息规制制度的发展而言，食品安全信息的上报和互报制度的作用会越来越明显。

（三）参与型行政的信息规制模式

1. 引入参与型行政理念

对于参与型行政的理解，大致可以分为两种：其一，强调的是公民参与整个行政过程；其二，强调公民参与具体行政行为的过程。① 事实上，所谓参与型行政就是政府在行使行政职权中，公民、法人和其他组织通过各种渠道参入其中，以保障行政权合理、合法行使的制度。参与型行政不只存在于具体行政行为中，还存在于抽象行政行为等其他行政行为中以及非行政行为中。参与型行政的宗旨在于保证公民的行政介入请求权，保障公民宪法上的参政议政权。参与型行政已经和能动性政府紧紧地联系在一起。政府行政管理权的行使不再局限于依法律行政。在不违背法律精神和立法者本意的前提下政府可以能动地行使其行政管理权。这就需要赋予公众更为广泛的参与权，以监督政府权力运作，保证政府职权行使的合法性和合理性。

《食品安全法》第28条规定了食品安全国家标准制定的社会参与程序，即"将食品安全国家标准草案向社会公布，广泛听取食品生产经营者、消费者、有关部门等方面的意见"。《食品安全法》第31条则规定了食品安全标准的免费获取制度，即"省级以上人民政府卫生行政部门应当在其网站上公布制定和备案的食品安全国家标准、地方标准和企业标准，供公众免费查阅、下载"。《食品安全法实施条例》第16条规定："国务院卫生行政部门应当选择具备相应技术能力的单位起草食品安全国家标准草案。提倡由研究机构、教育机构、学术团体、行业协会等单位，共同起草食品安全国家标准草案。国务院卫生行政部门应当将食品

---

① 王玉. 论我国法治政府建设中的公民行政参与[J]. 黑龙江社会科学，2009(3)：51.

安全国家标准草案向社会公布，公开征求意见。"《食品安全法实施条例》第53条规定了地方食品安全监督管理部门有接受公民咨询、投诉、举报的义务，这实际上就赋予了公民的行政参与权。由于这些部门的职权行为的做出在很大程度上是依赖公众提供的信息，从某种程度上，公众的信息供给是政府部门履行职责的一种直接动力。《食品安全信息公布管理办法》第11条规定了各相关部门在公布食品安全信息前，可以组织专家对信息内容进行研究和分析，提供科学意见和建议。总的来说，上述规定已经是对公众参与有关部门在食品安全管理领域职权行使的一种立法突破，对扩大食品安全信息规制的公众参与具有积极作用，但在实践中上述规定还存在诸多限制。

2. 扩大公众的参与程度

公民的知情权是行政参与权的基础，扩大公民对公布的食品安全信息的知情权有利于提高公民参与度。虽然我国《食品安全法》对公民知情权的保护有所体现，但是其存在一个问题，那就是《食品安全法》主要规定了有关部门在制定食品安全信息时，应当予以公布，也就是只保护了公民"事后的知情权"，我们很难在这部法律中看到公民对有关部门制定食品安全信息的过程享有知情权即"事先或事中的知情权"。事实上，如果公民缺乏程序上的知情权，"事后的知情权"也就变成了只是接受有关部门的通知而已，知情权的作用大打折扣。虽然，《食品安全信息公布管理办法》第16条规定了公民有权向有关部门咨询和了解有关情况。但是，如果有关部门不向社会公布食品安全信息制定的有关过程，公民往往无法知道应该向有关部门咨询哪些事项。因此，此条规定并没有实质上的意义。从这个意义上来讲，扩大公民的知情权是非常重要的。有关部门应当保证公民享有对信息制定的有关程序的知情权，而不应仅仅在信息制定后通知公众而已。

有关部门在制定食品安全信息之前，通过综合考虑，认为此信息的公布可能会对有关人员产生较大的影响，那么就应当通过多渠道向社会公布此信息的制定程序，让公众从程序上监督有关部门信息的制定。从另一个方面来讲，这也是加强公民对有关部门制定食品安全信息过程的监督，使统一公布的信息更加"阳光化"。这也使公众广泛参与食品安全信息决策成为可能。

在扩大公民对食品安全信息享有的知情权的范围时，法律也应当扩大公民对信息公布程序的参与度。法律不应规定公民对某些信息公布程序"可以"参与，而应该规定有关部门"应当"保障公民的参与权，这可以限制有关部门的行政裁量权，使法律的规定可以落到实处，使公民的行政参与权成为实实在在的权利。参与型行政可以促进政府合法、合理行政，食品安全信息经过政府与公民之间的博弈而产生，其更能维护公共利益、个体利益以及其他主体的利益。

然而，是否每个食品安全信息制定程序都应当由公民参加？笔者认为，任何行为的做出都会消耗一定的社会资源，不能强求每个程序都要有公民参与其中，这样太消耗人力、物力、财力了，我们应当对此设定一个标准，在这个标准之内，应当保证公民的参与权。那么，究竟什么样的标准合适呢？笔者认为，这个标准应当是利益相关性，即公布的食品安全信息若对一般公众或食品生产经营者不产生直接或间接的影响，公众或食品生产经营者在食品安全信息的形成过程中就没有参与权；如果公布特定食品安全信息会对社会公益或生产经营者的合法权利产生实质影响，则应当确保公民的参与权；若只对一般公众或食品生产经营者一方产生直接或间接的影响，可以只规定这一方的行政参与权。这样的标准设置，一方面可以保证参与型行政得到更好的贯彻，另一方面也可以节约人力、物力、财力，避免食品安全风险规制资源浪费带来的困惑。

若食品安全信息的公布是对特定的食品生产经营者产生影响，那么就应当保证该食品生产经营者有效参与信息的制定；若对不确定的食品生产经营者产生一定程度的影响，那么可以采取和一般公众的参与权行使一样的措施，让其选派一定数量的代表参与信息的制定过程。① 并且，食品生产经营者的参与权不能和《行政许可法》与《行政处罚法》中体现参与型行政的有关规定相抵触，以保证法律体系的和谐与统一。但对普通公众参与信息的制定不应该设定这样的要求，因为，从食品安全领域看，上述两部行政行为法针对的是食品生产经营者，并没有涉及普通公众的参与权。

当公众和食品生产经营者参与信息决策过程时，有关部门应当切实保障食品生产经营者的异议权，保障他们辩论的权利。因为，食品安全信息的制定会对生产经营者产生很大的影响，有的直接涉及其权利和义务关系。并且生产经营者的异议权对普通公众的权利也会间接地产生影响，公众会根据其异议而选择自己的消费方式。由于一般公民对食品的生产经营信息掌握并不充分，并且受限于其自身的专业知识，他们的异议能力相对有限，因此，应当对公众参与行为进行必要的引导。

若有关部门发布的是食品安全应急信息（如食品安全风险警示信息，有毒有害食品信息），政府应该如何处理公众参与权的问题，即如何协调公共利益与公众参与之间的冲突。这实际上是效率与民主的问题，某种程度上也是公共利益与个体利益之间关系的问题。仔细分析，可以发现这些应急信息中的公众参与实际上指的是食品生产经营者参与权，而公共利益指的是普通公众的利益。应急信息指的是当食品安全出现危机时，有关部门公布的危机信息及处理办法。这种信息的公布应当是及时的，在更大的损失到来之前到达普通公众。因此，在制定此种信息时，若是注重民主程序，保障有关人员的参与权，那么信息公布的及时性将难以把握；若忽视有关人员的参与权，他们的权利可能会受到损害，并且公布的信息有可能出现错误。因此，我们应当妥善地把握在应急信息中的公共利益与公众参与的冲突问题。笔者认为，为了保证信息

---

① 此处针对的是公众和食品生产经营者以听证会和论证会的形式参与食品安全信息的制定；若是从向有关部门提出书面意见的方式这个角度来看，那么应当确保每个受影响的公众和食品生产经营者都能够参与其中。

公布的时效性，在公布食品安全应急信息前，政府可以行使行政应急权，省略参与程序，信息内容一旦形成后直接依照法律程序和权限发布。但在该信息公布后，可以针对有关人员的异议而立即召开听证会、论证会，以保证有关人员的参与权，以便修改已经公布但可能存在错误的食品安全应急信息。这样的冲突解决机制一方面使公众及时获得信息，维护了公共利益；另一方面也保障了生产经营者等利益相关人的参与权。这既可以使公共利益的损失减到最小，又可以使有关食品生产经营者受到的影响降到最低，有效保障了利益相关方的行政参与权。

三、食品安全风险信息规制的利益衡平

知情权虽是公民的一项基本政治权利，但"公民权不是绝对的权利和漫无边际的自由，它要受法律的限制。世界各国宪法和法律对公民权的限制的法律规定主要是以下几个方面：一是不得损害他人的权利和自由；二是不得违背社会公德，不得妨害社会秩序、损害公共利益；三是要促进社会福祉的增进；四是在戒严和宣布国家进入紧急状态的情况下，得暂时停止公民的某些权利"①。根据我国宪法规定："中华人民共和国公民在行使自由和权利的时候，不得损害国家的、社会的、集体的利益和其他公民的合法的自由和权利。"公权力主体有权以公共利益为由限制公民基本权利，其自然包含知情权。但从权利倡导者角度分析，权利自身即是目的，其并非以追求社会功利为目标。在价值属性上，公民权利和公共利益两者之间并无抗衡可能，因此笔者更倾向于权利背后的公益之间的价值衡平。食品安全信息公开对于保障公民知情权，防止权力滥用，"推进权力运行公开化、规范化，让人民监督权力，让权力在阳光下运行"具有重要意义。但对食品安全信息公开的认

---

① 蔚云，姜明安. 北京大学法学百科全书·宪法学行政法学卷[M]. 北京：北京大学出版社，1999：148.

识不应局限于此。从食品安全信息取得过程来看，可分为两个阶段：行政调查和行政执法结果。概而言之，食品安全信息公开即包括食品安全行政调查信息公开和食品安全行政执法结果公开。

(一) 食品安全行政调查信息公开及其权利平衡

行政调查信息公开中含有一对矛盾："如何处理问责制及透明度与保护重要的警察及规制性调查及防止犯罪行动的保密性之间矛盾利益的极为复杂的平衡。"①在食品安全监管中，若提前公布信息，可能会泄露执法方案，导致违法行为人事前采取预防措施，加大执法难度。若食品安全执法机关不公开信息，若违法行为人依据《政府信息公开条例》(以下简称条例)主动申请公开执法信息，可能导致执法主体处于相对被动的局面。为了避免这一局面的产生，信息公开应当有所例外。西方发达国家如美国《信息公开法》规定了六类豁免公开的例外："(1)有可能影响执法程序的材料；(2)有可能影响某人公平受审判权的资料；(3)有可能影响个人隐私的执法材料；(4)有可能泄露执法机关消息来源的材料；(5)有可能会泄露执法技术或程序，或导致规避法律的材料；(6)可能影响任何个人安全或生命的材料。"②此外，美国作为英美法系的代表国，遵循先例是其基本原则，在先例中含有大量关于政府信息免于公开的规则。我国《政府信息公开条例》中也包含豁免信息公开的规定，即"国家秘密、商业秘密以及个人隐私"不在公开范围之列。但我国属于大陆法系，先例在实践中并不具有法律拘束力，实践中政府豁免公开的例外规则相对较少。并且由于法律规定豁免标准的模糊性以及规范向度的局限性，"模糊地带"可能会转变为行政机关所掌握的"黑色地带"，结果导致政府信息的基本原则"以公开为原则，不公开为例外"转变为公权力机关的"自由裁量"。因此，在现行法律体系下，如何处理执法

---

① 贺诗礼. 关于政府信息免予公开典型条款的几点思考[J]. 政治与法律, 2009(3)：40.

② 周汉华. 美国信息公开制度[J]. 环球法律评论, 2002(3)：283.

机密性与信息公开之间的平衡亦是公权力主体所面对的一大课题。

就具体到食品安全行政调查信息而言，公民虽有权利要求公权力主体公布执法调查信息，但并非是绝对的。行政执法的目的在于维护社会秩序，保障社会安全，其牵涉到特定空间关系内的大多数人的利益，其属于客观公益，基于国家、社会的目的而创设。知情权在行政领域内创设的目的在于规范政府权力，防止政府权力滥用，实现公民自我价值。"政府作为公民在政治上的委托代理人，公民对政府的控制除了通过宪法规则、层级控制、分权和选举制度来实现外，还应在两个方面进行补充，才能更有效地增进公民(委托人)的利益：一是向其他机构开放竞争；二是公民可以公开获得信息。"①由此可知，知情权是保障公民合法权益的重要途径，其背后的价值基础同样是公共利益。这就牵涉到公共利益之间的利益衡量问题，而每一个公益的产生背后必然涵盖宪法层次下的价值要素。公益之间的比较就转换为背后价值要素的衡量。然而究竟以何种标准来决定价值要素之间的优先介次呢？笔者倾向于用"质"和"量"作为判断依据。所谓"量"是指受益人群的广度，是否可使绝大多数人获得更多利益。所谓"质"则是指人民需求程度。根据马斯洛的"需求层次理论"，凡是与人民联系越紧密，生活就越需要"质"的价值要求。分析行政调查信息的保密性以及公民的知情权，从"量"上看，二者代表的广度几乎一致，都代表了最大多数人的利益。从"质"上看，行政调查信息公开的豁免所代表的是人民的安全需求，知情权在当代社会体系之下体现的更倾向于是公民对尊严的需要以及自我实现的需要。并且行政调查信息的豁免公开并非绝对豁免公开，而是针对那些执法过程中可能干预执法程序，导致社会更大利益损失的信息不得公开，对于其他行政执法信息仍需坚持"以公开为原则，以不公开为例外"原则并不影响知情权对规范政府权力的作用。在我国，《政府信息公开条例》

①　[德]柯武刚，史漫飞．制度经济学：社会秩序与公共政策[M]．韩朝华，译．北京：商务印书馆，2000：347．

未颁布之前，曾有类似执法活动信息豁免公开的规定如《上海市政府信息公开规定》和《湖北省政府信息公开规定》。随着《政府信息公开条例》的颁布，关于执法活动信息豁免公开的所有规范性文件均不再具有规范效力，一些地方性的创新性举措也相应失效，这亦是我国政府信息公开的立法缺憾。

（二）食品安全行政执法结果公开及其权利平衡

就对食品安全行政执法结果公开而言，公开执法结果具有双面效应（利益或不利益），其不仅是规范政府权力的重要措施，同时也是一种创新型执法手段。即通过公布执法结果（在美国称为"作为制裁的信息披露"），依靠社会的谴责、非难，促使违法行为人积极履行义务。"耻辱是加给一个人或集团的轻蔑标记。羞愧是被侮辱者的内心状态，法律和准法律经常试图把引起羞愧作为制裁。谴责是常见的惩罚，它起作用是因为它给人加上轻蔑标记（影响旁观者）或同规格羞愧促使悔过，普通制裁要花钱，贬黜却争取公众舆论，付出很少直接代价就建立起有力的制裁。"①不可否认，此方式对于节约执法资源，提高行政行为实效性具有重要意义。但此方式亦含有一重要矛盾，执法结果的公开与公民、法人的合法权益存在冲突。例如，结果的公开可导致相对人的社会评价或商业信誉下降。如何将食品安全执法结果公开纳入法律体系之内，防止其游离于体系之外而成为一种新型"侵益"手段将成为执法主体所面临的一大课题。并且如果已对违法行为采取行政制裁措施的情形，若还公布执法结果，是不是构成对违法行为人的"二次制裁"？这也是需考虑的一个重要问题。笔者认为，在食品安全行政执法信息公开中存在公共利益维护与个人权益保障的矛盾，要调和这种矛盾需要在《政府信息公开条例》基础上明晰食品安全执法信息公开的"例外规则"，在"规则

---

①　［美］劳伦斯·弗里德曼．法律制度——从社会科学角度观察［M］．李琼英，等，译．北京：中国政法大学出版社，2004：117-118．

之治"下实现利益平衡。

　　鉴于行政执法结果的两面性，其不仅仅是单纯的信息公开，更是一种新型执法方式。而与这种行政执法结果公布发生冲突概率最大的是宪法层次下的"尊重和保障人权"以及"保障人格尊严"规范。这就牵涉到知情权与人格权乃至人格尊严之间的冲突问题。而"当个人权利发生冲突的时候，政府的任务就是要区别对待。如果政府作出正确的抉择，保护比较重要的，牺牲比较次要的，那么它就不是削弱或者贬损一个权利的观念；反之，如果它不是保护两者之间比较重要的权利，它就会削弱或者贬损权利观念"①。然而应该如何评判两种利益之间的优先次序呢？就行政执法结果而言，其本身可能就是制裁性措施，是对行政相对人利益的否定性评价，如果再通过媒介公开执法结果，就可能导致行政相对人的社会评价降低，这意味着行政相对人的一次违法行为受到了法律内和法律外的双重制裁。就个人而言，结果公开可能导致其长期受到社会质疑、批判，承受精神痛苦。但从保障知情权的角度分析，普通民众是否会因公布这些执法结果而获得增量利益呢？从"经济人"的角度分析，个体渴望得到对自身有利用价值的信息，但这些执法结果信息的公开对公众却毫无利益可言，仅可能成为公众舆论谈资，而这背后却意味着对相对人人权及人格尊严的伤害。而"人权-人民的基本权利，是表征人民拥有人性尊严之谓。一个没有人权的人民，没有人格尊严的人民，无异于走狗，是一个只是具有生命力之生物罢了"②。并且在某些情形下，行政相对人对于违法行为并无主观过错，但根据当前行政法体系中所确立的客观归责原则，行为人仍应受到制裁，此时若仍公开执法信息，可能导致行政相对人承受"双重不平等待遇"。就法人和其他组织而言，执法结果的公开可能导致商誉评价降低和社会信任度的下降。在现代社会，企业的商誉和社会信任度是企业生存和发展的命脉所在，是立足于

---

　　①　[美]理查德·德沃金. 认真对待权利[M]. 信春鹰，等，译. 北京：中国大百科全书出版社，1998：255.

　　②　陈新民. 德国公法学基础理论[M]. 北京：法律出版社，2010：442.

市场经济大背景下的"软实力"之所在，如果公权力机关任意公开对其不利的执法后果极可能损害企业的商业信誉甚至导致其破产，如在"农夫山泉砒霜门"案件中就给相关企业造成数十亿的经济损失，并且对其商誉的损失难以恢复。因此，公权力主体在决定公开执法结果时应慎之又慎。但所谓的"慎之又慎"，并非指公权力主体绝对不可公开与企业利益相关的执法结果，而是在决定公开时要考虑知情权背后所代表的公共利益以及企业发展利益，达到利益之均衡。即在公布此类执法结果时，应考虑有无法律上值得保护的公共利益，若有此种利益，则可公开，这在实践中可反映为公布价格违法行为、食品生产经营黑名单等。若无公共利益，且企业对违法行为无主观过错，即个体利益超过公共利益，则该信息应该保护。

另外，根据当前盛行的国家辅助性理论，国家的任务主要是防卫性、补充性以及平衡性，公权力主体不能太主动、太过度地执行其任务，否则将会影响社会中私人运用自身力量来实现公共利益，而应给予私人以自由权和充分的活动空间，发挥个体主观能动性。而在行政执法过程中，如果公权力主体过于注重执法信息公开工作，虽其出发点是为保护公共利益，但在本质上却是在过度执行国家任务，这亦可能会损害公民的私力救济能力并对公共利益的维护造成不良影响。

(三) 食品安全风险信息规制利益衡平的法治路向

毋庸置疑，"实行信息公开与信息自由，是民主、自由的一大进步，试图垄断信息，遏制人民的知情权，拒绝公开信息，是文化专制主义的流毒"①。但所谓食品安全监管信息的"例外规则"并非是对公民知情权和信息公开及信息自由的否定，实则是对信息公开原则的延伸和拓展，其目标在于为实行信息公开创造稳定的社会环境以及良好的群众基础。而要保障"例外规则"的顺利推行，需从以下三个方面予以控制：

---

① 郭道晖. 知情权与信息公开制度[J]. 江海学刊, 2003(1): 132.

1. 通过立法确立"公开推定"原则

根据《立法法》第8条，限制公民基本权利应由法律制定。而"例外规则"的设立必然会影响公民基本权利——知情权，所以应遵循法律保留原则，"例外规则"的设立须上升到法律层次。但涉及基本权利的法律保留原则，其目的不在于限制基本权利，而是使宪法的"应然"理念转变法律中的"实然"产物，使宪法的静态设计转变为动态结构，强调对基本权利范围的定置界限之功能，其主要包括两个方面"形成基本权利以及界定基本权利"，是对宪法理念的进一步诠释。因此，"例外规则"应符合比例原则，满足公民知情权与执法信息保密两者之间的平衡。笔者认为，可在法律中明确执法信息的"公开推定"原则。"公开推定"原则本质上是对《政府信息公开条例》中所规定的"以公开为原则，不公开为例外"的深化和延伸。"公开为原则，不公开为例外"采取的是概括列举的方式，如《政府信息公开条例》中规定的"行政机关不得公开涉及国家秘密、商业秘密、个人隐私的政府信息"。表面上看似精确合理，实则由于规范的模糊性、文字的局限性，行政机关只需合理性说明有关信息与以上免除公开规范的联系即可，公众可反驳证明政府不公开行为的不合理性，而这在本质上赋予了行政机关极大的自由裁量权，将举证责任转移至公众。而所谓的"公开推定"原则是指若行政执法主体对于行政执法信息公开与否有顾虑，应首先遵循公开原则，不能因为执法主体抽象的顾虑而否定公众的知情权，若行政执法主体有保密之理由，在举证责任上，其应证明信息公开会不可避免地对公共利益或他人的权利和自由造成损害。

若在法律中确立了"公开推定"原则，此后的关键问题就在于明晰豁免信息公开的规定以及应如何解释豁免公开中的"例外规则"。对于这些豁免公开的信息类型，可通过明确列举的方式在法律中规定，否则仍可能导致执法机关权力滥用的现象，"公开推定"原则将变为一纸空文。并且在法律明文列举的基础上，为保障信息公开能够适应社会实践的发展,可由司法机关对豁免信息公开的规定做限制性解释。若行政机关在该解释下仍不能证明其不公开理由,则应依法公布执法信息。

2. 加大程序保障力度

程序与实体在法律控制中是相辅相成的。在行政权的控制中,程序性控制意义往往更加重大,它能够有效弥补实体性控制中存在的不足。"从某种意义上说,程序性控制比实体性控制更重要……而职权行使却是经常性的,若无程序规则约束,则会时时构成对人们权利、自由的威胁。"①行政权的程序控制以行政相对人的知情权和表达权为基础。2004年《全面推进依法行政实施纲要》指出依法行政的构成要素之一是程序正当,要求"行政机关实施行政管理,除涉及国家秘密和依法受到保护的商业秘密、个人隐私之外,应当公开,注意听取公民、法人和其他组织的意见;要严格遵循法定程序,依法保障行政管理相对人、利害关系人的知情权、参与权和救济权"。食品安全风险警示作为一种新型的行政监管手段,同样需遵循法定程序,保障行政相对人和其他社会公众的利益。在法律中确立"公开推定"原则后,信息公开豁免的举证责任转移至行政执法机关,社会公众的知情权已给予最大程度保障。但诚如上文所述,在某些情形下,行政相对人的利益超越其他社会利益,处于更高层次。虽确立了执法信息的"公开推定"原则,仍需保护行政相对人的合法利益,赋予其正当程序性保障。程序性保障的价值在于一方面执法主体可通过该程序检查信息公开的合法性及合理性,是对执法行为的"二次检验",另一方面可给予行政相对人充分陈述、申辩的机会,使其行政裁量决策更加全面、合理,保障其合法权益,增强执法行为的可接受性。关于行政相对人的程序性保障具体可体现在:一是事前告知与听证程序。执法主体在公布信息之前,要告知行政相对人,听取行政相

---

① 杨建顺. 行政规制与权利保障[M]. 北京:中国人民大学出版社,2007:548.

对人的合理意见，并规定行政相对人在合理期限内若不提出反驳即可将执法信息公布。如果行政相对人在规定期限内提出反驳，可告知行政相对人申请听证程序，同时为保证执法信息的时效性，防止过分迟延，听证程序应控制在合理期限以内；二是协商程序。鉴于行政执法结果公开所造成损害的不可恢复性，可探讨执法主体与行政相对人之间的公平协商程序，给予相对人一次悔过机会。具体表现如下：由执法主体对行政相对人所造成的危害后果进行衡量，若认为危害后果与结果公开可能造成的损失大致相同，可与行政相对人之间签订内部协议。若相对人违反协议或者有其他违法行为，则受到双倍惩罚并将两次的执法信息全部予以公开。值得注意的是，协商程序应是"一次性程序"，每一主体只能使用一次。此外，政府信息公开还应听取利益相关的第三人的意见。无论是主动公开型还是依公民申请型，如若食品安全信息涉及第三方主体的合法权益时，食品安全监管部门在公开该类信息时应当听取第三方主体的意见。然而，令人遗憾的是《政府信息条例》第 32 条只是规定了公民申请型的政府信息公开的行政机关听取意见的义务，"依申请公开的政府信息公开会损害第三方合法权益的，行政机关应当书面征求第三方的意见。第三方应当自收到征求意见书之日起 15 个工作日内提出意见。第三方逾期未提出意见的，由行政机关依照本条例的规定决定是否公开。第三方不同意公开且有合理理由的，行政机关不予公开。行政机关认为不公开可能对公共利益造成重大影响的，可以决定予以公开，并将决定公开的政府信息内容和理由书面告知第三方"。我国现行法律对食品安全监管部门依职权主动公开的食品安全信息是否应听取第三方的意见并无明确规定。这对利益相关的第三方的合法权利保障十分不利。食品安全信息如果涉及可确定的第三方，应当设置听取第三方意见程序，以避免食品安全信息公开后对其合法权益的不当侵害。

3. 权利救济的利益衡平方式

政府信息公开是世界各国政府的共识，已成为发展潮流。政府信息公开一方面可保障公民知情权，另一方面可规范政府权力，增强了权力运作的透明度。但在现代信息时代背景下，执法信息公开是带有目的性的新型行政行为模式，其不可避免地与宪法层次下的人格权及人格尊严产生冲突，这需要执法信息公开的"例外规则"，需要比例原则在二者之间得以合理应用，实现公民知情权与当事人合法权益的均衡。虽然《政府信息公开条例》作为我国政府信息公开的总纲，确立了信息公开的基本原则，规定了一系列制度以及豁免公开的情形。但由于规范向度的模糊性，当前的执法信息公开工作还存在诸多问题，这说明需要变革当前法律，重构信息公开制度。但在当前复杂的社会改革背景下，公民对于信息公开的认识程度不足，对信息公开进行一蹴而就的改革并不现实，政府应通过渐进式的改革，逐渐树立公民信息公开意识，进而推进信息公开的法治化。

就食品安全信息公开而言，应在明确行政相对人和第三人的事前告知、听证程序以及协商程序时，增加权利救济方式和责任类型。因食品安全监管部门的故意或过失而公布了错误的食品安全信息并导致消费者权利受损，食品安全监管部门是否应当以及如何承担责任？对于这个问题，笔者比较赞同杨建顺教授的观点，即"考虑到行政主体独占全面而正确的信息这种现状，当行政指导的责任人员有故意或者过失，并且根据各种情况判断，服从行政指导被认为是顺理成章的，而服从行政指导的结果使相对人蒙受意外损害时，实质上应该承认违法行政指导和损害事实的发生之间存在因果关系"①。因为，在这种情况下，行政机关的错误行政指导是相对人权利受损的一个重要原因，依循因果关系理论，行政机关应当承担相应的法律责任。然而，食品安全监管部门应当承担怎样的责任则需要进一步明晰。行政机关的责任是由国家来承担，因此，在这种情况下应当承认权利受损人请求国家赔偿的权利。但消费者

---

① 杨建顺．行政规制与权利保障[M]．北京：中国人民大学出版社，2007：444.

的权利受到损害毕竟是因为不法食品生产经营者生产销售不合格的食品所导致，食品生产经营者的不法行为才是最直接原因。因此，笔者试图从民法上的不真正连带责任的角度来解决政府责任的问题。消费者可以向有关部门（提起国家行政赔偿）或食品生产经营者（提起民事侵权赔偿）的任何一方请求赔偿，若其向生产经营者提出赔偿请求，生产经营者不能再向国家追偿；但若其向国家请求赔偿，国家在赔偿后可以向食品生产经营者追偿。可能会有人认为，这种赔偿制度将导致有关部门不承担行政责任，会导致不公平的现象发生，也会使有关部门肆无忌惮地公布错误的食品安全信息。笔者认为这种情况出现的可能性并不大。因为，首先有关部门需要承担行政内部处分，这样依然可以抑制其滥用职权；其次，在食品生产经营者无力赔偿时，国家实际上应当承担最终的赔偿责任。

对于食品生产经营者来说，若食品安全监管部门公布的食品安全信息对其产生影响，但该行为不属于具体行政行为的情况下，《食品安全信息公布管理办法》只规定了其可以提出异议，对于提出异议之后的救济手段，法律并没有做出规定。笔者认为：若其对食品安全监管部门针对其异议的处理方式不满意，食品生产经营者可以提起行政复议。我国现行《行政诉讼法》把行政事实行为排除在法院受案范围之外，并且，此部分的行政事实行为更类似于《行政复议法》规定的法院对抽象行政行为的受案范围，因为它们的对象都是不特定多数人（因食品安全信息公布而受到影响的食品生产经营者是不特定多数人）。因此，笔者认为：在行政事实行为没有被纳入《行政诉讼法》受案范围之前，可以通过行政复议的方式解决其法律救济瑕疵。当前与此相关问题还需继续予以研究，例如还涉及《行政复议法》的修改。

四、处罚性风险警示信息公开及其限度

食品安全风险警示可能具有信息处罚效果，应对此类风险警示信息

的公开进行必要限制。日本学者盐野宏曾指出："关于个人信息的处理如果欠缺适切性的话，就会发生不当的侵害个人的权利利益的事情。"①在面对强大的公权力机器下，相对人的权利显得是如此的弱小，以致其只能在权力的细缝中"成长"。因此，在处罚性风险警示信息公开层面，政府权力行使应当有所克制，有所缓和。这不仅是现代社会公民权利与政府权力、公共利益相平衡的结果，也是服务型政府、效能型政府构建的必然举措，更是政府追求执法效益、提升自身治理能力的内在要求。

(一) 食品安全风险警示的处罚效应

就食品安全风险警示信息而言，有些风险警示信息仅具有风险提示功能而无权利侵害对象，例如"消费者勿要食用过期食物"的风险警示，并不会对食品生产经营者造成任何直接的负面影响。但有些食品安全风险警示信息具有处罚效果，例如"××奶粉铁元素超标，婴儿长期食用，严重可致肾衰竭"的风险警示就具有处罚效果。政府机关使用自己所掌握的信息亦应依法进行，并在风险警示发布之前，充分考虑其是否会对利益相关人带来不合理的负面影响。如果为了保障社会公益而侵害特定权利，应进行全面的"成本-效益"分析，以判断公开是否会出现价值失衡，继而确定是否公开或公开的具体范围和限制。莫于川教授认为："应警惕过分扩大主动公开的范围，因为行政机关对行政执法结果给予公开可能会导致对相对人变相的'二次处罚'，因而，主动公开的范围应当限于存在广泛社会需求的政府信息。"②这种"二次处罚"的概念也是其他学者所支持与认可的。章志远教授把行政违法事实的公布称为"声誉罚"。他认为"行政违法事实的公布包括可逆转的行政违法事实的公布与不可逆转的行政违法事实的公布，对于后者的适用应当更为慎

① [日]盐野宏：行政法总论[M]. 杨建顺，译. 北京：北京大学出版社，2008：231.
② 莫于川，林鸿潮. 政府信息公开条例实施指南[M]. 北京：中国法制出版社，2008：72.

168

重，需要遵循严格的条件与程序……人格尊严因素是限制行政违法事实公布的一个不可逾越的阻碍"①。亦有其他学者认为行政处罚信息的公开不能和公民隐私权的保护以及商业利益的保护相冲突，但公民隐私权以及商业利益的保护在面对公共利益时，其应当退居二线，公共利益具有优先性。《关于依法公开制售假冒伪劣商品和侵犯知识产权行政处罚案件信息的意见（试行）》（以下简称"意见"）中的有关规定与一些学者关于对行政处罚案件政府信息公开义务进行限制的观点并不一致。因为侵犯知识产权的行政处罚信息并不是社会公众广泛需求的，人们不太关注一个企业是否侵犯另一个企业的知识产权。只要企业没有生产销售假冒伪劣以及有毒有害产品，公众对企业的关注度将变得很弱。并且，公开此类信息可能会泄露其他企业的商业秘密以及知识产权。因此，政府在公开此类信息时应当做出适当的删选，以防突破信息公开义务的限制因素，给行政相对人造成难以挽回的损失。

（二）处罚性食品安全风险警示信息公开问题

处罚性食品安全风险警示信息的主动公开范围应根据信息的内容进行具体判断。当食品安全监管部门在执法过程中，发现生产经营者的食品存在安全隐患，但没有最终确切的证据证明其存在违法行为，或被证明的事实可能存在错误时，食品安全监管部门是否可以公开其违法信息？这个问题实际上属于"风险治理"的范畴。由于市场信息的不对称，普通公众需要政府承担起信息告知的义务，以弥补公众在市场信息支配中处于的弱势地位。与之相比较的是欧盟行政法上的"风险预防原则"。风险预防原则的理念在于"当尚无确定科学证据的情况下，基于一定科学基础上的合理怀疑而采取预防性措施，于第一时间妥善处理环境、食品安全、生物安全等问题"②。风险预防原则当然要求执法机关公开相

---

① 章志远，鲍燕娇．作为声誉罚的行政违法事实公布[J]．行政法学研究，2014（1）：52-53.
② 王敬波．欧盟行政法研究[M]．北京：法律出版社，2013：93-95.

对人可能存在的违法信息。但它们存在不同之处：食品安全风险警示的前提是执法机关最终能够证明企业是否存在违法行为，只是在当前阶段无法明确证明或证明的事实可能存在错误；而风险预防原则的前提是无论是当时还是在事后都无法用科学证据证明其是否存在违法行为。风险警示具有存在错误的可能性，若政府对之加以毫无约束的滥用，可能会给相对人带来无法弥补的商业信誉以及可得盈利损失，"公共警告既是一种警示风险的有效工具，又具有一般侵害行政行为的属性，具有双面特征，很多时候还构成一种重大的'信息惩罚'"①。因此，食品安全监管部门应当慎用之。笔者认为，若有证据证明与公共利益相关的违法信息具有及时公开的必要时，例如涉及有毒有害食品，那么食品安全监管部门可以在行政处罚做出之前公布它；反之，食品安全监管部门应当等到行政处罚做出时再一同公布。从某种意义上说，对信息公开的必要性和及时性的要求不高意味着公众对此信息的需求并不是那么的强烈。对于此类信息，政府机关在做出行政处罚决定时公布，既有利于保护企业的合法权益，又避免了食品安全监管部门"风险警示权"的滥用。即使一般公众的权益由于信息的缺失受到损害，但是基于此种利益不具有急迫性，因而可以通过事后补偿方式予以填补。这种限制一方面可以督促食品安全监管部门及时履行信息公开的义务，避免社会大众由于处在信息不对称的弱势一端而受到严重的损害；另一方面，又可以防止违法者或被处罚人的人格信息、身份信息被公之于众，造成对生产经营者的个人信誉和商业声誉等的"二次处罚"。

(三) 未达到警示程度的食品安全信息公开问题

《政府信息公开条例》在规定了政府主动公开的信息范围之外，还规定了公众可以通过申请的渠道获得政府信息的条件，即"根据自身生

---

① 朱春华. 公共警告与"信息惩罚"之间的正义——"农夫山泉砒霜门事件"折射的法律命题[J]. 行政法学研究，2010(3)：76.

产、生活、科研等特殊的需要"。在行政处罚领域，由于涉及公共利益以及社会公众普遍需要的信息，政府需要主动公开，那么应申请公开的行政处罚信息领域应当是单个公民自身所需要的信息，且不会损及社会公共利益。如企业根据自身的生产需要申请公开某些企业的违法信息，避免出现同样的错误；某个科研机构申请公开某类的违法信息，以便科研活动能够顺利进行。但实际上，大多数行政处罚信息与行政处罚法律关系人以外的其他人的生产、生活并没有直接关联。一般公众根据"科研"的需要申请公开行政处罚信息才具有现实的可行性以及现实意义。由于这些信息具有私密性和敏感性，政府若毫无保留地将这些信息向被申请者公开，无疑对信息的承载对象是不合理的以及不公正的。那么信息公开范围的限定就显得至关重要。

根据《食品安全信息公布管理办法》第 7 条的规定，食品安全风险警示以"食品存在或潜在的有毒有害因素"和"具有较高程度食品安全风险"为前提，如果达到上述两项标准，食品安全监管部门可以不发布食品安全风险警示。在此种情况下，公民可否依法申请信息公开？从政府信息公开理论和现行法律规定，对于行政机关履行职责形成的信息，公民、法人或者其他组织还可以根据自身生产、生活、科研等特殊需要申请公开。因此，未达到风险警示程度的食品安全信息可以依申请公开。但就公开的方式和内容上看，应充分考虑这两大因素，即"信息对相关企业是否有不当影响或被不当利用""是否会危及国家安全、公共安全、经济安全和社会稳定"。如果该信息公开可能会对该企业造成不当损害或者可能危及国家安全、公共安全、经济安全和社会稳定，食品安全监督管理部门应当不予公开，或者对信息内容进行适当调整，公开不会危及相关企业合法权益、国家安全、公共安全、经济安全和社会稳定的信息内容。同时，食品安全监督管理部门依申请应当公开未达到风险警示程度的食品安全信息时，如若涉及个人隐私、商业秘密和国家秘密，对这些信息应当依法进行保留，即在履行《政府信息公开条例》第 32 条所规定的听取第三方意见的程序后依法做出是否公开信息的决定。另外，还应对依申请公开的理由进行严密审查，对获取未达到风险警示程度的食品安全信息的申请人在信息使用时进行义务限制和跟踪监督。对申请人超出申请使用理由和范围的不当使用行为，如果造成不良影响时，食品安全信息公开义务人应追究其相应法律责任。

第六章　食品安全风险警示制度的
司法监督

　　司法制度既是一种权利保护机制，亦是权力监督机制。在法治的国度中，任何一项权力都应受到司法的监督。食品安全监管部门的风险警示权是风险社会中的一项新型行政权力，如若使用不当会对生产经营者和社会大众造成无法恢复的侵害。因此，应当创新司法监督方式以加强对食品安全风险警示权的司法控制。食品安全风险警示行为的法律性质会影响司法机关对其进行监督。但是这种影响并不会全面否定司法机关对食品安全风险警示行为的司法审查，一项行为不具可诉性并不表示该项行为是不受司法监督的。针对食品安全风险警示行为的特性，应当加强诉讼机制的创新，在诉讼中引入预防性行政诉讼，提高法律原则在诉讼中的适用频率，构建食品安全行政公益诉讼制度。同时，完善责任追究机制，加强食品安全领域的"行""刑"衔接，明确食品安全消费警示行为的法律责任判定。

一、食品安全风险警示司法监督的内在逻辑

　　食品安全风险警示致使他人合法权益受损，侵扰社会的正常秩序的现象时有发生，如不通过司法手段加以调控，不仅不利于法治行政原则的实现，而且还会引发更多的社会矛盾。食品安全风险警示司法监督主要是指司法审判机关作为监督主体的监督，即是指司法机关通过行使审

判权，对风险规制部门实施的食品安全风险警示行为的合法性进行监督。司法机关亦有权就食品安全风险警示的合法性以及合理性问题进行监督。这种监督具有体系性的法律依据。

（一）食品安全风险警示司法监督的概念界定

研究食品安全风险警示的司法监督，首先要确定食品安全风险警示的基本含义。目前，学界对于司法监督的概念释义存在两种不同见解，有的学者认为，"司法监督本质上属于司法民主的范畴，即通过一定的制度设计，使国家权力机关和社会公众有权对司法权行使的合法性与正当性进行制约和督促，并要求司法权对社会承担一定的责任，以保证司法公正"①，更多的学者则以司法机关为监督主体去理解"司法监督"之意涵，认为"司法监督，是指司法机关依据法定的职权和程序，对行政主体及其公务员的行为所实施的合法性监督"②，"对行政自由裁量权的司法监督，即人民法院通过行政审判权，对滥用自由裁量的具体行政行为依法予以撤销或者变更，并可以判决被告行政机关重新作出具体行政行为"③。本文所指称的食品安全风险警示司法监督主要是指司法审判机关作为监督主体的监督，即是指司法机关通过行使审判权，对风险规制部门实施的食品安全风险警示行为的合法性进行监督。

（二）食品安全风险警示司法监督的必要性

立法权、行政权和司法权的相互分立与有效制衡是一个国家公权力良性运行的基本前提。随着经济的不断发展和社会的巨大变革，一些新兴的行政手段以"非权力行为"之表象呈现于世人面前，这些公共治理方式的兴起扩大了行政活动的"领地"。在一个国家中，公、私活动总量空间是相对固定的，行政活动范围的扩张意味着私领域的收缩，但

---

① 范愉．司法监督的功能及制度设计（下）[J]．中国司法，2004(6)：13.
② 沈荣华．现代行政法学[M]．天津：天津大学出版社，2003：315.
③ 赵晓华．论行政自由裁量权的司法监督[J]．河北法学，2003(5)：76.

"公进私退"只要没有超过一定限度就不会破坏原有社会的共治生态。因此，令人担心的不是行政权的扩张本身而是行政活动的失控化。这种失控状态将意味着公权力之间的制约失衡以及社会大众的"权亏益损"。面对行政权的扩张最直接有效的制衡手段是加强司法监督，"司法是实现法治的一道重要闸门和忠实卫士，是对不公正、不合理、不合法行为的一种校正机制，也是对公权力的一种制约机制。一切公权力行为……一旦提交诉讼，司法就承担着对公权力行为或'准公权力行为'的法律评价任务，肯定或否定，赞同或反对，任由司法作出裁断"①，"行政法上之正当程序，即正式被法院接受的合理程序"②。"监督行政的职能和任务，在于通过监督纠正违法或不当的行政活动，要求行政主体及其公务人员依法行使行政职权和履行职责，以保障行政法治原则的实现"③，监督行政是司法权的基本功能。实践中，食品安全风险警示致使他人合法权益受损，侵扰社会的正常秩序的现象时有发生，如不通过司法手段加以调控，不利于法治行政原则的实现，而且还会引发更多的社会矛盾。

(三)食品安全风险警示司法监督的法律依据

从法治行政以及权力分立的原则出发，任何行政行为均应受到司法监督。食品安全风险警示是一种新兴的行政活动方式。目前，我国还没有针对食品安全风险警示的专门性立法。但这并不意味着食品安全风险警示是不受法律约束的"法外行为"。实际上，行政机关的食品安全风险警示行为并不能"逍遥法外"，司法机关有权就食品安全风险警示的合法性以及合理性问题进行监督。这种监督具有体系性的法律依据。《宪法》第5条明确规定："一切国家机关和武装力量、各政党和各社会

---

① 刘作翔. 法治社会中的权力和权利定位[J]. 法学研究, 1996(4)：74.

② George E. Bekkley. The Craft of Public Administration [M]. Boston：Allyn and Bacon, Inc. , 1976：369.

③ 王连昌. 行政法学[M]. 北京：中国政法大学出版社, 1994：382.

团体、各企业事业组织都必须遵守宪法和法律。一切违反宪法和法律的行为，必须予以追究。任何组织或者个人都不得有超越宪法和法律的特权。"《行政诉讼法》第 2 条规定："公民、法人或者其他组织认为行政机关和行政机关工作人员的行政行为侵犯其合法权益，有权依照本法向人民法院提起诉讼。"《食品安全法》第 142 条至第 146 条规定了食品安全监督部门违法形态及其法律责任。该法第 149 条还明确规定："违反本法规定，构成犯罪的，依法追究刑事责任。"上述立法规定，确立了人民法院对行政机关发布食品安全风险警示的司法审查与监督职权。

尚须注意的是食品安全风险警示行为的可诉性与食品安全风险警示行为的司法审查并不是同一概念。依据行政法学上的"行政行为可诉性"理论，食品安全风险警示行为的法律性质会影响司法机关对其进行监督。但是这种影响并不会全面否定司法机关对食品安全风险警示行为的司法审查，一项行为不具可诉性并不表示该项行为是不受司法监督的。实际上，司法机关还可能根据行政主体实施食品安全风险警示行为中的违法情况，追究其民事责任、行政责任以及刑事责任。

二、食品安全风险警示的诉讼机制创新

诉讼的功能在于定纷止争。随着社会的发展，行政争议日益复杂化、多样化，甚至会出现一种完全不同于传统类型的行政争议。妥善解决食品安全风险警示这一种新型行政活动中产生的行政争议，需要进行诉讼机制创新。当前，应在食品安全领域的司法监督中引入预防性行政诉讼，加强对法律原则的适用，并构建行政公益诉讼制度。

(一) 引入预防性行政诉讼

传统行政诉讼呈现出的是一种事后性救济功能，即在行政相对人的合法权益遭受侵害时，经由当事人主张由人民法院对这种侵害行为进行认定后，通过司法判决的方式给予受害人必要补偿或权利保障。但是传

统行政诉讼无法全面应对现代社会的新生问题。现行的事后救济程序——行政诉讼和行政复议往往无法恢复对相对人所造成的损失。而救济不畅，在某种意义上就是对行政违法行为的放任。"现行行政诉讼法规定的事后救济型行政诉讼，常常无法排除或修复行政活动对原告造成的严重损害后果，导致原告合法权益得不到有效保护，直接威胁到行政诉讼救济的有效性和社会稳定与和谐。应尽快弥补这个法律缺失，建立以事前和事中救济为特征，旨在对抗威胁性行政行为和事实行为的预防性行政诉讼制度，真正实现权利有效保障。"①有学者针对事后救济乏力的情形提出建立第三种"防患于未然"的救济保障机制，即处于事前、事中的"预防性行政诉讼"。所谓"预防性行政诉讼是指公民、法人或者其他组织在未来即将受到一定的行政行为或事实行为的预期侵害情形下，可以依据法律预防性提起行政诉讼，阻止行政行为或事实行为做出以保护其特殊权益的诉讼形态"②。其价值在于确认行为的无效、违法，以及为保障相对人利益，阻止行为的实施。其适用条件在于"行政行为造成损失的不可恢复性、损害的具体性以及受害人的特定性以及行为的即时性"③。食品安全信息公开案件满足"预防性行政诉讼"要求的三个要件，食品安全监管部门公开曝光后对行政相对人的声誉将造成无法消除的影响，行政相对人的特定行为一经公布即对行政相对人产生负面影响。又如在"农夫山泉砒霜门案件"中，食品安全监管部门公布信息即可能造成企业商誉评价降低，社会信任度下降，虽事后证明了农夫山泉的"清白"，但行政相对人由此受到的损害难以挽回。

预防性行政诉讼不同于损害发生的事后救济型行政诉讼，它是一种事前救济方式，是指"为了避免给行政相对人造成不可弥补的权益损害，在法律规定的范围内，允许行政相对人在行政决定付诸实施之前，向法院提起行政诉讼，请求法院审查行政决定的合法性，阻止违法行政

① 解志勇. 预防性行政诉讼[J]. 法学研究, 2010(4): 172.
② 章志远, 朱秋蓉. 预防性不作为诉讼研究[J]. 学习论坛, 2009(8): 68.
③ 胡肖华. 论预防性行政诉讼[J]. 法学评论, 1999(6): 94.

行为实现的诉讼"①。行政机关的食品安全风险警示决策具有"风险性",为了防止发生可以预期的损害,应当引入预防性行政诉讼,允许食品安全风险警示的利益相关者通过司法途径干预具有潜在侵害的行政决定,即允许食品安全风险警示的利益相关者在行政机关尚未发布食品安全风险警示之时,向人民法院提起行政诉讼,请求责令行政机关及时发布食品安全风险警示;以及允许食品安全风险警示的利益相关者在行政机关发布食品安全风险警示决定具体实施前,向人民法院提起行政诉讼,请求禁止食品安全风险警示行为。虽然预防性诉讼可能会与"尊重行政首次裁判权"产生冲突,但是通过司法权的介入以实现对行政机关风险警示信息发布的法律依据、合法性事实等内容进行实质审查,有利于增强弱势的行政相对人的抗辩权,降低其受到损害的可能性。

(二) 提高法律原则在诉讼中适用频率

针对立法本身不能解决的不确性概念问题,可通过司法过程的原则条款的适用得以克服。"法律为普遍抽象之规定。法律适用者之任务,在于根据具体之生活事实,将抽象之法律规定具体化及精确化,而后将具体生活事实涵摄或归类于该法律规定。"②在行政审判中,透过行政法的基本原则去理解和适用法律,可以实现与立法目的的高度统一,减少法律规范中的不确定性和内在冲突,从而更加彰显权力制约权力的司法功能。从理论界与实务界对法律原则司法适用的认识上看,大家似乎形成了这样一种"共识",即法律原则的适用须以法律规则存有漏洞为前提,司法审判不能直接适用法律原则,只有在穷尽法律规则的适用仍无法解决问题时,法律原则才具有适用价值,这也被称为法学方法论的"禁止向一般条款逃逸原则"。然而这样的"共识"也并非司法实践中的一种"真理"。事实上,这样的"共识"本身也是对"适用"一词的误解。

---

① 胡肖华. 论预防性行政诉讼[J]. 法学评论, 1999(6): 91-95.
② 陈敏. 行政法总论[M]. 台湾: 新学林出版股份有限公司, 2004: 144.

法律原则作为法律规则的指导思想，应统领法律规则，贯穿法律适用的全过程。法律规则是法律原则的具体化，立法者在制定法律时必然不会使法律规则与法律原则相冲突。如果适用规则与适用原则得出相左的结果，必然是规则的适用过程出现了偏差。因此，人民法院应当在法律原则的指引下适用法律规则，以维护司法公正与公信。当前，我国关于食品安全风险警示并不完善，"潜在""较高程度"等不确定性法律概念的存在大大消解了司法机关食品安全风险警示行为的控制力。规范食品安全风险警示行为，一方面要不断完善立法，使不确定性法律概念明确化；另一方面，需要加强比例原则等行政法原则适用，从而尽可能地消解食品安全风险警示立法中的诸多不确定性。

（三）构建食品安全行政公益诉讼制度

2014 年 10 月，党的十八届四中全会通过的《关于全面推进依法治国若干重大问题的决定》明确提出了"探索建立检察机关提起公益诉讼制度"。近年来，食品安全事件频繁发生，严重侵害社会公共利益。人民呼吁通过公益诉讼方式维护社会公共利益的诉求日益强烈。通过构建食品安全行政公益诉讼制度亦可缓解社会冲突，避免或减少食品安全方面的群体性事件。

1. 构建食品安全行政公益诉讼制度的现实意义

（1）保护公共利益的需要

进入现代社会，随着科技日新月异地进步，一系列的安全事故在发达的科技里潜伏着并随之爆发。人们对工程安全事故、交通安全事故、医疗安全事故等似乎并不陌生。但与之相比，关乎人们生存大计的食品安全事故爆发的频率亦不可小觑，并且食品安全事故波及范围之大、影响之广、性质之恶劣，似乎是其他安全事故无法相比的。纵观我国最近这些年，全国各地发生了多起性质非常恶劣的食品安全事故，如"苏丹红事件""阜阳奶粉事件""红心鸭蛋事件""塑化剂事件""瘦肉精事件"

"三鹿奶粉事件"等。食品安全事故的频繁发生，一方面源于食品的生产经营者"利益至上"的经营理念；另一方面源于行政不作为下的管制缺位。食品安全风险侵害公共安全，普通公民成为这一侵害行为的实际承受者。如果没有周全的制度保障，受害者的合法权益无法得到有效救济，被损害的公共利益亦无法得到恢复，食品安全事故亦无法得到最大限度减少。食品安全问题引发的公众焦虑更突出了确保食品安全，维护公共利益的重要性。在司法救济中引入"公益诉讼"，必须明确食品安全公益诉讼原告的主体资格条件。应在食品安全风险治理中赋予社会组织、社会团体和公民群体公益诉讼权，人民法院对公益诉讼原告依法提起的食品安全公益诉讼应依法受理并及时审理。食品安全公益诉讼制度将为维护食品安全提供一种新的司法路径，让社会大众更为直接地参与食品安全的风险治理，有利于实现公众监督和司法审查紧密结合，进一步约束行政行为，增强行政主体的主动性和执行力。

（2）实现行政诉讼宗旨的需要

规范行政行为以保护私人主体的合法权益和维护公共利益、社会秩序为行政诉讼的制度宗旨。因此，行政诉讼应当兼顾私权保障和公益维护这两个方面的功能。但从当前的行政诉讼实践上看，绝大多数行政诉讼是以行政相对人提供相对个体性的司法救济为目标导向，公共利益的维护在行政诉讼中若隐若现，行政诉讼的公益性功能不彰。特别是在涉及社会大众的食品安全监管中，行政机关的作为与不作为如果没有直接指向特定行政相对人并损害其合法权益，而是指向不特定的社会大众，即使该行为本身具有面向社会大众的侵害性，利益受损者也难以通过行政诉讼方式予以救济。因此，为了实现行政诉讼的预设宗旨，有必要在食品安全监管领域构建行政公益诉讼，完善行政诉讼的制度体系，以规制食品安全监督中的大规模行政侵权行为，切实维护公共利益、社会秩序，形成食品安全风险的司法规制生态。

2. 构建食品安全行政公益诉讼制度的法律基础

《宪法》第 2 条规定："中华人民共和国的一切权力属于人民。人民行使国家权力的机关是全国人民代表大会和地方各级人民代表大会。人民依照法律规定，通过各种途径和形式，管理国家事务，管理经济和文化事业，管理社会事务"；第 27 条第 2 款规定："一切国家机关和国家工作人员必须依靠人民的支持，经常保持同人民的密切联系，倾听人民的意见和建议，接受人民的监督，努力为人民服务"；第 41 条规定："中华人民共和国公民对于任何国家机关和国家工作人员，有提出批评和建议的权利；对于任何国家机关和国家工作人员的违法失职行为，有向有关国家机关提出申诉、控告或者检举的权利，但是不得捏造或者歪曲事实进行诬告陷害"。虽然《宪法》中并没有关于行政公益诉讼的直接规定，但《宪法》第 2 条、第 27 条、第 41 条等类似条款规定是行政公益诉讼的本源性立法规定，它表明国家机关作为人民意志的实现者和公共权力的受托方应当接受人民全方位的监督，且国家有义务不断完善人民监督制度，拓展人民监督的方式和途径。为了确保食品安全，保障公众身体健康和生命安全，通过行政公益诉讼的方式对行政机关追究法律责任，符合《宪法》的基本精神和内容。

《行政诉讼法》第 2 条规定："公民、法人或者其他组织认为行政机关和行政机关工作人员的行政行为侵犯其合法权益，有权依照本法向人民法院提起诉讼。"根据《行政诉讼法》第 12 条的规定，"公民、法人或者其他组织认为行政机关侵犯其他人身权、财产权等合法权益的，可以向人民法院提起行政诉讼，人民法院依法予以受理"。根据《食品安全法》第 145 条的规定，县级以上人民政府食品安全监督管理、卫生行政、农业行政等部门未按规定公布食品安全信息以及不履行法定职责，对查处食品安全违法行为不配合，或者滥用职权、玩忽职守、徇私舞弊，造成不良后果的应当追究法律。虽然该条款规定的责任追究方式是对直接负责的主管人员和其他直接责任人员给予警告、记过或者记大过处分；情节较重的，给予降级或者撤职处分；情节严重的，给予开除处分，总体而言属于行政处分的范畴，但该规定在一定程度上亦确立了这些行为的法律可责性以及司法的可诉性。

3. 食品安全行政公益诉讼的"公益"标准

法律是利益的集中表达，社会活动则是利益冲突调适下的总过程。在现代社会中，虽然"私权神圣不可侵犯"，但对于公共利益的重要性亦不可疏忽。当两者发生冲突而必须作出取舍时，应贯彻公共利益优先的原则。例如，国防、外交等国家行为关系到国家和民族的整体利益，在这种情况下，即使这种行为会影响某些公民、法人或者其他组织的利益，公民、法人或者其他组织的个别利益也要服从国家的整体利益。但确立公共利益优先则必须明确何为"公共利益"，否则，"公共利益"将成为一个侵犯人民合法权益的幌子。据笔者的初步统计，我国涉及"公共利益"一词的法律法规大约有60部。但是，这些法律文本均未对公共利益的概念作明确解释。公共利益的界定问题长期困扰理论界和实务界。从词义学上说，公共利益是一定社会共同体全体成员或大多数人的共同利益。公共利益是一个富于弹性的词，它的含义并非恒定，而是随着时代的发展而演变的，并且在其所处的时代中经常充满冲突，尤其在当今国家事务多元化的时代，关于什么是公共利益以及发生利益冲突时如何选择重点，总是疑问丛生。① 探求公共利益的含义，必须明确其本质内涵。公共性实质上就是指人的社会性和物的非排他性和非竞争性，公共性利益或公共利益从根本意义上说，是一种蕴含着人的社会性和物的非排他性与非竞争性的利益。② 利益是客体对主体的有用性，公共利益本质是一种公共的客体对主体的公共有用性。概括国内外学界和实务界的共识与经验，笔者认为在理解和运用公共利益这个概念时，应坚持

---

① 毛雷尔. 行政法学总论[M]. 高家伟，译. 北京：法律出版社，2000：58，60.

② 汪辉勇. 公共利益的本质及其实现[J]. 广东社会科学，2007(1)：86.

如下三条判评标准：

一是公众参与标准。公共利益是具有极大概括性的概念，虽然可以通过"概括列举补充"的立法模式对公共利益作出界定，但具体执行过程中仍需程序性的保障。"公共利益"强调的是"公共"二字，因此在利益表达的过程中，必须要有公众的参与，否则，所谓的"公共利益"将很可能发生异化，丧失其公益性。

二是公共性标准。公共利益乃公共之利益，公共利益的公共性并不完全等同于多数性。理论界在公共利益的评定标准上存在此种误区。德国有学者认为公共利益应以受益人之多寡的方法决定，只要大多数的不确定数目的受益人存在，即属于公共利益。① 众人之益往往与公共利益存在较大差别，公共利益着眼于公共的利益，众人之益则着眼于私人的利益，它只是个人利益的简单的数量总和。公共利益的公共性体现为在许多个人利益作出让步下的有机结合。

三是效益性标准。公共利益作为一种上位的利益，必须以最小化的私人损害实现最大化的社会公益。公共利益是私人利益一种共同表达，它虽然不是私人利益的简单集合，但是从逻辑上说，公共利益肯定要大于私人利益，否则公共利益无法体现其正当性。

4. 食品安全行政公益诉讼制度的原告主体资格

食品安全行政公益诉讼是具有原告主体资格的主体基于公益维护的目的，对食品安全监管机关的行政违法行为依法向法院提起的行政诉讼。依循诉讼法理论，公民、法人和其他组织都是法律关系的主体，在权利受到侵害时有权依法向人民法院提起行政诉讼。但在食品安全行政公益诉讼制度中能否为所有公民、法人和其他组织设置公益诉权则需要全面论证。在民事诉讼实践中，公民个人并不能提起公益诉讼，对于损

---

① 陈新明.德国公法学基础理论(上)[M].济南：山东人民出版社，2001：186.

害社会公共利益的行为一般由法律规定的机关或相关组织向人民法院提起公益诉讼。民事公益诉讼将公民个人排除在原告资格之外，一方面是由于公益诉讼涉诉案件较为复杂、专业，调查取证难度大，允许公民作为公益诉讼原告往往难以实现维护社会公共利益的目的，而且"无效"的公益诉讼会占用司法资源，降低公益诉讼效率。此外，在公共利益难以界定的前提下，允许公民作为公益诉讼原告，民事诉讼"利害关系人标准"就形同虚设了，这可能会动摇民事诉讼制度的基础。食品安全行政公益诉讼亦可能存在上述问题。虽然行政诉讼实行被告举证制度，即"被告对作出的行政行为负有举证责任，应当提供作出该行政行为的证据和所依据的规范性文件"，调查取证难度有所降低，但一旦到质证环节，公民个人的举证能力不足就会显现。另外，允许公民作为食品安全行政公益诉讼的原告，极可能造成行政公益诉讼案件激增，不利于食品安全行政争议及时、有效地解决。在理论上，公民应当具有公益诉讼主体资格，并且公民作为公益诉讼原告可以弥补法律规定的机关和有关组织保护公共利益的不足，但这是一种长远目标，受限于当前的法治阶段和司法资源，公民个人还不宜作为食品安全行政公益诉讼的原告。

三、食品安全领域的"行""刑"衔接机制

现代社会是一个多样化的、事故频繁爆发的风险社会。一方面，我们在尽情地享受着价值多元、科技发达的社会带给我们的丰富多彩的生活；另一方面，我们却承担着它施加于我们的各种各样的社会风险。食品安全事故尤为突出。承担着社会秩序的维护以及公众人身、财产安全防护的行政机关正在采取一系列强制性以及非强制性的行政措施来预防以及处理食品安全事故。行政权力在该领域面临着不得不需要的扩张。由于违反《食品安全法》的行政违法行为可能基于违法情节、生产、销售食品的社会危害性等原因，与行政犯罪行为存在重合或竞合之处。这样，食品安全行政执法行为与刑事司法行为在程序的操作方面可能存在

摩擦、冲突以及融合之处。对食品安全违法行为的行政处罚与犯罪行为
的刑事处罚亦存在竞合、衔接以及融合的可能。

然而，"多年来，各级司法机关虽然一直非常重视食品安全犯罪案
件，但由于相关法律规定不明确，能够启动司法程序以及进入审判程序
的案件并不多"①。由于《食品安全法》以及《刑法》条文规定的断层、模
糊以及不配套，导致"二法"的适用不衔接、不紧凑。在这种有缺陷的
法律对接模式之下，由于行政裁量权的存在、部门利益之间的角逐、
"行政层面配合的局限"②、"衔接程序制度缺乏"③、检察机关监督制
度的不完善以及其他一系列执法机关与司法机关沟通、联合机制的不足
等原因致使我们不能期望在食品安全领域，行政执法与刑事司法的无缝
衔接以及行政处罚与刑事处罚的密切对接。因而，我们在对现状感到惊
讶之时，我们也不应当对执法机关没有积极向司法机关移送可能涉嫌刑
事犯罪的行政违法案件给予过分的指责：执法机关每年对大量的涉及食
品安全行政违法的企业作出行政处罚，而受到刑事处罚的企业却寥寥无
几。有缺陷的法律造就有缺陷的权力运行。因此，构建"二法"的合理
性衔接对于有效打击食品安全违法犯罪行为具有重要的意义。在此基础
之上，行政处罚与刑事处罚的理性适用问题也才会迎刃而解。由于食品
安全领域行政执法的特殊性，有必要对该领域的行政执法与刑事司法衔
接的一些特殊问题作出论述。

（一）《食品安全法》与《刑法》在立法内容上的衔接与断层

首先，由于在食品安全领域，食品的生产者、销售者是执法机关重

---

① 舒洪水，李亚梅．食品安全犯罪的刑事立法问题——以我国《刑法》与《食
品安全法》的对接为视角[J]．法学杂志，2014(5)：95.

② 谢石飞，项勉．行政执法与刑事司法衔接机制的完善[J]．法学，2007
(10)：137.

③ 吴云，方海明．法律监督视野下行政执法与刑事司法相衔接的制度完
善[J]．政治与法律，2011(7)：151.

点关注的对象，他们也是食品安全事故爆发的罪魁祸首。其次，只有不符合安全标准以及有毒、有害的食品才会给消费者的人身、财产安全带来极大的威胁与挑战，并且该领域的违法犯罪行为也是执法机关与司法机关关注的焦点。因此，本文对"二法"立法衔接上的讨论仅限于生产、销售不符合安全标准的食品行为(罪)以及生产、销售有毒、有害食品行为(罪)，而不关注食品的加工、运输、存贮等行为以及其他违法犯罪类型。

1.《食品安全法》与《刑法》的竞合与衔接

第一，从行政处罚与刑事处罚的种类上来看，《食品安全法》第122条至141条规定了食品安全行政违法行为的行政处罚，处罚措施包括罚款、没收违法所得、没收非法财物(没收违法所得、违法生产经营的食品和用于违法生产经营的工具、设备、原料等物品)以及暂扣或者吊销许可证。《刑法》第143条(生产、销售不符合安全标准的食品罪)、第144条(生产、销售有毒、有害食品罪)中规定了自由刑、罚金以及没收财产等刑事处罚。因此，"二法"存在一定的衔接之处。

第二，从违法(犯罪)情节上来看，2013年生效的《最高人民法院、最高人民检察院关于办理危害食品安全刑事案件适用法律若干问题的解释》第3条、第6条对《刑法》第143条、144条中的"其他严重情节"进行了明确的解释。这种解释模式是以生产、销售的数量为主、以其他情节为辅。其以生产、销售金额十万以上不满二十万为一个档次，以二十万元以上不满五十万元为另一个档次。《食品安全法》第122条、第123条、第124条、第125条同样以涉案金额为处罚的计算起点，其以不足一万元以及一万元以上为两个级别。可见，仅从数额的分类规定来看，"二法"亦有一定的对接之处。

第三，从行政违法行为与刑事违法行为的类别上来看，《食品安全法》规定了10多种食品安全行政违法行为，其中包括生产、销售伪劣食品、不符合安全标准的食品、有毒有害食品以及其他行为。《最高人民法院、最高人民检察院关于办理危害食品安全刑事案件适用法律若干问题的解释》第 1 条、第 20 条对不符合安全标准以及有毒、有害的非食品原料给予了明确的解释。此种解释与《食品安全法》对行政违法行为情形的规定具有一定的相似与竞合之处。因此，从该领域审视"二法"的立法内容，我们亦可以得出"二法"确实存在某种程度上连接之处的结论。

因此，在现实的行政执法中，数量虽少但确实存在食品安全监督管理部门向公安机关移送涉嫌刑事犯罪的食品安全违法行为的事实。从某种意义上说，这是对"二法"衔接现象的最有力的印证。"二法"只有存在一定衔接的事实，我们才可以在研究它们内容断层的基础上来探索实现二者无缝衔接的内容架构。若二者风马牛不相及，我们也没必要、确实也不可能构建"二法"的相互映照的构造体系。

2.《食品安全法》与《刑法》的断层与模糊

新修订的《食品安全法》在内容的细化、机构责任设置的合理化、体系架构的理性化以及与《刑法》内容的对接化上具有相当高的提升，是对其具有里程碑意义的完善。在与《刑法》的交接上亦具有质的提升是：新修订的《食品安全法》第 121 条确立了食品安全领域的行政执法与刑事司法的衔接制度，第 148 条明确规定了生产、销售不符合安全标准的食品的法律责任。然而，该法与《刑法》的契合性并不是令人十分的满意，其与《刑法》的断层依然是行政执法与刑事司法交接的巨大障碍。

第一，《食品安全法》采用的是"依附性的散在型"立法方式。所谓"依附性的散在型"立法方式是指"分散设置在行政法律中的刑事法往往只规定对某种行政犯罪行为依照刑法的规定追究刑事责任，甚至只笼统规定'依法追究刑事责任'，而没有直接规定罪名和法定刑"[①]。例如

---

① 周佑勇，刘艳红. 试论行政处罚与刑罚处罚的立法衔接[J]. 法律科学，1996(3)：78.

《食品安全法》第149条的规定："违反本法规定，构成犯罪的，依法追究刑事责任。"从这条框架性规定来看，《食品安全法》采用的是援引性规定的刑事法则。这种刑事法规定模式意味着行政法律依附于刑事法律，造就了行政法律中刑事法的规定模糊性以及不可操作性。并且由于《食品安全法》第123条、第124条与《刑法》以及《最高人民法院、最高人民检察院关于办理危害食品安全刑事案件适用法律若干问题的解释》的衔接存在交叉、重合以及不周延之处，导致食品安全监督管理部门在执法时面临着困境，即"二法"衔接的不对称性导致执法机关对适用行政处罚还是刑事处罚摇摆不定。

　　第二，行政处罚与刑事处罚出现断层以及模糊性。首先，《食品安全法》并没有规定与自由刑相对应的行政拘留处罚。最初的"修订草案送审稿"规定了行政拘留，然而第十二届全国人大常委会第九次会议初次审议的"草案"又将这一处罚措施给删减掉了。为什么删掉行政拘留处罚？本文认为可能包括以下原因：（1）生产、销售有毒有害食品罪是抽象危险犯，只要生产者、销售者故意实施了该行为，不考虑是否造成严重后果，其就适用刑事自由刑而无需再适用行政拘留。对于生产、销售不符合安全标准的食品行为来说，若出现严重情节，其亦可以适用生产、销售不符合安全标准的食品罪的刑事自由刑。（2）行政拘留处罚由公安机关作出与执行，易造成行政职权行使上的混乱。行政拘留处罚的规定性缺失，导致执法机关对违法行为者的处罚力度出现既增又减的奇怪现象，即执法机关要么将情节严重但不涉及刑事责任的行政违法案件移送给司法机关，从而加重对违法者的处罚；要么司法机关不认为构成刑事追诉要件，将案件退回执法机关，执法机关对违法者施以较行政拘留的处罚力度轻的处罚或者不移送司法机关直接作出轻微的行政处罚。这不仅导致了权力资源的浪费、案件移送的混乱，而且造成违法者受到不公正的处罚待遇，有违公平、正义之嫌。

　　第三，"二法"对违法行为情节的规定亦有不衔接之处。《食品安全法》第123条、第124条规定了16种食品安全行政违法行为，其中包括生产、销售不符合安全标准的食品行为，生产、销售有毒、有害食品行为以及其他行政违法行为。然而，《刑法》对此是分开规定的。实际上也就是，《食品安全法》对两种不同的行政违法行为规定了相同的行政处罚类型以及幅度，而《刑法》对此规定了不同的刑事处罚责任，且生产、销售有毒有害食品罪的刑事责任相对于生产、销售不符合安全标准的食品罪更重。这就造成了以下不合理性：同样的食品生产、销售行为，构成犯罪的，前者的刑事责任较后者重；不构成犯罪的，两者的行政违法责任相当。"刑法规范具有保证其他法律规范实现的作用，正是在这个意义上，刑法又被称为'保障法'。"①然而，从该领域审视《刑法》的作用发挥效果来看，其并没有保障行政法的公平适用。更为重要的是，这亦造成以下"二法"理性适用的困局：由于《食品安全法》"并性"规定导致两种违法行为与犯罪行为的有效对照性丧失，以及"有毒、有害"与"不符合安全标准"的行政违法行为与刑事犯罪行为的判断依据、内容界定并不十分的明确，行政执法机关在"二法"适用的模糊性下基于自身执法成本以及其他因素的考虑可能不会将此行政违法案件移送给司法机关。这就增加了以刑事手段打击食品安全犯罪行为的压力与难度。目前在全世界范围内，各国都在提倡非犯罪化与非刑罚化。确实，"该种思潮所强调的犯罪的相对性观念、刑法的不完整性观念、刑罚的经济性观念和刑法的最后性观念值得我国借鉴"②。由于我国食品安全问题越发严重、食品安全违法犯罪者嚣张跋扈、食品安全行政处罚措施效力受限以及食品安全事故的刑事处罚率较低，我国应当在合法性、合理性理念的支撑下提升食品安全犯罪行为的刑事处罚率，以维护我国已经失序的食品生产、销售市场。鉴于此，食品安全行政执法向刑事司法转换的迫切性应当得以肯定。"刑法通过对犯罪的惩治而在社会中发挥独立的、在其他法律明

---

① 陈忠林.刑法总论[M].北京：中国人民大学出版社，2007：4.
② 陈兴良.论行政处罚与刑罚处罚的关系[J].中国法学，1992(4)：27.

显不足时出面处理社会冲突的作用"①应当在食品安全领域有效地发挥出来。

(二)《食品安全法》与《刑法》在立法上衔接的完善

鉴于《食品安全法》与《刑法》在立法内容衔接上出现的断层与模糊之处导致行政执法机关与司法机关在行政处罚与刑事处罚适用上的不确定性，本文对完善"二法"的立法衔接提出如下建议：

第一，《食品安全法》应在刑事法则领域采用"独立性的散在型"立法方式，即应设置具有独立罪名和法定刑的刑事罚则。② 在第 123 条、124 条中明确规定生产、销售有毒有害食品罪和生产、销售不符合安全标准的食品罪，并且根据犯罪情节的不同，设定轻重不等的法定刑。此亦即行政刑罚问题。这种立法方式不能脱离《刑法》的框架体系，不能对《刑法》的相关条文作出重大、实质性改变，只能对其进行细致地、可操作性地具体化。"由于行政刑罚并没有脱离刑法体系，那么如果我国采用独立性分散型刑事立法方式，建立行政刑罚制度，也不会构成对现有刑法体系、制度的冲击。"③况且采取此种立法模式，可以形成《食品安全法》与《刑法》的有效对接，至少能够从法律适用的角度上避免行政执法机关"以罚代刑"的可能性。行政执法机关再也不能以法律的模糊性为借口，以本部门利益为动力，实施违背公平、正义、理性的权力性行为。

第二，行政拘留处罚的可适用性。《食品安全法》并没有关于行政拘留这一行政处罚类型的具体规定。这可能是立法者基于人权保障与法律统一的一种特殊考虑。但是，我们亦有足够的理由证明行政拘留处罚的必要性以及可行性。（1）"在归责原则上，对行政违法行为实施制裁，

① 陈兴良. 刑法学[M]. 上海：复旦大学出版社，2009：5.
② 黄河. 行政刑法比较研究[M]. 北京：中国方正出版社，2001：134
③ 刘莘. 行政刑罚——行政法与刑法的衔接[J]. 法商研究，1995(6)：52.

不应过多地注意行为人的主观过错，而对刑事违法行为实施制裁，行为人主观过错往往是衡量应否予以刑罚的重要因素。"①若违法者确实不知其所生产、销售的食品是有毒、有害或不符合安全标准，也即其不存在故意，只有过失或是意外事件。尤其食品的销售环节极有可能出现上述情况。但是，若食品销售者的违法情节又确实严重，不给予行政拘留处罚不足以体现行政处罚的威慑力效果。在这里，行政拘留具有极大的生存空间。(2)若违法者生产、销售的是不符合安全标准的食品，即使他们存有故意，但是，该食品"不足以造成严重食物中毒事故或者其他严重食源性疾病"，我们亦可以对其处以行政拘留处罚。(3)如果执法机关将案件移送给公安机关，公安机关认为违法者犯罪情节轻微，免于刑事处罚或犯罪情节显著轻微，不认为是犯罪的，其会将案件退回给执法机关，执法机关认为可以追究行政责任的，可以对其施以行政拘留处罚。(4)行政拘留的设定可以有效地避免执法机关与司法机关将案件来回移送，阻断了执法资源的浪费通道。(5)对"罚过相当"原则的适用，避免了对违法者处罚畸轻或畸重。(6)《行政处罚法》规定限制人身自由的行政处罚只能由公安机关执行。因此，当执法机关要求公安机关执行行政拘留处罚时，其没有推脱的权力，其必须履行执行行政拘留的法定义务。从法律的强制性来看，行政拘留的适用也不存在执法权力配置上的阻碍。因此，我们建议《食品安全法》中应当规定行政拘留处罚。

第三，《食品安全法》应将生产、销售有毒有害食品行为与不符合安全标准的食品行为分开规定，再根据情节轻重情况规定行政处罚的种类与幅度，以与《最高人民法院、最高人民检察院关于办理危害食品安全刑事案件适用法律若干问题的解释》的相关规定具有对照性。这种立法模式有利于行政执法机关对二者行政违法行为与刑事违法行为的适用条件进行明确的参照，有利于行政执法与刑事司法的顺利对接，避免了

① 汪永清. 行政处罚与刑罚的适用范围和竞合问题[J]. 政治与法律，1993(3)：35.

"二法"适用的模糊性导致的行政执法机关的不作为。由于前者的违法行为较后者对消费者的身体健康权带来更大的威胁，因此，前者的行政处罚的力度设定应较后者重。一方面，这可以与《刑法》的法定刑的轻重形成有效对接，另一方面，其能够对轻重不同的违法行为形成相对应的有效的处罚威慑力。

第四，《食品安全法》第125条"情节严重的，吊销许可证"中"情节严重"是不确定性法律概念，应当作具体化、细致化处理。"尊重行政机关的首次性判断权的理论认为，是否行使行政权、怎样行使行政权、何时行使行政权，原则上应当以行政权的责任作出判断根据。"①据此，由于执法机关享有对不确定性法律概念的解释权以及法院对此过问甚少，那么行政机关的裁量权在此领域将不受控制。并且，"情节严重"概念含混不清容易造成执法机关对"二法"准确的适用造成困难。因此，应当对"情节严重"作出具体、细致的解释，以限缩执法机关的裁量权幅度。根据《刑法》以及《最高人民法院、最高人民检察院关于办理危害食品安全刑事案件适用法律若干问题的解释》的相关规定，以及旨在更好地衔接"二法"，本文认为"情节严重"应当作出如下解释：若违法者不构成刑事犯罪的法定要件，那么生产、销售金额应达到十万元以上；若执法者已经触犯《刑法》，那么其已经构成"情节严重"的预设条件。

(三) 食品安全领域行刑衔接的几个问题探析

在上述"二法"有效衔接图式的勾勒下，解决了行政处罚与刑事处罚的立法衔接问题，为行政执法机关和司法机关合理适用"双罚"提供了前提、基础以及立法支撑。为了更好地处理食品安全领域行政执法与刑事司法之间的动态关系，我们有必要对支撑二者权力顺畅运行的具有强制威慑力的惩罚手段进行有效对接。

---

① 杨建顺. 行政规制与权利保障[M]. 北京：中国人民大学出版社，2007：677.

近些年来，我国学者对行政处罚与刑罚的相同与不同之处、竞合之处、在适用方法、适用程序上的衔接以及行政执法与刑事司法衔接的程序研究已经具有一定的理论高度。"在适用方法上，比较流行的观点是合并适用，但性质相同的行政处罚与刑罚可以相互折抵，（如罚款与罚金、行政拘留与自由刑）；在适用程序上，应遵循刑事优先原则。"①实际上，学者们对"双罚"与"双法"适用衔接问题的探讨大多数都限定在这个范围之内。由于食品安全领域的行政执法具有以下特殊性：行政机关对食品安全风险警示信息的公布给相对人的利益带来不可挽回的损失（对消费者来说，错误的警示信息导致错误的选择，由此对消费者的生命、健康权带来挑战；对于食品的生产者、销售者来说，其营业利益以及商誉受损，而这被排除在《国家赔偿法》之外，这类似于行政处罚行为）；消费者对警示信息及时公布的需求与生产者、销售者利益维护之间存在矛盾与冲突。从本质上看，这些矛盾与冲突是公共利益与个体利益之间的张力呈现。那么对于食品安全领域的有关问题进行探讨时，我们应当注意一方面应当以上述研究领域的成果为参考，另一方面，我们应当对此问题作特殊性对待。鉴于此，可以重点对以下几个问题展开讨论。

第一，行政执法机关是否享有对涉嫌刑事犯罪的行政违法事实的首次判定权。章剑生教授认为"涉嫌构成犯罪的初步认定权具有司法性质，如果法律不赋予行政机关涉嫌构成犯罪的初步认定权，那么行政机关和司法机关就没有合法的案件交接依据"②。另有学者认为，"行政犯罪的刑事违法性的判断，应首先判断是否具有行政违法性，而某一行

① 周佑勇，刘艳红. 论行政处罚与刑罚处罚的适用衔接[J]. 法律科学，1997（2）：88-90.

② 章剑生. 违反行政法义务的责任：在行政处罚与刑罚之间——基于《行政处罚法》第7条第2款之规定而展开的分析[J]. 行政法学研究，2011（2）：21.

为是否具有行政违法性,在大多数情况下,首先是由行政机关判断"①。首先,《行政处罚法》第7条、第38条以及《食品安全法》第121条实际上间接地肯定了行政执法机关对涉嫌刑事犯罪的行政违法行为享有初次判断权。在食品安全监管领域,主要由食品安全监督管理部门行使食品执法监管权,而刑事司法的立案侦查权由公安机关行使。因此,公安机关的立案侦查行为一般建立在行政执法行为对案件事实进行调查的基础之上。若行政执法机关不享有对行政违法事实是否构成犯罪的首次性判断权,那么案件移送将无从谈起,行政处罚与刑事处罚的适用将会处于一个相对混乱的状态。其次,即使案件因为其他人员的告发而不经由执法机关之手进入司法机关时,司法机关对违法者是否构成犯罪的认定依然需要依靠行政执法机关的检验、鉴定、认定。况且这种检验、鉴定、认定行为不仅具有事实陈述之实,更具有价值评判色彩。那么,司法机关对案件事实的认定依然需要建立在行政机关对事实认定的基础之上。可见,行政执法确实具有且应当具有对涉嫌刑事犯罪的行政违法事实的首次判断权。然而这种首次性判断权不应代替司法机关的职责,即行政机关不需要对行政违法事实的认定以及价值判断达到刑事审判所需的"案件事实清楚、证据确实充分"的程度。这就超出了食品安全监管机关的能力和责任范围。

第二,食品安全行政执法机关在什么情况下能够公布警示信息?由于警示信息的公布涉及公共利益与私人利益的价值博弈,错误的警示信息不免会给相对人的利益带来不可挽回的损失。因此,对此信息的公布,行政执法机关应当谨慎。行政机关应当在何种时机下公布警示信息?据此可以分为两种不同的情况进行讨论。首先,若行政违法行为没有触碰刑事犯罪的"红线",行政执法机关应当在召开听证会或论证会的基础上再来判断是否进行公布。由于其不具有刑事处罚的可惩罚性,

---

① 时延安.行政处罚权与刑罚权的纠葛及其厘清[J].东方法学,2008(4):104.

说明其违法行为情节相对比较轻微，不至于对消费者的生命健康权造成重大损失，消费者对于信息需求的及时性相对较低。在此情况下，我们应当充分权衡公共利益与私人利益之间的价值需求，在充分保障私人的程序性权利下实现对公共利益的维护。其次，若行政违法行为可能构成刑事犯罪的法定构成要件的，那么其应当在行政机关内部专案组经过调查、核实后向执法机关负责人提交报告时被公布。根据《行政执法机关移送涉嫌犯罪案件的规定》第5条可知，行政执法人员在行政执法中经过检验、鉴定、认定发现行政违法行为可能构成犯罪的，应当由行政机关内部的专案组进行核实、调查，核实情况后应当提出移送涉嫌犯罪案件的书面报告，报本机关正职负责人或者主持工作的负责人审批，其应当自接到报告之日起3日内作出批准移送或者不批准移送的决定。在专案组进行调查核实后提交移送报告时，实际上其已经确定违法者生产、销售有毒有害以及不符合安全标准食品的真实性。在这时公布食品安全应急信息，不仅不至于给生产者、销售者的合法利益带来不可挽回的损失，而且满足了消费者对信息的及时性需求。执法机关内部负责人对书面报告的审批，实际上只是一种书面审查，只是对是否移送进行利益上、程序上的权衡，其对违法行为事实的认定已经没有太大的助益。若行政机关在负责人决定移送时再公布食品安全应急信息，那么3天审查期的束缚将会使该信息的时效性大打折扣。

第三，公安机关判定违法者不构成刑事犯罪的，执法机关是否应当撤销警示行为？刑事立案的证据比行政处罚所需证据更具有严格性、准确性要求。因此，该案件可能由于不符合立案标准而被公安机关退回行政机关。在此情况下，行政机关能否撤销警示行为，应当区分以下两种情况而作区别对待：若其无违法犯罪事实，执法机关当然必须及时撤销警示行为；若公安机关基于"犯罪事实显著轻微，不需要追究刑事责任"退回案件的，那么违法者确实存在违法行为，执法机关应当根据调查结果再来决定是否撤销警示行为。在此，有一个问题值得探讨：司法机关的处理决定以及处理意见对行政执法机关具有多大程度的约束力？

195

对此，我国法律以及其他规范性文件没有作出明确地规定。笔者认为，司法机关将案件退回所附带的处理意见对于行政执法机关并没有实质的、强制性的拘束力，其对于行政执法机关的处罚决定只具有参考意义。执法机关可忽视司法机关的处理意见通过再次调查程序作出服从自身意志的行政决定。这体现了行政执法机关与司法机关的相互独立性以及职权的分立性。

四、食品安全消费警示的双重效应与责任判定

食品安全消费警示有助于引导消费者进行合理消费，避免或减少消费过程的人身伤害和财产损失。然而，食品安全消费警示具有双重面向，法律效果并非单一，这取决于受众对象。有的消费警示对于消费者而言是一种风险提示，对于生产经营者则可能是一种销售禁令或信息惩罚。为了保证合法权益免受不必要的侵害，企业应充分利用宪法与法律赋予的权利积极应对消费警示的负面效应。依循"受案范围—侵害构成—有责性"的三阶审查模式，对"砒霜门"事件的虚拟审查发现：海口市工商局的消费警示行为属于受案范围，具备侵害品质，若受害企业提起诉讼，海口市工商局应当对两企业的经济损失承担相应的法律责任。

(一) 风险社会与消费警示义务

社会的发展与问题总是相伴相随。自工业革命以来，科学技术从未停下前进的脚步，不断革新的科学技术，使人类的活动半径扩大、活动内容增多、活动频率增高，人类的社会生活发生了巨大变迁。与此同时，人类所面对的风险由传统性向现代性转变，风险结构从自然因素主导的风险演变为人为因素主导的风险，风险事件的波及范围不断扩大，发生频次日益增加，人类的生存和发展面临着严重的威胁。正如现代消解了 19 世纪封建社会的结构并产生了工业社会一样，今天的现代化正在消解工业社会，而另一种现代性正在形成中。现代性正从古典工业社

会的轮廓中脱颖而出，正在形成一种崭新的形式——（工业的）"风险社会"。① 无论你承认与否，人类进入"风险社会"已是既成事实，与科技发展相伴的食品安全风险、环境污染问题已被广泛关注，风险规制已成为各国政府的重要任务之一。风险规制以"防范灾害于未然，重于解决灾害于已然"的基本理念，加强政府的风险行政提示职能，使公权力承担起风险预防和消解的职责，有助于阻止一些风险事件的发生，减轻风险事件对社会大众的负面影响。食品安全消费警示是食品安全监督管理机关社会大众发布以提示消费者注意特定的食品安全风险的行为的总称，它是政府进行风险规制的重要手段之一。我国《食品安全法》第118条明确规定："国家建立统一的食品安全信息平台，实行食品安全信息统一公布制度……县级以上人民政府食品安全监督管理、农业行政部门依据各自职责公布食品安全日常监督管理信息。""行政机关采取'消费警示'这种活动方式，其目的也在于告知消费者存在危险的信息，使消费者能够避免危险的发生。"②诚然，以事实为依据的、准确的食品安全消费警示能够起到风险预防与阻截作用，但实践中存在警示权不当使用的情况，相关案例有如"农夫山泉砒霜门事件""平舆黄花菜事件"等。更为可怕的是，逃脱法律控制的食品安全风险警示还可能蜕变成公权力机关实现其非法目的之工具。面对如此问题，一方面要不断规范食品安全消费警示行为，另一方面，企业经营者要充分运用法律手段，有效应对行政机关滥用警示权的行为，以保障自身的合法权益，促进警示制度的进一步完善。

（二）消费警示对生产经营者的正面效应

消费警示是一种信息披露行为，它对食品安全至关重要，"不但起到安全食品市场的作用，更多的信息披露还能建立起消费者对食品安全

---

① ［德］乌尔里希·贝克. 风险社会［M］. 何博闻，译. 南京：译林出版社，2003：9-10.

② 林沈节. 消费警示及其制度化［J］. 东方法学，2011（2）：142-150.

的信心"①，增加生产经营者的经济收益，增进社会公益。消费警示是填补消费者与生产经营者之间信息鸿沟的重要工具。现实生活中的重大消费侵权事件均是源于交易信息的不对称性。为了恢复信息供给的平衡状态，就需要在交易双方之外的第三方力量介入。而这种第三方力量就是作为市场监管主体的政府相关职能部门。通过"消费警示"这种行政权力的间接介入方式，可以使交易双方的"拔河"变成了三方"博弈"，形成三角制衡关系，从而保证市场中消费信息的有效供给，实现消费知情权的补正。实际上，此种意义上的消费警示不仅有利于消费者及时获取消费信息，而且对于生产经营者亦具有正面效应。消费警示作为一种市场监管的新型规制工具，能够打击非法经营主体，规制生产经营者的不法经营行为，防止不正当竞争，促使生产经营者消除风险隐患，引导商家诚信、守法、文明经营，保护合法商家的主体利益，促进行业合法经营，营造安全、和谐的经营、消费环境，从而调动人们生产、经营和消费的积极性。

消费警示亦是进行知识宣导的重要工具，有助于引导消费者进行合理消费。这类消费警示在现实生活特别常见，例如，监管机关发布夏季饮酒警示，提醒消费者应当采用正确的开啤酒方式，不要使用筷子、桌子边角撞击、嘴咬等方式开启酒瓶。此类消费警示面向消费者发布，与生产经营者并无直接关联，不仅不会损害生产经营者的合法权益，而且还有助于商家正常、持续地开展经营活动。因为消费者不恰当的消费行为会"连累"生产经营者。例如，消费者在餐馆消费中饮酒过量或不正确的开酒方式引发人身伤害，该餐馆可能将会因未尽安全照顾义务而承担一定的法律责任。即便可能最终不用承担法律责任，但消费者在餐馆消费过程受到伤害会损害商家商誉，从而影响餐馆的营业利润甚至是经营的可持续性。

---

① 古川，安玉发. 食品安全信息披露的博弈分析[J]. 经济与管理研究，2012(1)：38-45.

(三) 消费警示对生产经营者的负面影响

在消费领域，消费警示具有双重面向，在维护消费者人身、财产安全的同时，亦可能对生产经营者的营业自由造成损害。针对特定商品的公共警告一旦发布，可能出现两种截然不同的后果：一是商品确实存在问题，人们的消费安全得到保障；二是商品事后被证明没有问题，生产经营者的营业自由受到限制。

1. 类似"销售禁令"的消费警示

消费警示是对消费者的一种生存照护，然而对企业经营者来说，就犹如悬在头顶上空的"利韧"，倘若是"三鹿"之流的企业，"死于剑下"当是罪有应得，但如若是政府消费警示信息本身出现瑕疵，那不仅会对无辜的经营者造成"伤害"，甚至可能直接导致一些企业的"非正常死亡"，而且还会严重侵扰人们的正常生活，2004 年的"平舆'毒'黄花菜事件"就是一个典型案例。河南平舆县是全国黄花菜的主要产地之一，每年种植面积达两万多亩，平均亩产鲜菜 2000 公斤。黄花菜种植业是当地的支柱产业，同时也是农民的主要经济来源。2004 年 3 月 15 日，沈阳市查获了 24.5 吨"有毒"黄花菜。2004 年 6 月 14 日，卫生部认为使用焦亚硫酸钠(其主要危害成分是二氧化硫)处理黄花菜的行为违反了《食品卫生法》第 11 条的规定，即"生产经营和使用食品添加剂，必须符合食品添加剂使用卫生标准和卫生管理办法的规定；不符合卫生标准和卫生管理办法的食品添加剂，不得经营、使用"，并根据《食品卫生法》第 44 条的规定向全国各主要产地发出了禁止使用焦亚硫酸钠加工黄花菜的通知。卫生部的通知发出后，新闻媒体纷纷将目光投向平舆，该地的黄花菜成为全国各地的"重点照顾对象"，平舆黄花菜出现大面积滞销，菜农损失惨重，而一些黄花菜的原菜加工企业更是因此而倒闭。2004 年 8 月 10 日，国家质检总局，国家标准化管理委员会、国家食品和药品监督管理局、农业部、卫生部、国家工商总局六部委联合发出《关于进一步规范黄花菜生产经营活动的紧急通知》，允许焦亚硫酸钠作为黄花菜加工中的食品添加剂(黄花菜中二氧化硫残留量不超过200mg/kg)。平舆黄花菜的不白"冤屈"最终得到洗清,但该地的黄花菜种植业已受重创,"毒"菜事件所造成的损失不可估量亦难以挽回。①

2. 类似"信息惩罚"的消费警示

消费警示面向消费者发布,似乎与生产经营者并无直接关联,但在信息时代,消费警示已然发生了"脱胎换骨"的变化,不再是传统意义上的行政事实行为。在有的时候,行政监管机关的消费警示会对生产经营者产生"信息惩罚"的效果。例如,2009年的农夫山泉、统一"砒霜门"事件。海口市工商局将对海口市内超市、商场、农贸市场等流通领域的饮料进行专项抽查的结果以消费警示(海口市工商行政管理局2009第8号商品质量监督消费警示)的形式向社会公开。② 消息一出便引起社会大众的高度关注,一时间各大门户网站充斥着农夫山泉、统一饮料被查出含有砒霜的新闻。虽然,事后被证实初检结果有误,但"砒霜门"事件之后,"农夫果园和水溶C100的销售受到严重影响,两款产品销量比事发前平均下降50%,即使12月1日对两款饮料复检合格的报告出具后,农夫山泉销售下降、不被信任的情况依然没有扭转。网上调查显示,12月6日仍有57.7%的消费者表示不会购买农夫山泉产品"③。可以说,这次误报的消费警示给农夫山泉、统一两企业沉重的打击,不仅受到误报的产品被消费者抵制,而且企业的其他产品也受到"恨屋及乌"的牵连。更可怕的是,企业通过长期努力所建立的企业商誉受到严重影响,消费者对农夫山泉和统一两企业的产品的信任度大大下降。因此,消费警示会"便捷地造成一些痛苦性的后果","是行政机

---

① 平舆黄花菜"渴望"洗冤[EB/OL]. http://www.ha.xinhuanet.com/xhzt/2004-09/02/content_2790114.htm.

② 农夫山泉统一等三款果汁被查出含有砒霜[EB/OL]. http://finance.sina.com.cn/consume/puguangtai/20091127/10187025107.shtml.

③ 农夫山泉称,"两款饮料在'砒霜门'中销量下降一半"[EB/OL]. http://www.ce.cn/cysc/sp/info/200912/08/t20091208_19940356.shtml.

关刻意作为的一种威慑手段……其惩罚效果更多诉诸于公众的抵制，而非由政府本向通过物质实力强制实现"①。

(四) 消费警示侵权的责任判定：以"砒霜门"事件为例

司法权与行政权之间的"错置"状态是一个体制性问题。体制性的问题只能依靠体制上的根本性变革解决，而不可能在食品风险警示司法监督问题得到根本性的突破。在现实生活中，行政机关发布食品安全风险警示维护社会大众生命健康权和财产权时亦可能会侵犯公民、法人和其他组织的合法权益，触碰宪法上的基本权利条款。维护和保障基本权利，必须有一个"位高权重"的中立裁判机构。在德国，通常由联邦宪法法院或行政法院审理涉及基本权利的纠纷。德国联邦宪法法院在基本权保障过程中，渐渐确立了以"基本权保障领域""干预""宪法上之正当化"为内容的"三阶"审查模式。通过对上述三项内容的逐一审查以确定基本权的侵权事实与侵权责任。"审查基本权保障领域之目的在于认定系争案件中，人民的行为是否受基本权保障；干预认定阶段主要通过目的性、直接性、强制性和法效性等标准判断国家行为是否构成干预；宪法上之正当化审查主要解决国家行为如构成基本权的干预，此一干预是否具备正当化的基础或者国家对人民自由权利之限制是否逾越限制之界限等问题。"②三阶段审查模式已成为理论界与实务界判定基本权侵害的"思考模型"，广泛地应用于国家权力行为与基本权折冲事件或领域之中。这种模式值得我国借鉴。但值得注意的是，在借鉴德国的"三阶"审查模式时，要考虑国情因素。任何域外制度的本土化都不可能摆脱国情"束缚"，所以最好的方式是尊重它。目前，我国尚未建立违宪审查制度，受侵害的宪法性权利只能通过民事诉讼或行政诉讼予以救济。因

---

① 朱春华. 公共警告与信息惩罚之间的正义[J]. 行政法学研究，2010(3)：69-78.

② 张桐锐. 论行政机关对公众提供资讯之行为[J]. 成大法学，2001(2)：151-152.

此，控制食品风险警示的基本权侵害属性，只能在我国现有司法制度构架内予以解决，即在食品风险警示的"受案范围—侵害构成—有责性"三阶审查模式构造下，通过扩大行政诉讼的受案范围、明确食品安全风险警示的侵害构成和责任分配机制，将食品风险警示纳入司法审查范围，消解司法机关的特定"偏好"。

消费警示作为一种柔性的执法权力会因其具体内容的瑕疵而产生恶性后果，"权力存在的合理性和必要性，并不能保证一切权力活动都是善举。权力作为国家履行其保障权利的义务的条件和后盾，也可能导致国家对其义务的背离"①。近年来最具影响力的消费警示侵权案例当属2009 年的"砒霜门"事件。"统一"和"农夫山泉"两企业因海口市工商局的消费警示，出现了销售困难，损失巨大，虽然经过一系列的政企沟通工作后，受损企业经营者放弃了通过诉讼途径求偿，但这种"政治公关"不应是法治社会中公权力侵权纠纷的常规解决方式。从理论上说，在无第三方参与的"政治公关"中极易出现政府和企业为了某种共同利益的合谋，消费者的利益可能会被牺牲或忽视。另外，在隐密的政企沟通过程中，企业亦可能会受到"权力绑架"而出现意思表达失真。因此，须有中立的裁判机构介入。在德国，通常由联邦宪法法院或行政法院审裁涉及基本权利的纠纷。基本权纠纷必须在一国现有的司法制度架构内予以解决，由于我国尚未建立违宪审查制度，受侵害的宪法性权利只能通过民事诉讼或行政诉讼予以救济，德国之基本权"三阶"审查模式无法"照搬"推行。依循"三阶"审查的思维模式，我国关于营业自由受侵害的审查可以转换成"受案范围—侵害构成—有责性"三阶审查。

1. 消费警示是否属于受案范围

"受案范围"与"保障领域"虽然都在某种程度上对权利保障范围进

---

① 程燎原，王人博．权利及其救济［M］．青岛：山东人民出版社，1998：189.

行了限缩,但相对而言"保障领域"的权利保障范围要宽广许多。与"保障领域"审查不同的是,"受案范围"审查需要对行政行为的性质进行先行判断。关于工商局发布消费警示的行为性质,有两种不同的意见:一种观点认为消费警示是公权力机关特定事项作出的影响特定公民、法人或其他组织权利义务的单方性、外部性行政职权行为,属于具体行政行为。在《上海味利皇食品有限公司不服上海市卫生局作出的〈关于上海味利皇食品公司生产的无糖月饼引起食物中毒的通报〉案》中,上海市黄浦区人民法院认为:被告(上海市卫生局)下属的卫生监督所作为食品卫生监督部门,以《卫生监督简报》的形式通过新闻媒体向社会作出《关于上海味利皇食品公司生产的无糖月饼引起食物中毒的通报》,其性质是一种履行法定职责的行政管理行为。该通报认定原告(上海味利皇食品公司)生产的无糖月饼中食品添加剂超过国家标准,引起食物中毒的事实,直接影响到原告的权益,完全符合具体行政行为的构成要件,原告对此不服提起诉讼,依法属于行政案件的受理范围。① 当然,从特定视角上观察,消费警示亦具有行政处罚的"味道",将对违法者的批评公之于众,指出其违法行为,通过对其名誉、荣誉、信誉等施加影响,引起精神上的警惕,使其不再违法,② 这种通报行为实际上是一种申诫罚。另一种观点认为消费警示是行政主体依职权实施的不产生、变更或消灭行政法律关系的行为,即是一种行政事实行为。③ 根据我国《行政诉讼法》第12、第13条对行政诉讼的受案范围进行列举规定,并明确人民法院不受理公民、法人或其他组织对非具体行政行为不服提起的诉讼。如果依第一种观点,消费警示实际是一种具体行政行为,"农

---

① 参见该案判决书,(1999)黄行初字第3号;味利皇公司后提起上诉,二审法院认可初审法院关于"通报"行为的性质认定。

② 姜明安.行政法与行政诉讼法[M].北京:高等教育出版社,1999:223-224.

③ 目前大多数学界倾向于将消费警示认定为行政事实行为,但实际上消费警示行为的性质并非绝对单一,因行为对象和内容的不同而发生变化。

夫山泉"和"统一"两企业可以根据我国《行政诉讼法》第 12 条的规定向
人民法院提起行政诉讼。我国《政府信息公开条例》第 51 条亦规定：
"公民、法人或者其他组织认为行政机关在政府信息公开工作中的具体
行政行为侵犯其合法权益的，可以依法申请行政复议或者提起行政诉
讼。"若采认第二种观点将消费警示认定为行政事实行为，虽然消费警
示可能侵犯企业的营业自主权，但人民法院将不会受理受害企业提起的
行政诉讼。但这并非是说，企业经营者因公权力机关的消费警示受到的
损害只能自行"消化"，无处"伸冤"。实际上"农夫山泉"和"统一"两企
业仍可依据《国家赔偿法》第 4 条的规定，通过国家赔偿程序向提出财
产权受损害的国家索赔。换言之，消费警示侵犯营业自由属于行政赔偿
诉讼的受案范围。因此，无论是作为行政事实行为的消费警示还是具有
行政处罚属性的消费警示均在受案范围之中，接受司法审查。

2. 侵害构成

侵害的构成应当具有三个基本要件，即职权违法行为、损害事实以
及两者之间的因果关系。职权违法行为虽然不是承担法律责任的充分条
件，但却是必要条件，在营业自由侵害构成中，如果消费警示的发布存
在违反实体法或程序法上的规定即可认为该行为具有违法性。损害事实
是指经济主体的合法经营权受到损失或伤害的事实。市场经济主体有权
根据市场需求状况进行经营决策，自主从事产品的生产、销售活动。消
费警示与营业自由的"交锋点"主要在生产经营决策权和产品销售权上，
如果经济主体的生产经营决策和产品销售权受到限制，企业的经营收入
必然下降，损害由此产生。值得注意的是，损害应当具有确定性，包括
实际损失或可得利益损失。因果关系是违法行为与损害事实之间存在的
内在关联性，认定消费警示的侵害品质必须确定违法警示行为与营业自
由受损事实之间具有可成立的直接因果关系。海口市工商局的抽样检验
行为是依照《中华人民共和国食品安全法》的规定开展的；发布《消费警
示》是依照《中华人民共和国食品安全法》(旧法第 82 条，新法 118 条)

规定进行的，是在依法履行流通环节食品安全监管职责。但在工作过程中，"海口市工商局在抽样时没有完全执行国家工商总局规定的工作流程，也没有按规定要求检验机构将检测结果通知标称的食品生产者。企业要求复检后，在与企业就复检具体细节没有达成一致意见的情况下，海口市工商局直接送检，不符合程序要求"①。也就是说，海口市工商局的消费警示行为存在程序上的违法情形。而这一违反法定程序的消费警示直接限制和剥夺了"农夫山泉"和"统一"部分产品的销售权。消费警示中涉及的产品在全国各地的许多超市下架，"统一"与"农夫山泉"的饮料产品出现销售困难，经济损失巨大。因此，海口市工商局的消费警示行为在客观上已构成了对两企业营业自由的侵害。

3. 有责性分析

消费警示实际上是一种行政应急措施，具有国家紧急权的性质，即是对企业经营者的不作为的行政紧急作为。因此，判定消费警示的有责性，不仅要分析该行为侵害品质，还要分析其"国家理性"。就消费警示的"国家理性"而言，须具备三个基本要素：一是公益性。消费警示的生存照顾功能使人民可以容忍部分利益的损失，如果消费警示不是为了公共利益作出的，而是基于官商勾结的特定利益而作出的，那么该消费警示就不具备"国家理性"。二是效益性。消费警示所保障的利益必须大于其所损害的利益，因为一种低效益甚至无效益的行政行为本身是永远都不能被证明具有正当性的。三是期待可能性。任何行为的做出都要受到诸多因素的限制，在一些特定的时空条件下，不可能期待行为人作出完全符合理性的、不具侵害品质的、合乎法律规定的行为。如果不能期待行为人实施这样的行为，就不能对该行为进行责难。因此，不具备期待可能性的公共警告行为，即使该行为产生了侵害后果，也不意味

① 参见程娇：《砒霜门事件调查结果公布，农夫山泉统一确实蒙冤》. http://finance. sina. com. cn/consume/puguangtai/20100106/08577200390. shtml，2010 年 7 月 31 日最后访问。

其违反"国家理性"。

根据上述的分析,海口市工商局的消费警示行为的有责性审查实际上就是分析其是否具备"国家理性"的基本要素。首先,在公益性上,海口市工商局的消费警示是履行法律规定的相应职责,目的在于保护社会大众的消费安全。虽然,有人质疑"砒霜门"为精心设局,但目前没有明确证据证明海口市工商局是为了特定的私益而发布消费警示,因此,基本可以推定海口市工商局发布消费警示旨在保障消费安全,具有公益性。其次,在效益性上,由于检测失误而使检测数据失真,海口市工商局发布消费警示内容是错误的,并且给相关企业造成了巨大的经济损失以及不可估量的负面影响,而公共利益并未由此得到任何量增,不符合效益性的要求。最后,在期待可能性上,海口市工商局的消费警示信息失实的主要原因是"仪器老化,方法不标准",并在未履行对相关企业的先行告知程序的情形下,直接发布内容上具有实质性错误的消费警示。但是这种侵害结果并非不可避免,检测机构在现有的检测技术条件下能够做出而未做出准确的检测数据,由此引发的损害结果实质是人为造成的,不属于不具有期待可能性的情形。换言之,本事件中,观察海口市工商局的实施消费警示行为的整体,可以期待海口市工商局作出更为恰当、适法的行为,免于"误伤他人"。

综上所述,海口市工商局的消费警示行为属于受案范围,具备侵害品质,虽然具有公益性,但因其具有适法行为的期待可能性以及不具备侵害的效益性,若受害企业提起诉讼,海口市工商局应当对两企业的经济损失承担相应的法律责任。

结　语

　　结语环节既是结束又是开始。它意味着可以在总结本研究工作成败的基础上更好地开始新的课题工作。回顾本课题研究工作，经过全体课题组成员的共同努力，我们还是取得了一定的成果。全体课题组成员共发表论文 22 篇，其中在 CSSCI 来源期刊发表论文 10 篇，在核心期刊上发表论文 9 篇，决策建议 1 篇，在一般期刊上发表论文 2 篇。本研究强调以信息化手段提高我国食品安全风险管控能力回应了社会关切。项目研究过程中提出的一些创新性的决策建议亦得到了高层领导的肯定性批示并被有关部门采纳和运用。当然，本研究工作还存在诸多不足，一是本项研究主要侧重于对食品安全风险警示进行定性分析，因此对食品安全风险警示的定量研究有所不足，且对外文文献的运用有所不足；二是本项研究围绕我国食品安全风险警示制度提出的一些理论观点和政策建议还需要在实践中进行验证和完善；三是本项研究的核心对象是食品安全风险的信息规制，但食品安全治理目标的实现也需要"非信息化"的规制手段，项目研究报告对与食品安全风险警示相关的非信息化规制手段的研究深度和广度还有待进一步加强。研究过程的不足亦是课题研究的"反向路标"，指引着课题组今后的科研活动。因此，亦希望各位专家不吝赐教，多提宝贵意见，以帮助我们向更高的目标迈进。

徐信贵

2019 年 10 月 8 日

参 考 文 献

[1][德]乌尔里希贝克. 风险社会[M]. 何博闻, 译. 南京: 译林出版社, 2003: 9-10.

[2]庄俊举. 乌尔里希·贝克研究在中国[J]. 文景, 2007(9).

[3][英]洛克. 政府论(下)[M]. 叶启芳, 瞿菊农, 译. 北京: 商务印书馆, 2007: 77.

[4]王泽鉴. 危险社会、保护国家与损害赔偿法[J]. 月旦法学杂志, 2005(2).

[5]金自宁. 风险规制与行政法治[J]. 法制与社会发展, 2012(4).

[6]宋华琳. 风险规制与行政法学原理的转型[J]. 国家行政学院学报, 2007(4).

[7]张桐锐. 论行政机关对公众提供资讯之行为[J]. 成大法学, 2001(2): 126-133.

[8]李震山. 论行政提供资讯——以基因改造食品之资讯为例[J]. 月旦法学杂志, 2001(2).

[9]段惠. 食品安全法律制度研究[D]. 上海: 华东政法大学, 2008.

[10]潘丽霞, 徐信贵. 论食品安全监管中的政府信息公开[J]. 中国行政管理, 2013(4): 29.

[11]曾文智, 魏翠亭. 从WTO荷尔蒙案论预防原则的适用与发展[J]. 问题与研究(台湾), 2002(6).

[12]牛惠之. 预防原则之研究[J]. 台大法学论丛, 2004(3).

[13]程明修. 行政法上之预防原则——食品安全风险管理手段之扩张[J]. 月旦法学杂志, 2009(4).

[14]郭春明. 论国家紧急权力[J]. 法律科学, 2003(5)：93.

[15]张维平. 政府应急管理预警机制建设创新研究[J]. 中国行政管理, 2009(8)：34.

[16]于立深. 论政府的信息形成权及当事人义务[J]. 法制与社会发展, 2009(2)：70.

[17]徐信贵. 政府公共警告的权力构成与决策受限性[J]. 云南行政学院学报, 2014(2)：156-160.

[18]王名扬. 美国行政法[M]. 北京：中国人民大学出版社, 2005：542.

[19][德]毛雷尔. 行政法总论[M]. 高家伟, 译. 北京：法律出版社, 2000：17.

[20]徐信贵. 政府公共警告制度研究——以我国公共警告制度宏观构建为研究主线[J]. 太原理工大学学报(社科版), 2010(3).

[21]程岩. 规制国家的法理学构建——评桑斯坦的《权利革命之后：重塑规制国》[J]. 清华法学, 2010(2).

[22]代丽丽. 食品安全标准整合全面完成 415 项标准将陆续发布[EB/OL]. [2016-07-03]. http://news. xinhuanet. com/fortune/2016-07/03/c_129111496. htm.

[23]闫海, 唐屾. 食品风险公告：范畴、规制及救济[J]. 大连理工大学学报(社会科学版), 2013(1)：90.

[24]于杨曜. 论食品安全消费警示行为的法律性质及其规制[J]. 学海, 2012(1)：205.

[25]章志远. 作为行政强制执行手段的违法事实公布[J]. 法学家, 2012(1)：52.

[26]吴庚. 行政法之理论与实用[M]. 北京：中国人民大学出版社, 2005：76.

[27]翁岳生. 行政法[M]. 北京：中国法制出版社，2002：225.

[28]邓纲，曾静. 风险的不确定性与我国食品安全法律制度的完善[J].
经济法论坛（第9卷），2012：83.

[29]孔繁华. 我国食品安全信息公布制度研究[J]. 华南师范大学学报
（社会科学版），2010(3)：8.

[30]张芳. 食品安全法中的信息公开制度[J]. 河南省政法管理干部学
院学报，2009(4)：128.

[31]杨小敏，戚建刚. 风险规制与专家理性——评布雷耶的《粉碎邪恶
循环：面向有效率的风险规制》[J]. 现代法学，2009(6)：169.

[32]周桂喜. 中小食品生产企业自行出厂检验存在的问题及应对措
施[J]. 食品安全导刊，2015(10).

[33]中共中央马克思恩格斯列宁斯大林著作编译局. 马克思恩格斯全集
第1卷[M]. 北京：人民出版社，1956：16-17.

[34]谭建. 对"一把手"权力监督的理论探讨与对策研究[J]. 理论探
讨，2002(5)：64.

[35]曹现强，赵宁. 危机管理中多元参与主体的权责机制分析[J]. 中
国行政管理，2004(7)：86.

[36]颜海娜. 我国食品安全监管体制改革——基于整体政府理论的分
析[J]. 学术研究，2010(5)：43.

[37]王耀忠. 食品安全监管的横向和纵向配置——食品安全监管的国际
比较与启示[J]. 中国工业经济，2005(12)：69.

[38]陈敏. 行政法总论（第四版）[M]. 台北：新学林出版股份有限公
司，2004：177.

[39]李柯勇，欧甸丘. 食品安全信息公开为何"躲猫猫"[N]. 中国质量
报，2013-05-12(2).

[40]季正矩，赵付科. "一把手"监督与党内民主建设[J]. 当代世界社
会主义问题，2011(4)：17.

[41]中共中央文献研究室. 三中全会以来重要文献选编[M]. 北京：人

民出版社，1982：819.

[42] 新华视点. 是谁打倒了"三鹿"[N]. 桂林晚报，2008-12-29(22)；
百度百科. 中国奶制品污染事件[EB/OL]. (2009-09-14)[2009-10-
17]. http：//baike. baidu. com/view/2805883. htm.

[43] 卢斌. 家有"结石宝宝"[N]. 南方都市报，2009-09-09(AT02).

[44] 姜晓萍. 行政问责的体系建构与制度保障[J]. 政治学研究，2007
(3)：70.

[45] 史浩林. 我国行政问责的现实问题、成因与对策[J]. 广东行政学
院学报，2010(4)：67.

[46] 陈桂梅，徐东. 食品安全法律法规制度的分析及探讨[J]. 中国医
药指南，2012(24).

[47] 廖奕. 司法与行政：中国司法行政化及其检讨[J]. 学术界，2000
(1)：54.

[48] 陈云良. 中国行政司法监督的困局与出路[J]. 西部法学评论，
2009(3)：9.

[49] 任春雷. 风险社会的来临与历史决定论的消解[J]. 沈阳师范大学
学报(社会科学版)，2008(5)：10.

[50] 吴和生，壮人祥，张筱玲. 台湾传染病监视系统简介[J]. 学校卫
生护理杂志(台湾)，2010，21(1)：54.

[51] 陈郁慧，壮银清. 通报之漏报率及提高临床医师之认知及顺从
性[J]. 感染控制杂志(台湾)，2003，13(3)：148-150.

[52] 国际医药卫生导报社. 台湾传染病通报改采两阶段模式[J]. 国际
医药卫生导报，2001，7(2)：12.

[53] 曾勤博. 从医师通报制度论公共卫生与病患资讯隐私权之平衡
[D]. 台北：台湾大学，2009.

[54] 陈英钤. SARS 防治与人权保障——隔离与疫情发布的宪法界
限[J]. 宪政时代(台湾)，2004(3)：422-423.

[55] 肖海军. 论营业权入宪——比较宪法视野下的营业权[J]. 法律科

学，2005(2)：16-17.

[56]李累. 论宪法上的财产权——根据人在社会中的自治地位所作的解说[J]. 法制与社会发展，2004(4)：63.

[57]林鸿潮，栗燕杰. 经营自主权在我国的公法确认与保障[J]. 云南行政学院学报，2009(3)：135.

[58]徐钢，方立新. 论劳动权在我国宪法上的定位[J]. 浙江大学学报(人文社会科学版)，2007(4)：58.

[59]王广辉. 当代中国宪法权利的发展变化[EB/OL]. (2009-10-31)[2010-7-31]. http：//www. chinaelections. org/NewsInfo. asp? News ID = 158535.

[60]王韵茹. 浅论德国基本权释义学的变动[J]. 成大法学，2009(1)：92-93.

[61]Vgl. Bodo Pieroth/Bernhard Schlink, Grundrechte. StaatsrechtII, 21. Auflage., Heidelberg 2005, Rn40.

[62]程明修. 基本权之宽泛"保护领域"或狭隘"保障内涵"？——德国基本权释义学之动向描述[J]//城仲模教授古稀祝寿论文集编辑委员会. 二十一世纪公法学的新课题[M]. 台湾法治暨政策研究基金会，2008：264-265.

[63]张永明. "警示教派之危害"裁定[J]//台湾"司法院". 德国联邦宪法法院裁判选辑(十一)[M]. 台湾"司法院"自版：2004：189-195.

[64][英]霍布斯. 利维坦[M]. 黎思复，黎廷弼，译. 北京：商务印书馆，1985：234.

[65]江必新. 论行政规制基本理论问题[J]. 法学，2012(12)：25.

[66]朱春华. 公共警告与"信息惩罚"之间的正义——"农夫山泉砒霜门事件"折射的法律命题[J]. 行政法学研究，2010(3)：76.

[67]于立深. 现代行政法的行政自制理论——以内部行政法为视角[J]. 当代法学，2009(6)：3.

[68]周佑勇. 裁量基准的制度定位——以行政自制为视角[J]. 法学家，

2011(4)：1.

[69]崔卓兰，刘福元. 行政自制——探索行政法理论视野之拓展[J].
法制与社会发展，2008(3)：98.

[70][美]伊丽莎白·麦吉尔. 行政机关的自我规制[A]. 安永康，译.
见姜明安编. 行政法论丛（第13卷）[C]. 北京：法律出版社，
2011：506.

[71]崔卓兰. 行政自制理论的再探讨[J]. 当代法学，2014(1)：6.

[72]杨建顺. 论行政裁量与司法审查——兼及行政自我拘束原则的理论
根据[J]. 法商研究，2003(1)：69.

[73][美]理查德·B. 斯图尔特. 美国行政法的重构[M]. 沈岿，译.
北京：商务印书馆，2011：29.

[74]杨建顺. 行政规制与权利保障[M]. 北京：中国人民大学出版社，
2007：107.

[75][美]伯纳德·施瓦茨. 美国法律史[M]. 王军，等，译. 北京：中
国政法大学出版社，1997：201.

[76][德]汉斯·J. 沃尔夫，奥托·巴霍夫，罗尔夫·施托贝尔；高家
伟，译. 行政法（第一卷）[M]. 北京：商务印书馆，2002：
352-356.

[77]蔡定剑. 民主是一种现代生活[M]. 北京：社会科学文献出版社，
2010：7.

[78]马长山. 国家、市民社会与法治[M]. 北京：商务印书馆，
2005：187.

[79]Elizabeth Magill, Annual Review of Administrative Law：Foreword：
Agency Self-Regulation, The George Washington Law Re-view, Vol.
77, June, 2009, pp. 860, 882-890.

[80]李致. 我国法律清理浅析[J]. 理论视野，2013(2)：79.

[81][美]肯尼斯·卡尔普·戴维斯. 裁量正义[M]. 毕洪海，译. 北
京：北京商务印书馆，2009：60.

[82] 崔卓兰，卢护锋. 行政自制之途径探寻[J]. 吉林大学社会科学学报，2008(1)：23.

[83] 关保英. 论行政权的自我控制[J]. 华东师范大学学报(哲学社会科学版)，2003(1)：68.

[84] Christoppher Pollit. Joined-up Government：a Survey[J]. Political Studies Review，2003(1)：35-42.

[85] 陈刚，张浒. 食品安全中政府监管职能及其整体性治理[J]. 云南财经大学学报，2012(5)：153.

[86] 刘水林. 从个人权利到社会责任[J]. 现代法学，2010(5)：32-37.

[87] 徐娇，张妮娜. 浅析国内外食品安全风险监测体系建设[J]. 卫生研究，2011(4)：533.

[88] 刘俊海.《食品安全法》应当确立举证责任倒置制度[EB/OL]. [2013-07-13]. http：//www. china. com. cn/fangtan/2013-07/11/content_29394758. htm.

[89] 王大宁. 食品安全风险分析指南[M]. 北京：中国标准出版社，2004.

[90] 唐晓纯. 多视角下的食品安全预警体系[J]. 中国软科学，2008(6)：155.

[91] 屈斐琳. 餐饮消费者权益保护的法律探索[D]. 桂林：广西师范大学，2011.

[92] 戚建刚. 向权力说真相：食品安全风险规制中信息工具之应用[J]. 江淮论坛，2011(5)：115-124.

[93] 邓蓉敬. 信息社会政府治理工具的选择与行政公开的深化[J]. 中国行政管理，2008(S1)：56-58.

[94] [美]B. 盖伊·彼得斯，等. 公共政策工具——对公共管理工具的评价[M]. 顾建光，译. 北京：中国人民大学出版社，2007：82.

[95] 陈江. 政府管理视角下的信息工具[J]. 广东行政学院学报，2007(2)：23-26.

[96]应飞虎，涂永前. 公共规制中的信息工具[J]. 中国社会科学，2010(4)：116-131.

[97]邢会强. 信息不对称的法律规制——民商法与经济法的视角[J]. 法制与社会发展，2013(2)：112-119.

[98]解志勇. 预防性行政诉讼[J]. 法学研究，2010(4)：172-180.

[99]王玉. 论我国法治政府建设中的公民行政参与[J]. 黑龙江社会科学，2009(3)：51.

[100]蔚云，姜明安. 北京大学法学百科全书·宪法学行政法学卷[M]. 北京：北京大学出版社，1999：148.

[101]贺诗礼. 关于政府信息免予公开典型条款的几点思考[J]. 政治与法律，2009(3)：40.

[102]周汉华. 美国信息公开制度[J]. 环球法律评论，2002(3)：283.

[103][德]柯武刚，史漫飞. 制度经济学：社会秩序与公共政策[M]. 韩朝华，译. 北京：商务印书馆，2000：347.

[104][美]劳伦斯·弗里德曼. 法律制度——从社会科学角度观察[M]. 李琼英，等，译. 北京：中国政法大学出版社，2004：117-118.

[105][美]理查德·德沃金. 认真对待权利[M]. 信春鹰，等，译. 北京：中国大百科全书出版社，1998：255.

[106]陈新民. 德国公法学基础理论[M]. 北京：法律出版社，2010：442.

[107]郭道晖. 知情权与信息公开制度[J]. 江海学刊，2003(1)：132.

[108][日]盐野宏. 行政法总论[M]. 杨建顺，译. 北京：北京大学出版社，2008：231.

[109]莫于川，林鸿潮. 政府信息公开条例实施指南[M]. 北京：中国法制出版社，2008：72.

[110]章志远，鲍燕娇. 作为声誉罚的行政违法事实公布[J]. 行政法学研究，2014(1)：52-53.

[111]王敬波. 欧盟行政法研究[M]. 北京：法律出版社，2013：93-95.

[112] 范愉. 司法监督的功能及制度设计（下）[J]. 中国司法, 2004 (6): 13.

[113] 沈荣华. 现代行政法学[M]. 天津: 天津大学出版社, 2003: 315.

[114] 赵晓华. 论行政自由裁量权的司法监督[J]. 河北法学, 2003 (5): 76.

[115] 刘作翔. 法治社会中的权力和权利定位[J]. 法学研究, 1996 (4): 74.

[116] George E. Bekkley. The Craft of Public Administration [M]. Boston: Allyn and Bacon, Inc., 1976: 369.

[117] 王连昌. 行政法学[M]. 北京: 中国政法大学出版社, 1994: 382.

[118] 章志远, 朱秋蓉. 预防性不作为诉讼研究[J]. 学习论坛, 2009 (8): 68.

[119] 胡肖华. 论预防性行政诉讼[J]. 法学评论, 1999(6): 94.

[120] 汪辉勇. 公共利益的本质及其实现[J]. 广东社会科学, 2007 (1): 86.

[121] 陈新明. 德国公法学基础理论(上)[M]. 济南: 山东人民出版社, 2001: 186.

[122] 舒洪水, 李亚梅. 食品安全犯罪的刑事立法问题——以我国《刑法》与《食品安全法》的对接为视角[J]. 法学杂志, 2014(5): 95.

[123] 谢石飞, 项勉. 行政执法与刑事司法衔接机制的完善[J]. 法学, 2007(10): 137.

[124] 吴云, 方海明. 法律监督视野下行政执法与刑事司法相衔接的制度完善[J]. 政治与法律, 2011(7): 151.

[125] 周佑勇, 刘艳红. 试论行政处罚与刑罚处罚的立法衔接[J]. 法律科学, 1996(3): 78.

[126] 张明楷. 刑法的基础观念[M]. 北京: 中国检察出版社, 1995: 338, 339.

[127] 陈忠林. 刑法总论[M]. 北京: 中国人民大学出版社, 2007: 4.

［128］陈兴良. 论行政处罚与刑罚处罚的关系［J］. 中国法学，1992（4）：27.

［129］陈兴良. 刑法学［M］. 上海：复旦大学出版社，2009：5.

［130］黄河. 行政刑法比较研究［M］. 北京：中国方正出版社，2001：134.

［131］刘莘. 行政刑罚——行政法与刑法的衔接［J］. 法商研究，1995（6）：52.

［132］汪永清. 行政处罚与刑罚的适用范围和竞合问题［J］. 政治与法律，1993（3）：35.

［133］章剑生. 违反行政法义务的责任：在行政处罚与刑罚之间——基于《行政处罚法》第 7 条第 2 款之规定而展开的分析［J］. 行政法学研究，2011（2）：21.

［134］时延安. 行政处罚权与刑罚权的纠葛及其厘清［J］. 东方法学，2008（4）：104.

［135］林沈节. 消费警示及其制度化［J］. 东方法学，2011（2）：142-150.

［136］古川，安玉发. 食品安全信息披露的博弈分析［J］. 经济与管理研究，2012（1）：38-45.

［137］程燎原，王人博. 权利及其救济［M］. 山东：山东人民出版社，1998：189.

［138］姜明安. 行政法与行政诉讼法［M］. 北京：高等教育出版社，1999：223-224.

［139］National Research Council. Improving Risk Communication［M］. National Academy Press，1989.

［140］Food and Agriculture Organization of the United Nations. Food Safety Risk Analysis：A Guide for National Food Safety Authorities［R］. FAO，2006.

［141］肖峰，王怡. 我国食品安全公众监督机制的检讨与完善［J］. 华南

农业大学学报(社会科学版)，2015(2)：93-102.

[142]王可山，李秉龙. 食品安全问题及其规制探讨[J]. 现代经济探讨，2007(4)：44-47.

[143]刘飞. 风险交流与食品安全软治理[J]. 学术交流，2014(11)：60-65.

[144][日]厚生労働省. 食品の安全確保に向けた取組. [EB/OL]. (2013-03-01)[2014-07-02]. http：//www. mhlw. go. jp/topics/bukyoku/iyaku/syoku-anzen/dl/pamph01. pdf.

[145][日]食品安全委員会企画等専門調査会. 食品の安全に関するリスクコミュニケーションのあり方について[EB/OL]. (2015-05-28)[2015-07-16]. http：//www. fsc. go. jp/osirase/pc2＿ri... /riskomiarikata. pdf.

[146][日]新山陽子. 食品安全のためのリスクの概念とリスク低減の枠組み：リスクアナリシスと行政・科学の役割[J]. 農業経済研究. 2012(9)：62-79.

[147][日]細野ひろみ，中嶋康博. 食品をめぐる不安とリスク認識：フードシステム各主体による制御可能性認識との関係[J]. フードシステム研究，2013(12)：199-204.

[148][日]北野大. 安全・安心とリスクコミュニケーション[J]. 食品衛生学雑誌. 2012(12)：412-415.

[149][日]日比野守男. "風評被害"の克服に取り組む福島県：農産物と放射性物質[J]. Japan medical society. 2014(3)：52-56.

[150][日]厚生労働省医薬食品局食品安全部. 食品中の放射性物質の対策と現状について，[EB/OL]. (2013-10-25)[2015-08-03]. http：//www. mhlw. go. jp/shinsai_jouhou/dl/20131025-1. pdf.

[151]沈岿. 风险评估的行政法治问题——以食品安全监管领域为例[J]. 浙江学刊，2011(3)：16-27.

[152][日]半杭真一，食品中の放射性物質に関する科学情報と消費者

意識[J].福島県農業総合センター，2014(2)：130-133.

[153][日]消費者庁.食品と放射性物質に関するリスクコミュニケーション[EB/OL].（2015-04-14）[2014-07-18].http：//www.kokusen.go.jp/wko/pdf.

[154]戚建刚.风险规制过程合法性之证成——以公众和专家的风险知识运用为视角[J].法商研究，2009(5)：49-59.

[155]王怡，宋宗宇.日本食品安全委员会的运行机制及其对我国的启示[J].现代日本经济，2011(5)：57-63.

[156][日]元吉忠寛.リスク教育と防災教育[J].教育心理学年報，2013(52)：153-161.

[157]毛群安.食品安全风险交流概论[M].北京：人民卫生出版社，2014：30.

[158]FDA.Food safety modernization act.[EB/OL].http：//www.fda.gov/Food/GuidanceRegulation/FSMA/.

[159]高彦生，宦萍，等.美国FDA食品安全现代化法案解读与评析[J].检验检疫学刊，2011(3)：73.

[160]赵海军，李建军，等.《食品安全现代化法案》有关第三方审核机制的研究和应对[J].食品安全质量检测学报，2016(5)：21-22.

[161]卢礼卿，张少辉.《食品安全现代化法案》有关第二方审核机制的研究与思考[J].上海食品药品监管情报研究，2014(8)：5.

[162]李腾飞，王志刚.美国食品安全现代化法案的修改及其对我国的启示[J].国家行政学院学报，2012(4)：120.

[163]戚建刚.食品安全风险属性的双重性及对监管法制改革之寓意[J].中外法学，2014(1)：46-55.

[164]戚建刚.极端事件的风险恐慌及对行政法制之意蕴[J].中国法学，2010(2)：59-69.

[165]王名扬.美国行政法（上）[M].北京：中国法制出版社，2005：224.

[166]陈君石. 风险评估在食品安全监管中的作用[J]. 农业质量标准, 2009(3)：4-8.

[167]奥特韦. 公众的智慧，专家的误差：风险的语境理论[J]//克里姆斯基，戈尔丁. 风险的社会理论学说[M]. 徐元玲，孟毓焕，徐玲，等，译. 北京：北京出版社，2005：246-247.

[168]冯拖维克兹，拉弗兹. 三类风险评估及后常规科学的诞生[J]//克里姆斯基，戈尔丁. 风险的社会理论学说[M]. 徐元玲，孟毓焕，徐玲，等，译. 北京：北京出版社，2005：289.

[169][加]布鲁斯·德恩，特德·里德. 充满风险的事业：加拿大变革中的基于科学的政策与监管体制[M]. 陈光，等，译. 上海：上海交通大学出版社，2011：47-48.

[170][英]安东尼·吉登斯. 现代性的后果[M]. 田禾，译. 北京：译林出版社，2000：115.

[171]方世荣. 论行政立法参与权的权能[J]. 中国法学，2014(3)：111-125.

[172] Robert A. Dahl, Democracy and Its Critics, New Heaven：Yale Universiy Press, 1989：95.

[173]FAO. Food and nutrition[M]. Rome：Rome：FAO, 1997：65.

[174]陈伯礼，徐信贵. 网络表达的民主考量[J]. 现代法学，2009(4)：155-166.

[175]谭德凡. 论食品安全法基本原则之风险分析原则[J]. 河北法学，2010(6)：148-149.

[176][美]斯蒂格利茨，宋华琳. 自由、知情权和公共话语[J]. 环球法律评论，2002(3)：263-273.

附录：相关法律规定

1. 中华人民共和国食品安全法

（2009 年 2 月 28 日第十一届全国人民代表大会常务委员会第七次会议通过，2018 年 12 月 29 日第十三届全国人民代表大会常务委员会第七次会议修订）

第一章 总 则

第一条 为了保证食品安全，保障公众身体健康和生命安全，制定本法。

第二条 在中华人民共和国境内从事下列活动，应当遵守本法：

（一）食品生产和加工（以下称食品生产），食品销售和餐饮服务（以下称食品经营）；

（二）食品添加剂的生产经营；

（三）用于食品的包装材料、容器、洗涤剂、消毒剂和用于食品生产经营的工具、设备（以下称食品相关产品）的生产经营；

（四）食品生产经营者使用食品添加剂、食品相关产品；

（五）食品的贮存和运输；

（六）对食品、食品添加剂、食品相关产品的安全管理。

供食用的源于农业的初级产品（以下称食用农产品）的质量安全管

理，遵守《中华人民共和国农产品质量安全法》的规定。但是，食用农产品的市场销售、有关质量安全标准的制定、有关安全信息的公布和本法对农业投入品作出规定的，应当遵守本法的规定。

第三条 食品安全工作实行预防为主、风险管理、全程控制、社会共治，建立科学、严格的监督管理制度。

第四条 食品生产经营者对其生产经营食品的安全负责。

食品生产经营者应当依照法律、法规和食品安全标准从事生产经营活动，保证食品安全，诚信自律，对社会和公众负责，接受社会监督，承担社会责任。

第五条 国务院设立食品安全委员会，其职责由国务院规定。

国务院食品安全监督管理部门依照本法和国务院规定的职责，对食品生产经营活动实施监督管理。

国务院卫生行政部门依照本法和国务院规定的职责，组织开展食品安全风险监测和风险评估，会同国务院食品安全监督管理部门制定并公布食品安全国家标准。

国务院其他有关部门依照本法和国务院规定的职责，承担有关食品安全工作。

第六条 县级以上地方人民政府对本行政区域的食品安全监督管理工作负责，统一领导、组织、协调本行政区域的食品安全监督管理工作以及食品安全突发事件应对工作，建立健全食品安全全程监督管理工作机制和信息共享机制。

县级以上地方人民政府依照本法和国务院的规定，确定本级食品安全监督管理、卫生行政部门和其他有关部门的职责。有关部门在各自职责范围内负责本行政区域的食品安全监督管理工作。

县级人民政府食品安全监督管理部门可以在乡镇或者特定区域设立派出机构。

第七条 县级以上地方人民政府实行食品安全监督管理责任制。上级人民政府负责对下一级人民政府的食品安全监督管理工作进行评议、考核。县级以上地方人民政府负责对本级食品安全监督管理部门和其他有关部门的食品安全监督管理工作进行评议、考核。

第八条 县级以上人民政府应当将食品安全工作纳入本级国民经济和社会发展规划，将食品安全工作经费列入本级政府财政预算，加强食品安全监督管理能力建设，为食品安全工作提供保障。

县级以上人民政府食品安全监督管理部门和其他有关部门应当加强沟通、密切配合，按照各自职责分工，依法行使职权，承担责任。

第九条 食品行业协会应当加强行业自律，按照章程建立健全行业规范和奖惩机制，提供食品安全信息、技术等服务，引导和督促食品生产经营者依法生产经营，推动行业诚信建设，宣传、普及食品安全知识。

消费者协会和其他消费者组织对违反本法规定，损害消费者合法权益的行为，依法进行社会监督。

第十条 各级人民政府应当加强食品安全的宣传教育，普及食品安全知识，鼓励社会组织、基层群众性自治组织、食品生产经营者开展食品安全法律、法规以及食品安全标准和知识的普及工作，倡导健康的饮食方式，增强消费者食品安全意识和自我保护能力。

新闻媒体应当开展食品安全法律、法规以及食品安全标准和知识的公益宣传，并对食品安全违法行为进行舆论监督。有关食品安全的宣传报道应当真实、公正。

第十一条 国家鼓励和支持开展与食品安全有关的基础研究、应用研究，鼓励和支持食品生产经营者为提高食品安全水平采用先进技术和先进管理规范。

国家对农药的使用实行严格的管理制度，加快淘汰剧毒、高毒、高残留农药，推动替代产品的研发和应用，鼓励使用高效低毒低残留农药。

第十二条 任何组织或者个人有权举报食品安全违法行为，依法向有关部门了解食品安全信息，对食品安全监督管理工作提出意见和建议。

第十三条 对在食品安全工作中做出突出贡献的单位和个人，按照国家有关规定给予表彰、奖励。

第二章 食品安全风险监测和评估

第十四条 国家建立食品安全风险监测制度，对食源性疾病、食品污染以及食品中的有害因素进行监测。

国务院卫生行政部门会同国务院食品安全监督管理等部门，制定、实施国家食品安全风险监测计划。

国务院食品安全监督管理部门和其他有关部门获知有关食品安全风险信息后，应当立即核实并向国务院卫生行政部门通报。对有关部门通报的食品安全风险信息以及医疗机构报告的食源性疾病等有关疾病信息，国务院卫生行政部门应当会同国务院有关部门分析研究，认为必要的，及时调整国家食品安全风险监测计划。

省、自治区、直辖市人民政府卫生行政部门会同同级食品安全监督管理等部门，根据国家食品安全风险监测计划，结合本行政区域的具体情况，制定、调整本行政区域的食品安全风险监测方案，报国务院卫生行政部门备案并实施。

第十五条 承担食品安全风险监测工作的技术机构应当根据食品安全风险监测计划和监测方案开展监测工作，保证监测数据真实、准确，并按照食品安全风险监测计划和监测方案的要求报送监测数据和分析结果。

食品安全风险监测工作人员有权进入相关食用农产品种植养殖、食品生产经营场所采集样品、收集相关数据。采集样品应当按照市场价格支付费用。

第十六条 食品安全风险监测结果表明可能存在食品安全隐患的，县级以上人民政府卫生行政部门应当及时将相关信息通报同级食品安全监督管理等部门，并报告本级人民政府和上级人民政府卫生行政部门。

食品安全监督管理等部门应当组织开展进一步调查。

第十七条 国家建立食品安全风险评估制度，运用科学方法，根据食品安全风险监测信息、科学数据以及有关信息，对食品、食品添加剂、食品相关产品中生物性、化学性和物理性危害因素进行风险评估。

国务院卫生行政部门负责组织食品安全风险评估工作，成立由医学、农业、食品、营养、生物、环境等方面的专家组成的食品安全风险评估专家委员会进行食品安全风险评估。食品安全风险评估结果由国务院卫生行政部门公布。

对农药、肥料、兽药、饲料和饲料添加剂等的安全性评估，应当有食品安全风险评估专家委员会的专家参加。

食品安全风险评估不得向生产经营者收取费用，采集样品应当按照市场价格支付费用。

第十八条 有下列情形之一的，应当进行食品安全风险评估：

(一)通过食品安全风险监测或者接到举报发现食品、食品添加剂、食品相关产品可能存在安全隐患的；

(二)为制定或者修订食品安全国家标准提供科学依据需要进行风险评估的；

(三)为确定监督管理的重点领域、重点品种需要进行风险评估的；

(四)发现新的可能危害食品安全因素的；

(五)需要判断某一因素是否构成食品安全隐患的；

(六)国务院卫生行政部门认为需要进行风险评估的其他情形。

第十九条 国务院食品安全监督管理、农业行政等部门在监督管理工作中发现需要进行食品安全风险评估的，应当向国务院卫生行政部门提出食品安全风险评估的建议，并提供风险来源、相关检验数据和结论等信息、资料。属于本法第十八条规定情形的，国务院卫生行政部门应当及时进行食品安全风险评估，并向国务院有关部门通报评估结果。

第二十条 省级以上人民政府卫生行政、农业行政部门应当及时相互通报食品、食用农产品安全风险监测信息。

国务院卫生行政、农业行政部门应当及时相互通报食品、食用农产品安全风险评估结果等信息。

第二十一条 食品安全风险评估结果是制定、修订食品安全标准和实施食品安全监督管理的科学依据。

经食品安全风险评估，得出食品、食品添加剂、食品相关产品不安全结论的，国务院食品安全监督管理等部门应当依据各自职责立即向社会公告，告知消费者停止食用或者使用，并采取相应措施，确保该食品、食品添加剂、食品相关产品停止生产经营；需要制定、修订相关食品安全国家标准的，国务院卫生行政部门应当会同国务院食品安全监督管理部门立即制定、修订。

第二十二条 国务院食品安全监督管理部门应当会同国务院有关部门，根据食品安全风险评估结果、食品安全监督管理信息，对食品安全状况进行综合分析。对经综合分析表明可能具有较高程度安全风险的食品，国务院食品安全监督管理部门应当及时提出食品安全风险警示，并向社会公布。

第二十三条 县级以上人民政府食品安全监督管理部门和其他有关部门、食品安全风险评估专家委员会及其技术机构，应当按照科学、客观、及时、公开的原则，组织食品生产经营者、食品检验机构、认证机构、食品行业协会、消费者协会以及新闻媒体等，就食品安全风险评估信息和食品安全监督管理信息进行交流沟通。

第三章　食品安全标准

第二十四条 制定食品安全标准，应当以保障公众身体健康为宗旨，做到科学合理、安全可靠。

第二十五条 食品安全标准是强制执行的标准。除食品安全标准外，不得制定其他食品强制性标准。

第二十六条 食品安全标准应当包括下列内容：

（一）食品、食品添加剂、食品相关产品中的致病性微生物，农药残留、兽药残留、生物毒素、重金属等污染物质以及其他危害人体健康物质的限量规定；

(二)食品添加剂的品种、使用范围、用量；

(三)专供婴幼儿和其他特定人群的主辅食品的营养成分要求；

(四)对与卫生、营养等食品安全要求有关的标签、标志、说明书的要求；

(五)食品生产经营过程的卫生要求；

(六)与食品安全有关的质量要求；

(七)与食品安全有关的食品检验方法与规程；

(八)其他需要制定为食品安全标准的内容。

第二十七条 食品安全国家标准由国务院卫生行政部门会同国务院食品安全监督管理部门制定、公布，国务院标准化行政部门提供国家标准编号。

食品中农药残留、兽药残留的限量规定及其检验方法与规程由国务院卫生行政部门、国务院农业行政部门会同国务院食品安全监督管理部门制定。

屠宰畜、禽的检验规程由国务院农业行政部门会同国务院卫生行政部门制定。

第二十八条 制定食品安全国家标准，应当依据食品安全风险评估结果并充分考虑食用农产品安全风险评估结果，参照相关的国际标准和国际食品安全风险评估结果，并将食品安全国家标准草案向社会公布，广泛听取食品生产经营者、消费者、有关部门等方面的意见。

食品安全国家标准应当经国务院卫生行政部门组织的食品安全国家标准审评委员会审查通过。食品安全国家标准审评委员会由医学、农业、食品、营养、生物、环境等方面的专家以及国务院有关部门、食品行业协会、消费者协会的代表组成，对食品安全国家标准草案的科学性和实用性等进行审查。

第二十九条 对地方特色食品，没有食品安全国家标准的，省、自治区、直辖市人民政府卫生行政部门可以制定并公布食品安全地方标准，报国务院卫生行政部门备案。食品安全国家标准制定后，该地方标准即行废止。

第三十条　国家鼓励食品生产企业制定严于食品安全国家标准或者地方标准的企业标准，在本企业适用，并报省、自治区、直辖市人民政府卫生行政部门备案。

第三十一条　省级以上人民政府卫生行政部门应当在其网站上公布制定和备案的食品安全国家标准、地方标准和企业标准，供公众免费查阅、下载。

对食品安全标准执行过程中的问题，县级以上人民政府卫生行政部门应当会同有关部门及时给予指导、解答。

第三十二条　省级以上人民政府卫生行政部门应当会同同级食品安全监督管理、农业行政等部门，分别对食品安全国家标准和地方标准的执行情况进行跟踪评价，并根据评价结果及时修订食品安全标准。

省级以上人民政府食品安全监督管理、农业行政等部门应当对食品安全标准执行中存在的问题进行收集、汇总，并及时向同级卫生行政部门通报。

食品生产经营者、食品行业协会发现食品安全标准在执行中存在问题的，应当立即向卫生行政部门报告。

第四章　食品生产经营

第三十三条　食品生产经营应当符合食品安全标准，并符合下列要求：

(一)具有与生产经营的食品品种、数量相适应的食品原料处理和食品加工、包装、贮存等场所，保持该场所环境整洁，并与有毒、有害场所以及其他污染源保持规定的距离；

(二)具有与生产经营的食品品种、数量相适应的生产经营设备或者设施，有相应的消毒、更衣、盥洗、采光、照明、通风、防腐、防尘、防蝇、防鼠、防虫、洗涤以及处理废水、存放垃圾和废弃物的设备或者设施；

（三）有专职或者兼职的食品安全专业技术人员、食品安全管理人员和保证食品安全的规章制度；

（四）具有合理的设备布局和工艺流程，防止待加工食品与直接入口食品、原料与成品交叉污染，避免食品接触有毒物、不洁物；

（五）餐具、饮具和盛放直接入口食品的容器，使用前应当洗净、消毒，炊具、用具用后应当洗净，保持清洁；

（六）贮存、运输和装卸食品的容器、工具和设备应当安全、无害，保持清洁，防止食品污染，并符合保证食品安全所需的温度、湿度等特殊要求，不得将食品与有毒、有害物品一同贮存、运输；

（七）直接入口的食品应当使用无毒、清洁的包装材料、餐具、饮具和容器；

（八）食品生产经营人员应当保持个人卫生，生产经营食品时，应当将手洗净，穿戴清洁的工作衣、帽等；销售无包装的直接入口食品时，应当使用无毒、清洁的容器、售货工具和设备；

（九）用水应当符合国家规定的生活饮用水卫生标准；

（十）使用的洗涤剂、消毒剂应当对人体安全、无害；

（十一）法律、法规规定的其他要求。

非食品生产经营者从事食品贮存、运输和装卸的，应当符合前款第六项的规定。

第三十四条 禁止生产经营下列食品、食品添加剂、食品相关产品：

（一）用非食品原料生产的食品或者添加食品添加剂以外的化学物质和其他可能危害人体健康物质的食品，或者用回收食品作为原料生产的食品；

（二）致病性微生物，农药残留、兽药残留、生物毒素、重金属等污染物质以及其他危害人体健康的物质含量超过食品安全标准限量的食品、食品添加剂、食品相关产品；

(三)用超过保质期的食品原料、食品添加剂生产的食品、食品添加剂；

(四)超范围、超限量使用食品添加剂的食品；

(五)营养成分不符合食品安全标准的专供婴幼儿和其他特定人群的主辅食品；

(六)腐败变质、油脂酸败、霉变生虫、污秽不洁、混有异物、掺假掺杂或者感官性状异常的食品、食品添加剂；

(七)病死、毒死或者死因不明的禽、畜、兽、水产动物肉类及其制品；

(八)未按规定进行检疫或者检疫不合格的肉类，或者未经检验或者检验不合格的肉类制品；

(九)被包装材料、容器、运输工具等污染的食品、食品添加剂；

(十)标注虚假生产日期、保质期或者超过保质期的食品、食品添加剂；

(十一)无标签的预包装食品、食品添加剂；

(十二)国家为防病等特殊需要明令禁止生产经营的食品；

(十三)其他不符合法律、法规或者食品安全标准的食品、食品添加剂、食品相关产品。

第三十五条 国家对食品生产经营实行许可制度。从事食品生产、食品销售、餐饮服务，应当依法取得许可。但是，销售食用农产品，不需要取得许可。

县级以上地方人民政府食品安全监督管理部门应当依照《中华人民共和国行政许可法》的规定，审核申请人提交的本法第三十三条第一款第一项至第四项规定要求的相关资料，必要时对申请人的生产经营场所进行现场核查；对符合规定条件的，准予许可；对不符合规定条件的，不予许可并书面说明理由。

第三十六条 食品生产加工小作坊和食品摊贩等从事食品生产经营

活动，应当符合本法规定的与其生产经营规模、条件相适应的食品安全要求，保证所生产经营的食品卫生、无毒、无害，食品安全监督管理部门应当对其加强监督管理。

县级以上地方人民政府应当对食品生产加工小作坊、食品摊贩等进行综合治理，加强服务和统一规划，改善其生产经营环境，鼓励和支持其改进生产经营条件，进入集中交易市场、店铺等固定场所经营，或者在指定的临时经营区域、时段经营。

食品生产加工小作坊和食品摊贩等的具体管理办法由省、自治区、直辖市制定。

第三十七条 利用新的食品原料生产食品，或者生产食品添加剂新品种、食品相关产品新品种，应当向国务院卫生行政部门提交相关产品的安全性评估材料。国务院卫生行政部门应当自收到申请之日起六十日内组织审查；对符合食品安全要求的，准予许可并公布；对不符合食品安全要求的，不予许可并书面说明理由。

第三十八条 生产经营的食品中不得添加药品，但是可以添加按照传统既是食品又是中药材的物质。按照传统既是食品又是中药材的物质目录由国务院卫生行政部门会同国务院食品安全监督管理部门制定、公布。

第三十九条 国家对食品添加剂生产实行许可制度。从事食品添加剂生产，应当具有与所生产食品添加剂品种相适应的场所、生产设备或者设施、专业技术人员和管理制度，并依照本法第三十五条第二款规定的程序，取得食品添加剂生产许可。

生产食品添加剂应当符合法律、法规和食品安全国家标准。

第四十条 食品添加剂应当在技术上确有必要且经过风险评估证明安全可靠，方可列入允许使用的范围；有关食品安全国家标准应当根据技术必要性和食品安全风险评估结果及时修订。

食品生产经营者应当按照食品安全国家标准使用食品添加剂。

第四十一条 生产食品相关产品应当符合法律、法规和食品安全国家标准。对直接接触食品的包装材料等具有较高风险的食品相关产品，按照国家有关工业产品生产许可证管理的规定实施生产许可。食品安全监督管理部门应当加强对食品相关产品生产活动的监督管理。

第四十二条 国家建立食品安全全程追溯制度。

食品生产经营者应当依照本法的规定，建立食品安全追溯体系，保证食品可追溯。国家鼓励食品生产经营者采用信息化手段采集、留存生产经营信息，建立食品安全追溯体系。

国务院食品安全监督管理部门会同国务院农业行政等有关部门建立食品安全全程追溯协作机制。

第四十三条 地方各级人民政府应当采取措施鼓励食品规模化生产和连锁经营、配送。

国家鼓励食品生产经营企业参加食品安全责任保险。

第四十四条 食品生产经营企业应当建立健全食品安全管理制度，对职工进行食品安全知识培训，加强食品检验工作，依法从事生产经营活动。

食品生产经营企业的主要负责人应当落实企业食品安全管理制度，对本企业的食品安全工作全面负责。

食品生产经营企业应当配备食品安全管理人员，加强对其培训和考核。经考核不具备食品安全管理能力的，不得上岗。食品安全监督管理部门应当对企业食品安全管理人员随机进行监督抽查考核并公布考核情况。监督抽查考核不得收取费用。

第四十五条 食品生产经营者应当建立并执行从业人员健康管理制度。患有国务院卫生行政部门规定的有碍食品安全疾病的人员，不得从事接触直接入口食品的工作。

从事接触直接入口食品工作的食品生产经营人员应当每年进行健康检查，取得健康证明后方可上岗工作。

第四十六条 食品生产企业应当就下列事项制定并实施控制要求，保证所生产的食品符合食品安全标准：

（一）原料采购、原料验收、投料等原料控制；

（二）生产工序、设备、贮存、包装等生产关键环节控制；

（三）原料检验、半成品检验、成品出厂检验等检验控制；

（四）运输和交付控制。

第四十七条 食品生产经营者应当建立食品安全自查制度，定期对食品安全状况进行检查评价。生产经营条件发生变化，不再符合食品安全要求的，食品生产经营者应当立即采取整改措施；有发生食品安全事故潜在风险的，应当立即停止食品生产经营活动，并向所在地县级人民政府食品安全监督管理部门报告。

第四十八条 国家鼓励食品生产经营企业符合良好生产规范要求，实施危害分析与关键控制点体系，提高食品安全管理水平。

对通过良好生产规范、危害分析与关键控制点体系认证的食品生产经营企业，认证机构应当依法实施跟踪调查；对不再符合认证要求的企业，应当依法撤销认证，及时向县级以上人民政府食品安全监督管理部门通报，并向社会公布。认证机构实施跟踪调查不得收取费用。

第四十九条 食用农产品生产者应当按照食品安全标准和国家有关规定使用农药、肥料、兽药、饲料和饲料添加剂等农业投入品，严格执行农业投入品使用安全间隔期或者休药期的规定，不得使用国家明令禁止的农业投入品。禁止将剧毒、高毒农药用于蔬菜、瓜果、茶叶和中草药材等国家规定的农作物。

食用农产品的生产企业和农民专业合作经济组织应当建立农业投入品使用记录制度。

县级以上人民政府农业行政部门应当加强对农业投入品使用的监督管理和指导，建立健全农业投入品安全使用制度。

第五十条 食品生产者采购食品原料、食品添加剂、食品相关产品，应当查验供货者的许可证和产品合格证明；对无法提供合格证明的食品原料，应当按照食品安全标准进行检验；不得采购或者使用不符合食品安全标准的食品原料、食品添加剂、食品相关产品。

食品生产企业应当建立食品原料、食品添加剂、食品相关产品进货查验记录制度，如实记录食品原料、食品添加剂、食品相关产品的名称、规格、数量、生产日期或者生产批号、保质期、进货日期以及供货者名称、地址、联系方式等内容，并保存相关凭证。记录和凭证保存期限不得少于产品保质期满后六个月；没有明确保质期的，保存期限不得少于二年。

第五十一条　食品生产企业应当建立食品出厂检验记录制度，查验出厂食品的检验合格证和安全状况，如实记录食品的名称、规格、数量、生产日期或者生产批号、保质期、检验合格证号、销售日期以及购货者名称、地址、联系方式等内容，并保存相关凭证。记录和凭证保存期限应当符合本法第五十条第二款的规定。

第五十二条　食品、食品添加剂、食品相关产品的生产者，应当按照食品安全标准对所生产的食品、食品添加剂、食品相关产品进行检验，检验合格后方可出厂或者销售。

第五十三条　食品经营者采购食品，应当查验供货者的许可证和食品出厂检验合格证或者其他合格证明(以下称合格证明文件)。

食品经营企业应当建立食品进货查验记录制度，如实记录食品的名称、规格、数量、生产日期或者生产批号、保质期、进货日期以及供货者名称、地址、联系方式等内容，并保存相关凭证。记录和凭证保存期限应当符合本法第五十条第二款的规定。

实行统一配送经营方式的食品经营企业，可以由企业总部统一查验供货者的许可证和食品合格证明文件，进行食品进货查验记录。

从事食品批发业务的经营企业应当建立食品销售记录制度，如实记录批发食品的名称、规格、数量、生产日期或者生产批号、保质期、销售日期以及购货者名称、地址、联系方式等内容，并保存相关凭证。记录和凭证保存期限应当符合本法第五十条第二款的规定。

第五十四条　食品经营者应当按照保证食品安全的要求贮存食品，定期检查库存食品，及时清理变质或者超过保质期的食品。

食品经营者贮存散装食品，应当在贮存位置标明食品的名称、生产日期或者生产批号、保质期、生产者名称及联系方式等内容。

第五十五条 餐饮服务提供者应当制定并实施原料控制要求，不得采购不符合食品安全标准的食品原料。倡导餐饮服务提供者公开加工过程，公示食品原料及其来源等信息。

餐饮服务提供者在加工过程中应当检查待加工的食品及原料，发现有本法第三十四条第六项规定情形的，不得加工或者使用。

第五十六条 餐饮服务提供者应当定期维护食品加工、贮存、陈列等设施、设备；定期清洗、校验保温设施及冷藏、冷冻设施。

餐饮服务提供者应当按照要求对餐具、饮具进行清洗消毒，不得使用未经清洗消毒的餐具、饮具；餐饮服务提供者委托清洗消毒餐具、饮具的，应当委托符合本法规定条件的餐具、饮具集中消毒服务单位。

第五十七条 学校、托幼机构、养老机构、建筑工地等集中用餐单位的食堂应当严格遵守法律、法规和食品安全标准；从供餐单位订餐的，应当从取得食品生产经营许可的企业订购，并按照要求对订购的食品进行查验。供餐单位应当严格遵守法律、法规和食品安全标准，当餐加工，确保食品安全。

学校、托幼机构、养老机构、建筑工地等集中用餐单位的主管部门应当加强对集中用餐单位的食品安全教育和日常管理，降低食品安全风险，及时消除食品安全隐患。

第五十八条 餐具、饮具集中消毒服务单位应当具备相应的作业场所、清洗消毒设备或者设施，用水和使用的洗涤剂、消毒剂应当符合相关食品安全国家标准和其他国家标准、卫生规范。

餐具、饮具集中消毒服务单位应当对消毒餐具、饮具进行逐批检验，检验合格后方可出厂，并应当随附消毒合格证明。消毒后的餐具、饮具应当在独立包装上标注单位名称、地址、联系方式、消毒日期以及使用期限等内容。

第五十九条 食品添加剂生产者应当建立食品添加剂出厂检验记录

制度，查验出厂产品的检验合格证和安全状况，如实记录食品添加剂的名称、规格、数量、生产日期或者生产批号、保质期、检验合格证号、销售日期以及购货者名称、地址、联系方式等相关内容，并保存相关凭证。记录和凭证保存期限应当符合本法第五十条第二款的规定。

第六十条　食品添加剂经营者采购食品添加剂，应当依法查验供货者的许可证和产品合格证明文件，如实记录食品添加剂的名称、规格、数量、生产日期或者生产批号、保质期、进货日期以及供货者名称、地址、联系方式等内容，并保存相关凭证。记录和凭证保存期限应当符合本法第五十条第二款的规定。

第六十一条　集中交易市场的开办者、柜台出租者和展销会举办者，应当依法审查入场食品经营者的许可证，明确其食品安全管理责任，定期对其经营环境和条件进行检查，发现其有违反本法规定行为的，应当及时制止并立即报告所在地县级人民政府食品安全监督管理部门。

第六十二条　网络食品交易第三方平台提供者应当对入网食品经营者进行实名登记，明确其食品安全管理责任；依法应当取得许可证的，还应当审查其许可证。

网络食品交易第三方平台提供者发现入网食品经营者有违反本法规定行为的，应当及时制止并立即报告所在地县级人民政府食品安全监督管理部门；发现严重违法行为的，应当立即停止提供网络交易平台服务。

第六十三条　国家建立食品召回制度。食品生产者发现其生产的食品不符合食品安全标准或者有证据证明可能危害人体健康的，应当立即停止生产，召回已经上市销售的食品，通知相关生产经营者和消费者，并记录召回和通知情况。

食品经营者发现其经营的食品有前款规定情形的，应当立即停止经营，通知相关生产经营者和消费者，并记录停止经营和通知情况。食品生产者认为应当召回的，应当立即召回。由于食品经营者的原因造成其经营的食品有前款规定情形的，食品经营者应当召回。

食品生产经营者应当对召回的食品采取无害化处理、销毁等措施，防止其再次流入市场。但是，对因标签、标志或者说明书不符合食品安全标准而被召回的食品，食品生产者在采取补救措施且能保证食品安全的情况下可以继续销售；销售时应当向消费者明示补救措施。

食品生产经营者应当将食品召回和处理情况向所在地县级人民政府食品安全监督管理部门报告；需要对召回的食品进行无害化处理、销毁的，应当提前报告时间、地点。食品安全监督管理部门认为必要的，可以实施现场监督。

食品生产经营者未依照本条规定召回或者停止经营的，县级以上人民政府食品安全监督管理部门可以责令其召回或者停止经营。

第六十四条　食用农产品批发市场应当配备检验设备和检验人员或者委托符合本法规定的食品检验机构，对进入该批发市场销售的食用农产品进行抽样检验；发现不符合食品安全标准的，应当要求销售者立即停止销售，并向食品安全监督管理部门报告。

第六十五条　食用农产品销售者应当建立食用农产品进货查验记录制度，如实记录食用农产品的名称、数量、进货日期以及供货者名称、地址、联系方式等内容，并保存相关凭证。记录和凭证保存期限不得少于六个月。

第六十六条　进入市场销售的食用农产品在包装、保鲜、贮存、运输中使用保鲜剂、防腐剂等食品添加剂和包装材料等食品相关产品，应当符合食品安全国家标准。

第六十七条　预包装食品的包装上应当有标签。标签应当标明下列事项：

（一）名称、规格、净含量、生产日期；

（二）成分或者配料表；

（三）生产者的名称、地址、联系方式；

（四）保质期；

（五）产品标准代号；

（六）贮存条件；

（七）所使用的食品添加剂在国家标准中的通用名称；

（八）生产许可证编号；

（九）法律、法规或者食品安全标准规定应当标明的其他事项。

专供婴幼儿和其他特定人群的主辅食品，其标签还应当标明主要营养成分及其含量。

食品安全国家标准对标签标注事项另有规定的，从其规定。

第六十八条　食品经营者销售散装食品，应当在散装食品的容器、外包装上标明食品的名称、生产日期或者生产批号、保质期以及生产经营者名称、地址、联系方式等内容。

第六十九条　生产经营转基因食品应当按照规定显著标示。

第七十条　食品添加剂应当有标签、说明书和包装。标签、说明书应当载明本法第六十七条第一款第一项至第六项、第八项、第九项规定的事项，以及食品添加剂的使用范围、用量、使用方法，并在标签上载明"食品添加剂"字样。

第七十一条　食品和食品添加剂的标签、说明书，不得含有虚假内容，不得涉及疾病预防、治疗功能。生产经营者对其提供的标签、说明书的内容负责。

食品和食品添加剂的标签、说明书应当清楚、明显，生产日期、保质期等事项应当显著标注，容易辨识。

食品和食品添加剂与其标签、说明书的内容不符的，不得上市销售。

第七十二条　食品经营者应当按照食品标签标示的警示标志、警示说明或者注意事项的要求销售食品。

第七十三条　食品广告的内容应当真实合法，不得含有虚假内容，不得涉及疾病预防、治疗功能。食品生产经营者对食品广告内容的真实性、合法性负责。

县级以上人民政府食品安全监督管理部门和其他有关部门以及食品检验机构、食品行业协会不得以广告或者其他形式向消费者推荐食品。消费者组织不得以收取费用或者其他牟取利益的方式向消费者推荐食品。

第七十四条 国家对保健食品、特殊医学用途配方食品和婴幼儿配方食品等特殊食品实行严格监督管理。

第七十五条 保健食品声称保健功能，应当具有科学依据，不得对人体产生急性、亚急性或者慢性危害。

保健食品原料目录和允许保健食品声称的保健功能目录，由国务院食品安全监督管理部门会同国务院卫生行政部门、国家中医药管理部门制定、调整并公布。

保健食品原料目录应当包括原料名称、用量及其对应的功效；列入保健食品原料目录的原料只能用于保健食品生产，不得用于其他食品生产。

第七十六条 使用保健食品原料目录以外原料的保健食品和首次进口的保健食品应当经国务院食品安全监督管理部门注册。但是，首次进口的保健食品中属于补充维生素、矿物质等营养物质的，应当报国务院食品安全监督管理部门备案。其他保健食品应当报省、自治区、直辖市人民政府食品安全监督管理部门备案。

进口的保健食品应当是出口国（地区）主管部门准许上市销售的产品。

第七十七条 依法应当注册的保健食品，注册时应当提交保健食品的研发报告、产品配方、生产工艺、安全性和保健功能评价、标签、说明书等材料及样品，并提供相关证明文件。国务院食品安全监督管理部门经组织技术审评，对符合安全和功能声称要求的，准予注册；对不符合要求的，不予注册并书面说明理由。对使用保健食品原料目录以外原料的保健食品作出准予注册决定的，应当及时将该原料纳入保健食品原料目录。

依法应当备案的保健食品，备案时应当提交产品配方、生产工艺、标签、说明书以及表明产品安全性和保健功能的材料。

第七十八条 保健食品的标签、说明书不得涉及疾病预防、治疗功能，内容应当真实，与注册或者备案的内容相一致，载明适宜人群、不适宜人群、功效成分或者标志性成分及其含量等，并声明"本品不能代替药物"。保健食品的功能和成分应当与标签、说明书相一致。

第七十九条 保健食品广告除应当符合本法第七十三条第一款的规定外，还应当声明"本品不能代替药物"；其内容应当经生产企业所在地省、自治区、直辖市人民政府食品安全监督管理部门审查批准，取得保健食品广告批准文件。省、自治区、直辖市人民政府食品安全监督管理部门应当公布并及时更新已经批准的保健食品广告目录以及批准的广告内容。

第八十条 特殊医学用途配方食品应当经国务院食品安全监督管理部门注册。注册时，应当提交产品配方、生产工艺、标签、说明书以及表明产品安全性、营养充足性和特殊医学用途临床效果的材料。

特殊医学用途配方食品广告适用《中华人民共和国广告法》和其他法律、行政法规关于药品广告管理的规定。

第八十一条 婴幼儿配方食品生产企业应当实施从原料进厂到成品出厂的全过程质量控制，对出厂的婴幼儿配方食品实施逐批检验，保证食品安全。

生产婴幼儿配方食品使用的生鲜乳、辅料等食品原料、食品添加剂等，应当符合法律、行政法规的规定和食品安全国家标准，保证婴幼儿生长发育所需的营养成分。

婴幼儿配方食品生产企业应当将食品原料、食品添加剂、产品配方及标签等事项向省、自治区、直辖市人民政府食品安全监督管理部门备案。

婴幼儿配方乳粉的产品配方应当经国务院食品安全监督管理部门注册。注册时，应当提交配方研发报告和其他表明配方科学性、安全性的材料。

不得以分装方式生产婴幼儿配方乳粉，同一企业不得用同一配方生产不同品牌的婴幼儿配方乳粉。

第八十二条 保健食品、特殊医学用途配方食品、婴幼儿配方乳粉的注册人或者备案人应当对其提交材料的真实性负责。

省级以上人民政府食品安全监督管理部门应当及时公布注册或者备案的保健食品、特殊医学用途配方食品、婴幼儿配方乳粉目录，并对注册或者备案中获知的企业商业秘密予以保密。

保健食品、特殊医学用途配方食品、婴幼儿配方乳粉生产企业应当按照注册或者备案的产品配方、生产工艺等技术要求组织生产。

第八十三条 生产保健食品，特殊医学用途配方食品、婴幼儿配方食品和其他专供特定人群的主辅食品的企业，应当按照良好生产规范的要求建立与所生产食品相适应的生产质量管理体系，定期对该体系的运行情况进行自查，保证其有效运行，并向所在地县级人民政府食品安全监督管理部门提交自查报告。

第五章 食品检验

第八十四条 食品检验机构按照国家有关认证认可的规定取得资质认定后，方可从事食品检验活动。但是，法律另有规定的除外。

食品检验机构的资质认定条件和检验规范，由国务院食品安全监督管理部门规定。

符合本法规定的食品检验机构出具的检验报告具有同等效力。

县级以上人民政府应当整合食品检验资源，实现资源共享。

第八十五条 食品检验由食品检验机构指定的检验人独立进行。

检验人应当依照有关法律、法规的规定，并按照食品安全标准和检验规范对食品进行检验，尊重科学，恪守职业道德，保证出具的检验数据和结论客观、公正，不得出具虚假检验报告。

第八十六条 食品检验实行食品检验机构与检验人负责制。食品检验报告应当加盖食品检验机构公章，并有检验人的签名或者盖章。食品检验机构和检验人对出具的食品检验报告负责。

第八十七条 县级以上人民政府食品安全监督管理部门应当对食品进行定期或者不定期的抽样检验，并依据有关规定公布检验结果，不得免检。进行抽样检验，应当购买抽取的样品，委托符合本法规定的食品检验机构进行检验，并支付相关费用；不得向食品生产经营者收取检验费和其他费用。

第八十八条 对依照本法规定实施的检验结论有异议的，食品生产经营者可以自收到检验结论之日起七个工作日内向实施抽样检验的食品安全监督管理部门或者其上一级食品安全监督管理部门提出复检申请，由受理复检申请的食品安全监督管理部门在公布的复检机构名录中随机确定复检机构进行复检。复检机构出具的复检结论为最终检验结论。复检机构与初检机构不得为同一机构。复检机构名录由国务院认证认可监督管理、食品安全监督管理、卫生行政、农业行政等部门共同公布。

采用国家规定的快速检测方法对食用农产品进行抽查检测，被抽查人对检测结果有异议的，可以自收到检测结果时起四小时内申请复检。复检不得采用快速检测方法。

第八十九条 食品生产企业可以自行对所生产的食品进行检验，也可以委托符合本法规定的食品检验机构进行检验。

食品行业协会和消费者协会等组织、消费者需要委托食品检验机构对食品进行检验的，应当委托符合本法规定的食品检验机构进行。

第九十条 食品添加剂的检验，适用本法有关食品检验的规定。

第六章　食品进出口

第九十一条 国家出入境检验检疫部门对进出口食品安全实施监督管理。

第九十二条 进口的食品、食品添加剂、食品相关产品应当符合我国食品安全国家标准。

进口的食品、食品添加剂应当经出入境检验检疫机构依照进出口商品检验相关法律、行政法规的规定检验合格。

进口的食品、食品添加剂应当按照国家出入境检验检疫部门的要求随附合格证明材料。

第九十三条 进口尚无食品安全国家标准的食品，由境外出口商、境外生产企业或者其委托的进口商向国务院卫生行政部门提交所执行的相关国家(地区)标准或者国际标准。国务院卫生行政部门对相关标准进行审查，认为符合食品安全要求的，决定暂予适用，并及时制定相应的食品安全国家标准。进口利用新的食品原料生产的食品或者进口食品添加剂新品种、食品相关产品新品种，依照本法第三十七条的规定办理。

出入境检验检疫机构按照国务院卫生行政部门的要求，对前款规定的食品、食品添加剂、食品相关产品进行检验。检验结果应当公开。

第九十四条 境外出口商、境外生产企业应当保证向我国出口的食品、食品添加剂、食品相关产品符合本法以及我国其他有关法律、行政法规的规定和食品安全国家标准的要求，并对标签、说明书的内容负责。

进口商应当建立境外出口商、境外生产企业审核制度，重点审核前款规定的内容；审核不合格的，不得进口。

发现进口食品不符合我国食品安全国家标准或者有证据证明可能危害人体健康的，进口商应当立即停止进口，并依照本法第六十三条的规定召回。

第九十五条 境外发生的食品安全事件可能对我国境内造成影响，或者在进口食品、食品添加剂、食品相关产品中发现严重食品安全问题的，国家出入境检验检疫部门应当及时采取风险预警或者控制措施，并向国务院食品安全监督管理、卫生行政、农业行政部门通报。接到通报的部门应当及时采取相应措施。

县级以上人民政府食品安全监督管理部门对国内市场上销售的进口

食品、食品添加剂实施监督管理。发现存在严重食品安全问题的，国务院食品安全监督管理部门应当及时向国家出入境检验检疫部门通报。国家出入境检验检疫部门应当及时采取相应措施。

　　第九十六条　向我国境内出口食品的境外出口商或者代理商、进口食品的进口商应当向国家出入境检验检疫部门备案。向我国境内出口食品的境外食品生产企业应当经国家出入境检验检疫部门注册。已经注册的境外食品生产企业提供虚假材料，或者因其自身的原因致使进口食品发生重大食品安全事故的，国家出入境检验检疫部门应当撤销注册并公告。

　　国家出入境检验检疫部门应当定期公布已经备案的境外出口商、代理商、进口商和已经注册的境外食品生产企业名单。

　　第九十七条　进口的预包装食品、食品添加剂应当有中文标签；依法应当有说明书的，还应当有中文说明书。标签、说明书应当符合本法以及我国其他有关法律、行政法规的规定和食品安全国家标准的要求，并载明食品的原产地以及境内代理商的名称、地址、联系方式。预包装食品没有中文标签、中文说明书或者标签、说明书不符合本条规定的，不得进口。

　　第九十八条　进口商应当建立食品、食品添加剂进口和销售记录制度，如实记录食品、食品添加剂的名称、规格、数量、生产日期、生产或者进口批号、保质期、境外出口商和购货者名称、地址及联系方式、交货日期等内容，并保存相关凭证。记录和凭证保存期限应当符合本法第五十条第二款的规定。

　　第九十九条　出口食品生产企业应当保证其出口食品符合进口国（地区）的标准或者合同要求。

　　出口食品生产企业和出口食品原料种植、养殖场应当向国家出入境检验检疫部门备案。

　　第一百条　国家出入境检验检疫部门应当收集、汇总下列进出口食品安全信息，并及时通报相关部门、机构和企业：

（一）出入境检验检疫机构对进出口食品实施检验检疫发现的食品安全信息；

（二）食品行业协会和消费者协会等组织、消费者反映的进口食品安全信息；

（三）国际组织、境外政府机构发布的风险预警信息及其他食品安全信息，以及境外食品行业协会等组织、消费者反映的食品安全信息；

（四）其他食品安全信息。国家出入境检验检疫部门应当对进出口食品的进口商、出口商和出口食品生产企业实施信用管理，建立信用记录，并依法向社会公布。对有不良记录的进口商、出口商和出口食品生产企业，应当加强对其进出口食品的检验检疫。

第一百零一条 国家出入境检验检疫部门可以对向我国境内出口食品的国家（地区）的食品安全管理体系和食品安全状况进行评估和审查，并根据评估和审查结果，确定相应检验检疫要求。

第七章 食品安全事故处置

第一百零二条 国务院组织制定国家食品安全事故应急预案。

县级以上地方人民政府应当根据有关法律、法规的规定和上级人民政府的食品安全事故应急预案以及本行政区域的实际情况，制定本行政区域的食品安全事故应急预案，并报上一级人民政府备案。

食品安全事故应急预案应当对食品安全事故分级、事故处置组织指挥体系与职责、预防预警机制、处置程序、应急保障措施等作出规定。

食品生产经营企业应当制定食品安全事故处置方案，定期检查本企业各项食品安全防范措施的落实情况，及时消除事故隐患。

第一百零三条 发生食品安全事故的单位应当立即采取措施，防止事故扩大。事故单位和接收病人进行治疗的单位应当及时向事故发生地县级人民政府食品安全监督管理、卫生行政部门报告。

县级以上人民政府农业行政等部门在日常监督管理中发现食品安全事故或者接到事故举报，应当立即向同级食品安全监督管理部门通报。

发生食品安全事故，接到报告的县级人民政府食品安全监督管理部门应当按照应急预案的规定向本级人民政府和上级人民政府食品安全监督管理部门报告。县级人民政府和上级人民政府食品安全监督管理部门应当按照应急预案的规定上报。

任何单位和个人不得对食品安全事故隐瞒、谎报、缓报，不得隐匿、伪造、毁灭有关证据。

第一百零四条 医疗机构发现其接收的病人属于食源性疾病病人或者疑似病人的，应当按照规定及时将相关信息向所在地县级人民政府卫生行政部门报告。县级人民政府卫生行政部门认为与食品安全有关的，应当及时通报同级食品安全监督管理部门。

县级以上人民政府卫生行政部门在调查处理传染病或者其他突发公共卫生事件中发现与食品安全相关的信息，应当及时通报同级食品安全监督管理部门。

第一百零五条 县级以上人民政府食品安全监督管理部门接到食品安全事故的报告后，应当立即会同同级卫生行政、农业行政等部门进行调查处理，并采取下列措施，防止或者减轻社会危害：

(一)开展应急救援工作，组织救治因食品安全事故导致人身伤害的人员；

(二)封存可能导致食品安全事故的食品及其原料，并立即进行检验；对确认属于被污染的食品及其原料，责令食品生产经营者依照本法第六十三条的规定召回或者停止经营；

(三)封存被污染的食品相关产品，并责令进行清洗消毒；

(四)做好信息发布工作，依法对食品安全事故及其处理情况进行发布，并对可能产生的危害加以解释、说明。

发生食品安全事故需要启动应急预案的，县级以上人民政府应当立即成立事故处置指挥机构，启动应急预案，依照前款和应急预案的规定进行处置。

发生食品安全事故，县级以上疾病预防控制机构应当对事故现场进行卫生处理，并对与事故有关的因素开展流行病学调查，有关部门应当予以协助。县级以上疾病预防控制机构应当向同级食品安全监督管理、卫生行政部门提交流行病学调查报告。

第一百零六条 发生食品安全事故，设区的市级以上人民政府食品安全监督管理部门应当立即会同有关部门进行事故责任调查，督促有关部门履行职责，向本级人民政府和上一级人民政府食品安全监督管理部门提出事故责任调查处理报告。

涉及两个以上省、自治区、直辖市的重大食品安全事故由国务院食品安全监督管理部门依照前款规定组织事故责任调查。

第一百零七条 调查食品安全事故，应当坚持实事求是、尊重科学的原则，及时、准确查清事故性质和原因，认定事故责任，提出整改措施。

调查食品安全事故，除了查明事故单位的责任，还应当查明有关监督管理部门、食品检验机构、认证机构及其工作人员的责任。

第一百零八条 食品安全事故调查部门有权向有关单位和个人了解与事故有关的情况，并要求提供相关资料和样品。有关单位和个人应当予以配合，按照要求提供相关资料和样品，不得拒绝。

任何单位和个人不得阻挠、干涉食品安全事故的调查处理。

第八章 监督管理

第一百零九条 县级以上人民政府食品安全监督管理部门根据食品安全风险监测、风险评估结果和食品安全状况等，确定监督管理的重点、方式和频次，实施风险分级管理。

县级以上地方人民政府组织本级食品安全监督管理、农业行政等部门制定本行政区域的食品安全年度监督管理计划，向社会公布并组织实施。

食品安全年度监督管理计划应当将下列事项作为监督管理的重点：

（一）专供婴幼儿和其他特定人群的主辅食品；

(二)保健食品生产过程中的添加行为和按照注册或者备案的技术要求组织生产的情况，保健食品标签、说明书以及宣传材料中有关功能宣传的情况；

(三)发生食品安全事故风险较高的食品生产经营者；

(四)食品安全风险监测结果表明可能存在食品安全隐患的事项。

第一百一十条 县级以上人民政府食品安全监督管理部门履行食品安全监督管理职责有权采取下列措施，对生产经营者遵守本法的情况进行监督检查：

(一)进入生产经营场所实施现场检查；

(二)对生产经营的食品、食品添加剂、食品相关产品进行抽样检验；

(三)查阅、复制有关合同、票据、账簿以及其他有关资料；

(四)查封、扣押有证据证明不符合食品安全标准或者有证据证明存在安全隐患以及用于违法生产经营的食品、食品添加剂、食品相关产品；

(五)查封违法从事生产经营活动的场所。

第一百一十一条 对食品安全风险评估结果证明食品存在安全隐患，需要制定、修订食品安全标准的，在制定、修订食品安全标准前，国务院卫生行政部门应当及时会同国务院有关部门规定食品中有害物质的临时限量值和临时检验方法，作为生产经营和监督管理的依据。

第一百一十二条 县级以上人民政府食品安全监督管理部门在食品安全监督管理工作中可以采用国家规定的快速检测方法对食品进行抽查检测。

对抽查检测结果表明可能不符合食品安全标准的食品，应当依照本法第八十七条的规定进行检验。抽查检测结果确定有关食品不符合食品安全标准的，可以作为行政处罚的依据。

第一百一十三条 县级以上人民政府食品安全监督管理部门应当建立食品生产经营者食品安全信用档案，记录许可颁发、日常监督检查结果、违法行为查处等情况，依法向社会公布并实时更新；对有不良信用记录的食品生产经营者增加监督检查频次，对违法行为情节严重的食品生产经营者，可以通报投资主管部门、证券监督管理机构和有关的金融机构。

第一百一十四条　食品生产经营过程中存在食品安全隐患，未及时采取措施消除的，县级以上人民政府食品安全监督管理部门可以对食品生产经营者的法定代表人或者主要负责人进行责任约谈。食品生产经营者应当立即采取措施，进行整改，消除隐患。责任约谈情况和整改情况应当纳入食品生产经营者食品安全信用档案。

第一百一十五条　县级以上人民政府食品安全监督管理等部门应当公布本部门的电子邮件地址或者电话，接受咨询、投诉、举报。接到咨询、投诉、举报，对属于本部门职责的，应当受理并在法定期限内及时答复、核实、处理；对不属于本部门职责的，应当移交有权处理的部门并书面通知咨询、投诉、举报人。有权处理的部门应当在法定期限内及时处理，不得推诿。对查证属实的举报，给予举报人奖励。

有关部门应当对举报人的信息予以保密，保护举报人的合法权益。举报人举报所在企业的，该企业不得以解除、变更劳动合同或者其他方式对举报人进行打击报复。

第一百一十六条　县级以上人民政府食品安全监督管理等部门应当加强对执法人员食品安全法律、法规、标准和专业知识与执法能力等的培训，并组织考核。不具备相应知识和能力的，不得从事食品安全执法工作。

食品生产经营者、食品行业协会、消费者协会等发现食品安全执法人员在执法过程中有违反法律、法规规定的行为以及不规范执法行为的，可以向本级或者上级人民政府食品安全监督管理等部门或者监察机关投诉、举报。接到投诉、举报的部门或者机关应当进行核实，并将经核实的情况向食品安全执法人员所在部门通报；涉嫌违法违纪的，按照本法和有关规定处理。

第一百一十七条 县级以上人民政府食品安全监督管理等部门未及时发现食品安全系统性风险，未及时消除监督管理区域内的食品安全隐患的，本级人民政府可以对其主要负责人进行责任约谈。

地方人民政府未履行食品安全职责，未及时消除区域性重大食品安全隐患的，上级人民政府可以对其主要负责人进行责任约谈。

被约谈的食品安全监督管理等部门、地方人民政府应当立即采取措施，对食品安全监督管理工作进行整改。

责任约谈情况和整改情况应当纳入地方人民政府和有关部门食品安全监督管理工作评议、考核记录。

第一百一十八条 国家建立统一的食品安全信息平台，实行食品安全信息统一公布制度。国家食品安全总体情况、食品安全风险警示信息、重大食品安全事故及其调查处理信息和国务院确定需要统一公布的其他信息由国务院食品安全监督管理部门统一公布。食品安全风险警示信息和重大食品安全事故及其调查处理信息的影响限于特定区域的，也可以由有关省、自治区、直辖市人民政府食品安全监督管理部门公布。未经授权不得发布上述信息。

县级以上人民政府食品安全监督管理、农业行政部门依据各自职责公布食品安全日常监督管理信息。

公布食品安全信息，应当做到准确、及时，并进行必要的解释说明，避免误导消费者和社会舆论。

第一百一十九条 县级以上地方人民政府食品安全监督管理、卫生行政、农业行政部门获知本法规定需要统一公布的信息，应当向上级主管部门报告，由上级主管部门立即报告国务院食品安全监督管理部门；必要时，可以直接向国务院食品安全监督管理部门报告。

县级以上人民政府食品安全监督管理、卫生行政、农业行政部门应当相互通报获知的食品安全信息。

第一百二十条 任何单位和个人不得编造、散布虚假食品安全信息。

县级以上人民政府食品安全监督管理部门发现可能误导消费者和社会舆论的食品安全信息，应当立即组织有关部门、专业机构、相关食品生产经营者等进行核实、分析，并及时公布结果。

第一百二十一条　县级以上人民政府食品安全监督管理等部门发现涉嫌食品安全犯罪的，应当按照有关规定及时将案件移送公安机关。对移送的案件，公安机关应当及时审查；认为有犯罪事实需要追究刑事责任的，应当立案侦查。

公安机关在食品安全犯罪案件侦查过程中认为没有犯罪事实，或者犯罪事实显著轻微，不需要追究刑事责任，但依法应当追究行政责任的，应当及时将案件移送食品安全监督管理等部门和监察机关，有关部门应当依法处理。

公安机关商请食品安全监督管理、生态环境等部门提供检验结论、认定意见以及对涉案物品进行无害化处理等协助的，有关部门应当及时提供，予以协助。

第九章　法律责任

第一百二十二条　违反本法规定，未取得食品生产经营许可从事食品生产经营活动，或者未取得食品添加剂生产许可从事食品添加剂生产活动的，由县级以上人民政府食品安全监督管理部门没收违法所得和违法生产经营的食品、食品添加剂以及用于违法生产经营的工具、设备、原料等物品；违法生产经营的食品、食品添加剂货值金额不足一万元的，并处五万元以上十万元以下罚款；货值金额一万元以上的，并处货值金额十倍以上二十倍以下罚款。

明知从事前款规定的违法行为，仍为其提供生产经营场所或者其他条件的，由县级以上人民政府食品安全监督管理部门责令停止违法行为，没收违法所得，并处五万元以上十万元以下罚款；使消费者的合法权益受到损害的，应当与食品、食品添加剂生产经营者承担连带责任。

第一百二十三条　违反本法规定，有下列情形之一，尚不构成犯罪的，由县级以上人民政府食品安全监督管理部门没收违法所得和违法生产经营的食品，并可以没收用于违法生产经营的工具、设备、原料等物品；违法生产经营的食品货值金额不足一万元的，并处十万元以上十五万元以下罚款；货值金额一万元以上的，并处货值金额十五倍以上三十倍以下罚款；情节严重的，吊销许可证，并可以由公安机关对其直接负责的主管人员和其他直接责任人员处五日以上十五日以下拘留：

（一）用非食品原料生产食品、在食品中添加食品添加剂以外的化学物质和其他可能危害人体健康的物质，或者用回收食品作为原料生产食品，或者经营上述食品；

（二）生产经营营养成分不符合食品安全标准的专供婴幼儿和其他特定人群的主辅食品；

（三）经营病死、毒死或者死因不明的禽、畜、兽、水产动物肉类，或者生产经营其制品；

（四）经营未按规定进行检疫或者检疫不合格的肉类，或者生产经营未经检验或者检验不合格的肉类制品；

（五）生产经营国家为防病等特殊需要明令禁止生产经营的食品；

（六）生产经营添加药品的食品。

明知从事前款规定的违法行为，仍为其提供生产经营场所或者其他条件的，由县级以上人民政府食品安全监督管理部门责令停止违法行为，没收违法所得，并处十万元以上二十万元以下罚款；使消费者的合法权益受到损害的，应当与食品生产经营者承担连带责任。

违法使用剧毒、高毒农药的，除依照有关法律、法规规定给予处罚外，可以由公安机关依照第一款规定给予拘留。

第一百二十四条 违反本法规定，有下列情形之一，尚不构成犯罪的，由县级以上人民政府食品安全监督管理部门没收违法所得和违法生产经营的食品、食品添加剂，并可以没收用于违法生产经营的工具、设备、原料等物品；违法生产经营的食品、食品添加剂货值金额不足一万元的，并处五万元以上十万元以下罚款；货值金额一万元以上的，并处

货值金额十倍以上二十倍以下罚款;情节严重的,吊销许可证:

(一)生产经营致病性微生物,农药残留、兽药残留、生物毒素、重金属等污染物质以及其他危害人体健康的物质含量超过食品安全标准限量的食品、食品添加剂;

(二)用超过保质期的食品原料、食品添加剂生产食品、食品添加剂,或者经营上述食品、食品添加剂;

(三)生产经营超范围、超限量使用食品添加剂的食品;

(四)生产经营腐败变质、油脂酸败、霉变生虫、污秽不洁、混有异物、掺假掺杂或者感官性状异常的食品、食品添加剂;

(五)生产经营标注虚假生产日期、保质期或者超过保质期的食品、食品添加剂;

(六)生产经营未按规定注册的保健食品、特殊医学用途配方食品、婴幼儿配方乳粉,或者未按注册的产品配方、生产工艺等技术要求组织生产;

(七)以分装方式生产婴幼儿配方乳粉,或者同一企业以同一配方生产不同品牌的婴幼儿配方乳粉;

(八)利用新的食品原料生产食品,或者生产食品添加剂新品种,未通过安全性评估;

(九)食品生产经营者在食品安全监督管理部门责令其召回或者停止经营后,仍拒不召回或者停止经营。

除前款和本法第一百二十三条、第一百二十五条规定的情形外,生产经营不符合法律、法规或者食品安全标准的食品、食品添加剂的,依照前款规定给予处罚。

生产食品相关产品新品种,未通过安全性评估,或者生产不符合食品安全标准的食品相关产品的,由县级以上人民政府食品安全监督管理部门依照第一款规定给予处罚。

第一百二十五条 违反本法规定,有下列情形之一的,由县级以上人民政府食品安全监督管理部门没收违法所得和违法生产经营的食品、食品添加剂，并可以没收用于违法生产经营的工具、设备、原料等物品；违法生产经营的食品、食品添加剂货值金额不足一万元的，并处五千元以上五万元以下罚款；货值金额一万元以上的，并处货值金额五倍以上十倍以下罚款；情节严重的，责令停产停业，直至吊销许可证：

（一）生产经营被包装材料、容器、运输工具等污染的食品、食品添加剂；

（二）生产经营无标签的预包装食品、食品添加剂或者标签、说明书不符合本法规定的食品、食品添加剂；

（三）生产经营转基因食品未按规定进行标示；

（四）食品生产经营者采购或者使用不符合食品安全标准的食品原料、食品添加剂、食品相关产品。

生产经营的食品、食品添加剂的标签、说明书存在瑕疵但不影响食品安全且不会对消费者造成误导的，由县级以上人民政府食品安全监督管理部门责令改正；拒不改正的，处二千元以下罚款。

第一百二十六条 违反本法规定，有下列情形之一的，由县级以上人民政府食品安全监督管理部门责令改正，给予警告；拒不改正的，处五千元以上五万元以下罚款；情节严重的，责令停产停业，直至吊销许可证：

（一）食品、食品添加剂生产者未按规定对采购的食品原料和生产的食品、食品添加剂进行检验；

（二）食品生产经营企业未按规定建立食品安全管理制度，或者未按规定配备或者培训、考核食品安全管理人员；

（三）食品、食品添加剂生产经营者进货时未查验许可证和相关证明文件，或者未按规定建立并遵守进货查验记录、出厂检验记录和销售记录制度；

（四）食品生产经营企业未制定食品安全事故处置方案；

（五）餐具、饮具和盛放直接入口食品的容器，使用前未经洗净、消毒或者清洗消毒不合格，或者餐饮服务设施、设备未按规定定期维护、清洗、校验；

（六）食品生产经营者安排未取得健康证明或者患有国务院卫生行政部门规定的有碍食品安全疾病的人员从事接触直接入口食品的工作；

（七）食品经营者未按规定要求销售食品；

（八）保健食品生产企业未按规定向食品安全监督管理部门备案，或者未按备案的产品配方、生产工艺等技术要求组织生产；

（九）婴幼儿配方食品生产企业未将食品原料、食品添加剂、产品配方、标签等向食品安全监督管理部门备案；

（十）特殊食品生产企业未按规定建立生产质量管理体系并有效运行，或者未定期提交自查报告；

（十一）食品生产经营者未定期对食品安全状况进行检查评价，或者生产经营条件发生变化，未按规定处理；

（十二）学校、托幼机构、养老机构、建筑工地等集中用餐单位未按规定履行食品安全管理责任；

（十三）食品生产企业、餐饮服务提供者未按规定制定、实施生产经营过程控制要求。

餐具、饮具集中消毒服务单位违反本法规定用水，使用洗涤剂、消毒剂，或者出厂的餐具、饮具未按规定检验合格并随附消毒合格证明，或者未按规定在独立包装上标注相关内容的，由县级以上人民政府卫生行政部门依照前款规定给予处罚。

食品相关产品生产者未按规定对生产的食品相关产品进行检验的，由县级以上人民政府食品安全监督管理部门依照第一款规定给予处罚。

食用农产品销售者违反本法第六十五条规定的，由县级以上人民政府食品安全监督管理部门依照第一款规定给予处罚。

第一百二十七条　对食品生产加工小作坊、食品摊贩等的违法行为的处罚，依照省、自治区、直辖市制定的具体管理办法执行。

第一百二十八条　违反本法规定，事故单位在发生食品安全事故后未进行处置、报告的，由有关主管部门按照各自职责分工责令改正，给予警告；隐匿、伪造、毁灭有关证据的，责令停产停业，没收违法所得，并处十万元以上五十万元以下罚款；造成严重后果的，吊销许可证。

第一百二十九条 违反本法规定，有下列情形之一的，由出入境检验检疫机构依照本法第一百二十四条的规定给予处罚：

(一)提供虚假材料，进口不符合我国食品安全国家标准的食品、食品添加剂、食品相关产品；

(二)进口尚无食品安全国家标准的食品，未提交所执行的标准并经国务院卫生行政部门审查，或者进口利用新的食品原料生产的食品或者进口食品添加剂新品种、食品相关产品新品种，未通过安全性评估；

(三)未遵守本法的规定出口食品；

(四)进口商在有关主管部门责令其依照本法规定召回进口的食品后，仍拒不召回。

违反本法规定，进口商未建立并遵守食品、食品添加剂进口和销售记录制度、境外出口商或者生产企业审核制度的，由出入境检验检疫机构依照本法第一百二十六条的规定给予处罚。

第一百三十条 违反本法规定，集中交易市场的开办者、柜台出租者、展销会的举办者允许未依法取得许可的食品经营者进入市场销售食品，或者未履行检查、报告等义务的，由县级以上人民政府食品安全监督管理部门责令改正，没收违法所得，并处五万元以上二十万元以下罚款；造成严重后果的，责令停业，直至由原发证部门吊销许可证；使消费者的合法权益受到损害的，应当与食品经营者承担连带责任。

食用农产品批发市场违反本法第六十四条规定的，依照前款规定承担责任。

第一百三十一条 违反本法规定，网络食品交易第三方平台提供者未对入网食品经营者进行实名登记、审查许可证，或者未履行报告、停止提供网络交易平台服务等义务的，由县级以上人民政府食品安全监督管理部门责令改正，没收违法所得，并处五万元以上二十万元以下罚款；造成严重后果的，责令停业，直至由原发证部门吊销许可证；使消费者的合法权益受到损害的，应当与食品经营者承担连带责任。

消费者通过网络食品交易第三方平台购买食品，其合法权益受到损害的，可以向入网食品经营者或者食品生产者要求赔偿。网络食品交易第三方平台提供者不能提供入网食品经营者的真实名称、地址和有效联系方式的，由网络食品交易第三方平台提供者赔偿。网络食品交易第三方平台提供者赔偿后，有权向入网食品经营者或者食品生产者追偿。网络食品交易第三方平台提供者作出更有利于消费者承诺的，应当履行其承诺。

第一百三十二条 违反本法规定，未按要求进行食品贮存、运输和装卸的，由县级以上人民政府食品安全监督管理等部门按照各自职责分工责令改正，给予警告；拒不改正的，责令停产停业，并处一万元以上五万元以下罚款；情节严重的，吊销许可证。

第一百三十三条 违反本法规定，拒绝、阻挠、干涉有关部门、机构及其工作人员依法开展食品安全监督检查、事故调查处理、风险监测和风险评估的，由有关主管部门按照各自职责分工责令停产停业，并处二千元以上五万元以下罚款；情节严重的，吊销许可证；构成违反治安管理行为的，由公安机关依法给予治安管理处罚。

违反本法规定，对举报人以解除、变更劳动合同或者其他方式打击报复的，应当依照有关法律的规定承担责任。

第一百三十四条 食品生产经营者在一年内累计三次因违反本法规定受到责令停产停业、吊销许可证以外处罚的，由食品安全监督管理部门责令停产停业，直至吊销许可证。

第一百三十五条 被吊销许可证的食品生产经营者及其法定代表人、直接负责的主管人员和其他直接责任人员自处罚决定作出之日起五年内不得申请食品生产经营许可，或者从事食品生产经营管理工作、担任食品生产经营企业食品安全管理人员。

因食品安全犯罪被判处有期徒刑以上刑罚的，终身不得从事食品生产经营管理工作，也不得担任食品生产经营企业食品安全管理人员。

食品生产经营者聘用人员违反前两款规定的，由县级以上人民政府食品安全监督管理部门吊销许可证。

第一百三十六条 食品经营者履行了本法规定的进货查验等义务，有充分证据证明其不知道所采购的食品不符合食品安全标准，并能如实说明其进货来源的，可以免予处罚，但应当依法没收其不符合食品安全标准的食品；造成人身、财产或者其他损害的，依法承担赔偿责任。

第一百三十七条 违反本法规定，承担食品安全风险监测、风险评估工作的技术机构、技术人员提供虚假监测、评估信息的，依法对技术机构直接负责的主管人员和技术人员给予撤职、开除处分；有执业资格的，由授予其资格的主管部门吊销执业证书。

第一百三十八条 违反本法规定，食品检验机构、食品检验人员出具虚假检验报告的，由授予其资质的主管部门或者机构撤销该食品检验机构的检验资质，没收所收取的检验费用，并处检验费用五倍以上十倍以下罚款，检验费用不足一万元的，并处五万元以上十万元以下罚款；依法对食品检验机构直接负责的主管人员和食品检验人员给予撤职或者开除处分；导致发生重大食品安全事故的，对直接负责的主管人员和食品检验人员给予开除处分。

违反本法规定，受到开除处分的食品检验机构人员，自处分决定作出之日起十年内不得从事食品检验工作；因食品安全违法行为受到刑事处罚或者因出具虚假检验报告导致发生重大食品安全事故受到开除处分的食品检验机构人员，终身不得从事食品检验工作。食品检验机构聘用不得从事食品检验工作的人员的，由授予其资质的主管部门或者机构撤销该食品检验机构的检验资质。

食品检验机构出具虚假检验报告，使消费者的合法权益受到损害的，应当与食品生产经营者承担连带责任。

第一百三十九条 违反本法规定，认证机构出具虚假认证结论，由认证认可监督管理部门没收所收取的认证费用，并处认证费用五倍以上十倍以下罚款，认证费用不足一万元的，并处五万元以上十万元以下罚款；情节严重的，责令停业，直至撤销认证机构批准文件，并向社会公布；对直接负责的主管人员和负有直接责任的认证人员，撤销其执业资格。

认证机构出具虚假认证结论，使消费者的合法权益受到损害的，应当与食品生产经营者承担连带责任。

第一百四十条 违反本法规定，在广告中对食品作虚假宣传，欺骗消费者，或者发布未取得批准文件、广告内容与批准文件不一致的保健食品广告的，依照《中华人民共和国广告法》的规定给予处罚。

广告经营者、发布者设计、制作、发布虚假食品广告，使消费者的合法权益受到损害的，应当与食品生产经营者承担连带责任。

社会团体或者其他组织、个人在虚假广告或者其他虚假宣传中向消费者推荐食品，使消费者的合法权益受到损害的，应当与食品生产经营者承担连带责任。

违反本法规定，食品安全监督管理等部门、食品检验机构、食品行业协会以广告或者其他形式向消费者推荐食品，消费者组织以收取费用或者其他牟取利益的方式向消费者推荐食品的，由有关主管部门没收违法所得，依法对直接负责的主管人员和其他直接责任人员给予记大过、降级或者撤职处分；情节严重的，给予开除处分。

对食品作虚假宣传且情节严重的，由省级以上人民政府食品安全监督管理部门决定暂停销售该食品，并向社会公布；仍然销售该食品的，由县级以上人民政府食品安全监督管理部门没收违法所得和违法销售的食品，并处二万元以上五万元以下罚款。

第一百四十一条 违反本法规定，编造、散布虚假食品安全信息，构成违反治安管理行为的，由公安机关依法给予治安管理处罚。

媒体编造、散布虚假食品安全信息的，由有关主管部门依法给予处罚，并对直接负责的主管人员和其他直接责任人员给予处分；使公民、法人或者其他组织的合法权益受到损害的，依法承担消除影响、恢复名誉、赔偿损失、赔礼道歉等民事责任。

第一百四十二条 违反本法规定，县级以上地方人民政府有下列行为之一的，对直接负责的主管人员和其他直接责任人员给予记大过处分；情节较重的，给予降级或者撤职处分；情节严重的，给予开除处分；造成严重后果的，其主要负责人还应当引咎辞职：

（一）对发生在本行政区域内的食品安全事故，未及时组织协调有关部门开展有效处置，造成不良影响或者损失；

（二）对本行政区域内涉及多环节的区域性食品安全问题，未及时组织整治，造成不良影响或者损失；

（三）隐瞒、谎报、缓报食品安全事故；

（四）本行政区域内发生特别重大食品安全事故，或者连续发生重大食品安全事故。

第一百四十三条 违反本法规定，县级以上地方人民政府有下列行为之一的，对直接负责的主管人员和其他直接责任人员给予警告、记过或者记大过处分；造成严重后果的，给予降级或者撤职处分：

（一）未确定有关部门的食品安全监督管理职责，未建立健全食品安全全程监督管理工作机制和信息共享机制，未落实食品安全监督管理责任制；

（二）未制定本行政区域的食品安全事故应急预案，或者发生食品安全事故后未按规定立即成立事故处置指挥机构、启动应急预案。

第一百四十四条 违反本法规定，县级以上人民政府食品安全监督管理、卫生行政、农业行政等部门有下列行为之一的，对直接负责的主管人员和其他直接责任人员给予记大过处分；情节较重的，给予降级或者撤职处分；情节严重的，给予开除处分；造成严重后果的，其主要负责人还应当引咎辞职：

（一）隐瞒、谎报、缓报食品安全事故；

（二）未按规定查处食品安全事故，或者接到食品安全事故报告未及时处理，造成事故扩大或者蔓延；

（三）经食品安全风险评估得出食品、食品添加剂、食品相关产品不安全结论后，未及时采取相应措施，造成食品安全事故或者不良社会影响；

（四）对不符合条件的申请人准予许可，或者超越法定职权准予许可；

（五）不履行食品安全监督管理职责，导致发生食品安全事故。

第一百四十五条 违反本法规定，县级以上人民政府食品安全监督管理、卫生行政、农业行政等部门有下列行为之一，造成不良后果的，对直接负责的主管人员和其他直接责任人员给予警告、记过或者记大过处分；情节较重的，给予降级或者撤职处分；情节严重的，给予开除处分：

（一）在获知有关食品安全信息后，未按规定向上级主管部门和本级人民政府报告，或者未按规定相互通报；

（二）未按规定公布食品安全信息；

（三）不履行法定职责，对查处食品安全违法行为不配合，或者滥用职权、玩忽职守、徇私舞弊。

第一百四十六条 食品安全监督管理等部门在履行食品安全监督管理职责过程中，违法实施检查、强制等执法措施，给生产经营者造成损失的，应当依法予以赔偿，对直接负责的主管人员和其他直接责任人员依法给予处分。

第一百四十七条 违反本法规定，造成人身、财产或者其他损害的，依法承担赔偿责任。生产经营者财产不足以同时承担民事赔偿责任和缴纳罚款、罚金时，先承担民事赔偿责任。

第一百四十八条 消费者因不符合食品安全标准的食品受到损害的，可以向经营者要求赔偿损失，也可以向生产者要求赔偿损失。接到消费者赔偿要求的生产经营者，应当实行首负责任制，先行赔付，不得推诿；属于生产者责任的，经营者赔偿后有权向生产者追偿；属于经营者责任的，生产者赔偿后有权向经营者追偿。

生产不符合食品安全标准的食品或者经营明知是不符合食品安全标准的食品，消费者除要求赔偿损失外，还可以向生产者或者经营者要求支付价款十倍或者损失三倍的赔偿金；增加赔偿的金额不足一千元的，为一千元。但是，食品的标签、说明书存在不影响食品安全且不会对消费者造成误导的瑕疵的除外。

第一百四十九条 违反本法规定，构成犯罪的，依法追究刑事责任。

第十章 附 则

第一百五十条 本法下列用语的含义：

食品，指各种供人食用或者饮用的成品和原料以及按照传统既是食品又是中药材的物品，但是不包括以治疗为目的的物品。

食品安全，指食品无毒、无害，符合应当有的营养要求，对人体健康不造成任何急性、亚急性或者慢性危害。

预包装食品，指预先定量包装或者制作在包装材料、容器中的食品。

食品添加剂，指为改善食品品质和色、香、味以及为防腐、保鲜和加工工艺的需要而加入食品中的人工合成或者天然物质，包括营养强化剂。

用于食品的包装材料和容器，指包装、盛放食品或者食品添加剂用的纸、竹、木、金属、搪瓷、陶瓷、塑料、橡胶、天然纤维、化学纤维、玻璃等制品和直接接触食品或者食品添加剂的涂料。

用于食品生产经营的工具、设备，指在食品或者食品添加剂生产、销售、使用过程中直接接触食品或者食品添加剂的机械、管道、传送带、容器、用具、餐具等。

用于食品的洗涤剂、消毒剂，指直接用于洗涤或者消毒食品、餐具、饮具以及直接接触食品的工具、设备或者食品包装材料和容器的物质。

食品保质期，指食品在标明的贮存条件下保持品质的期限。

食源性疾病，指食品中致病因素进入人体引起的感染性、中毒性等疾病，包括食物中毒。

食品安全事故，指食源性疾病、食品污染等源于食品，对人体健康有危害或者可能有危害的事故。

第一百五十一条 转基因食品和食盐的食品安全管理，本法未作规定的，适用其他法律、行政法规的规定。

第一百五十二条 铁路、民航运营中食品安全的管理办法由国务院食品安全监督管理部门会同国务院有关部门依照本法制定。

保健食品的具体管理办法由国务院食品安全监督管理部门依照本法制定。

食品相关产品生产活动的具体管理办法由国务院食品安全监督管理部门依照本法制定。

国境口岸食品的监督管理由出入境检验检疫机构依照本法以及有关法律、行政法规的规定实施。

军队专用食品和自供食品的食品安全管理办法由中央军事委员会依照本法制定。

第一百五十三条 国务院根据实际需要，可以对食品安全监督管理体制作出调整。

第一百五十四条 本法自 2015 年 10 月 1 日起施行。

2. 中华人民共和国政府信息公开条例

（2007 年 4 月 5 日中华人民共和国国务院令第 492 号公布　2019 年 4 月 3 日中华人民共和国国务院令第 711 号修订）

第一章　总　则

第一条　为了保障公民、法人和其他组织依法获取政府信息，提高政府工作的透明度，建设法治政府，充分发挥政府信息对人民群众生产、生活和经济社会活动的服务作用，制定本条例。

第二条　本条例所称政府信息，是指行政机关在履行行政管理职能过程中制作或者获取的，以一定形式记录、保存的信息。

第三条　各级人民政府应当加强对政府信息公开工作的组织领导。

国务院办公厅是全国政府信息公开工作的主管部门，负责推进、指导、协调、监督全国的政府信息公开工作。

县级以上地方人民政府办公厅（室）是本行政区域的政府信息公开工作主管部门，负责推进、指导、协调、监督本行政区域的政府信息公开工作。

实行垂直领导的部门的办公厅（室）主管本系统的政府信息公开工作。

第四条　各级人民政府及县级以上人民政府部门应当建立健全本行政机关的政府信息公开工作制度，并指定机构（以下统称政府信息公开工作机构）负责本行政机关政府信息公开的日常工作。

政府信息公开工作机构的具体职能是：

（一）办理本行政机关的政府信息公开事宜；

（二）维护和更新本行政机关公开的政府信息；

（三）组织编制本行政机关的政府信息公开指南、政府信息公开目录和政府信息公开工作年度报告；

（四）组织开展对拟公开政府信息的审查；

（五）本行政机关规定的与政府信息公开有关的其他职能。

第五条 行政机关公开政府信息，应当坚持以公开为常态、不公开为例外，遵循公正、公平、合法、便民的原则。

第六条 行政机关应当及时、准确地公开政府信息。

行政机关发现影响或者可能影响社会稳定、扰乱社会和经济管理秩序的虚假或者不完整信息的，应当发布准确的政府信息予以澄清。

第七条 各级人民政府应当积极推进政府信息公开工作，逐步增加政府信息公开的内容。

第八条 各级人民政府应当加强政府信息资源的规范化、标准化、信息化管理，加强互联网政府信息公开平台建设，推进政府信息公开平台与政务服务平台融合，提高政府信息公开在线办理水平。

第九条 公民、法人和其他组织有权对行政机关的政府信息公开工作进行监督，并提出批评和建议。

第二章　公开的主体和范围

第十条 行政机关制作的政府信息，由制作该政府信息的行政机关负责公开。行政机关从公民、法人和其他组织获取的政府信息，由保存该政府信息的行政机关负责公开；行政机关获取的其他行政机关的政府信息，由制作或者最初获取该政府信息的行政机关负责公开。法律、法规对政府信息公开的权限另有规定的，从其规定。

行政机关设立的派出机构、内设机构依照法律、法规对外以自己名义履行行政管理职能的，可以由该派出机构、内设机构负责与所履行行政管理职能有关的政府信息公开工作。

两个以上行政机关共同制作的政府信息，由牵头制作的行政机关负责公开。

第十一条 行政机关应当建立健全政府信息公开协调机制。行政机关公开政府信息涉及其他机关的，应当与有关机关协商、确认，保证行政机关公开的政府信息准确一致。

行政机关公开政府信息依照法律、行政法规和国家有关规定需要批准的，经批准予以公开。

第十二条　行政机关编制、公布的政府信息公开指南和政府信息公开目录应当及时更新。

政府信息公开指南包括政府信息的分类、编排体系、获取方式和政府信息公开工作机构的名称、办公地址、办公时间、联系电话、传真号码、互联网联系方式等内容。

政府信息公开目录包括政府信息的索引、名称、内容概述、生成日期等内容。

第十三条　除本条例第十四条、第十五条、第十六条规定的政府信息外，政府信息应当公开。

行政机关公开政府信息，采取主动公开和依申请公开的方式。

第十四条　依法确定为国家秘密的政府信息，法律、行政法规禁止公开的政府信息，以及公开后可能危及国家安全、公共安全、经济安全、社会稳定的政府信息，不予公开。

第十五条　涉及商业秘密、个人隐私等公开会对第三方合法权益造成损害的政府信息，行政机关不得公开。但是，第三方同意公开或者行政机关认为不公开会对公共利益造成重大影响的，予以公开。

第十六条　行政机关的内部事务信息，包括人事管理、后勤管理、内部工作流程等方面的信息，可以不予公开。

行政机关在履行行政管理职能过程中形成的讨论记录、过程稿、磋商信函、请示报告等过程性信息以及行政执法案卷信息，可以不予公开。法律、法规、规章规定上述信息应当公开的，从其规定。

第十七条　行政机关应当建立健全政府信息公开审查机制，明确审查的程序和责任。

行政机关应当依照《中华人民共和国保守国家秘密法》以及其他法律、法规和国家有关规定对拟公开的政府信息进行审查。

行政机关不能确定政府信息是否可以公开的，应当依照法律、法规和国家有关规定报有关主管部门或者保密行政管理部门确定。

第十八条　行政机关应当建立健全政府信息管理动态调整机制，对本行政机关不予公开的政府信息进行定期评估审查，对因情势变化可以公开的政府信息应当公开。

第三章　主动公开

第十九条　对涉及公众利益调整、需要公众广泛知晓或者需要公众参与决策的政府信息，行政机关应当主动公开。

第二十条　行政机关应当依照本条例第十九条的规定，主动公开本行政机关的下列政府信息：

（一）行政法规、规章和规范性文件；

（二）机关职能、机构设置、办公地址、办公时间、联系方式、负责人姓名；

（三）国民经济和社会发展规划、专项规划、区域规划及相关政策；

（四）国民经济和社会发展统计信息；

（五）办理行政许可和其他对外管理服务事项的依据、条件、程序以及办理结果；

（六）实施行政处罚、行政强制的依据、条件、程序以及本行政机关认为具有一定社会影响的行政处罚决定；

（七）财政预算、决算信息；

（八）行政事业性收费项目及其依据、标准；

（九）政府集中采购项目的目录、标准及实施情况；

（十）重大建设项目的批准和实施情况；

（十一）扶贫、教育、医疗、社会保障、促进就业等方面的政策、措施及其实施情况；

（十二）突发公共事件的应急预案、预警信息及应对情况；

（十三）环境保护、公共卫生、安全生产、食品药品、产品质量的监督检查情况；

(十四)公务员招考的职位、名额、报考条件等事项以及录用结果；

(十五)法律、法规、规章和国家有关规定规定应当主动公开的其他政府信息。

第二十一条　除本条例第二十条规定的政府信息外，设区的市级、县级人民政府及其部门还应当根据本地方的具体情况，主动公开涉及市政建设、公共服务、公益事业、土地征收、房屋征收、治安管理、社会救助等方面的政府信息；乡(镇)人民政府还应当根据本地方的具体情况，主动公开贯彻落实农业农村政策、农田水利工程建设运营、农村土地承包经营权流转、宅基地使用情况审核、土地征收、房屋征收、筹资筹劳、社会救助等方面的政府信息。

第二十二条　行政机关应当依照本条例第二十条、第二十一条的规定，确定主动公开政府信息的具体内容，并按照上级行政机关的部署，不断增加主动公开的内容。

第二十三条　行政机关应当建立健全政府信息发布机制，将主动公开的政府信息通过政府公报、政府网站或者其他互联网政务媒体、新闻发布会以及报刊、广播、电视等途径予以公开。

第二十四条　各级人民政府应当加强依托政府门户网站公开政府信息的工作，利用统一的政府信息公开平台集中发布主动公开的政府信息。政府信息公开平台应当具备信息检索、查阅、下载等功能。

第二十五条　各级人民政府应当在国家档案馆、公共图书馆、政务服务场所设置政府信息查阅场所，并配备相应的设施、设备，为公民、法人和其他组织获取政府信息提供便利。

行政机关可以根据需要设立公共查阅室、资料索取点、信息公告栏、电子信息屏等场所、设施，公开政府信息。

行政机关应当及时向国家档案馆、公共图书馆提供主动公开的政府信息。

第二十六条　属于主动公开范围的政府信息，应当自该政府信息形成或者变更之日起 20 个工作日内及时公开。法律、法规对政府信息公开的期限另有规定的,从其规定。

第四章　依申请公开

第二十七条　除行政机关主动公开的政府信息外,公民、法人或者其他组织可以向地方各级人民政府、对外以自己名义履行行政管理职能的县级以上人民政府部门(含本条例第十条第二款规定的派出机构、内设机构)申请获取相关政府信息。

第二十八条　本条例第二十七条规定的行政机关应当建立完善政府信息公开申请渠道,为申请人依法申请获取政府信息提供便利。

第二十九条　公民、法人或者其他组织申请获取政府信息的,应当向行政机关的政府信息公开工作机构提出,并采用包括信件、数据电文在内的书面形式;采用书面形式确有困难的,申请人可以口头提出,由受理该申请的政府信息公开工作机构代为填写政府信息公开申请。

政府信息公开申请应当包括下列内容:

(一)申请人的姓名或者名称、身份证明、联系方式;

(二)申请公开的政府信息的名称、文号或者便于行政机关查询的其他特征性描述;

(三)申请公开的政府信息的形式要求,包括获取信息的方式、途径。

第三十条　政府信息公开申请内容不明确的,行政机关应当给予指导和释明,并自收到申请之日起 7 个工作日内一次性告知申请人作出补正,说明需要补正的事项和合理的补正期限。答复期限自行政机关收到补正的申请之日起计算。申请人无正当理由逾期不补正的,视为放弃申请,行政机关不再处理该政府信息公开申请。

第三十一条　行政机关收到政府信息公开申请的时间,按照下列规定确定:

(一)申请人当面提交政府信息公开申请的,以提交之日为收到申请之日；

（二）申请人以邮寄方式提交政府信息公开申请的，以行政机关签收之日为收到申请之日；以平常信函等无需签收的邮寄方式提交政府信息公开申请的，政府信息公开工作机构应当于收到申请的当日与申请人确认，确认之日为收到申请之日；

（三）申请人通过互联网渠道或者政府信息公开工作机构的传真提交政府信息公开申请的，以双方确认之日为收到申请之日。

第三十二条　依申请公开的政府信息公开会损害第三方合法权益的，行政机关应当书面征求第三方的意见。第三方应当自收到征求意见书之日起 15 个工作日内提出意见。第三方逾期未提出意见的，由行政机关依照本条例的规定决定是否公开。第三方不同意公开且有合理理由的，行政机关不予公开。行政机关认为不公开可能对公共利益造成重大影响的，可以决定予以公开，并将决定公开的政府信息内容和理由书面告知第三方。

第三十三条　行政机关收到政府信息公开申请，能够当场答复的，应当当场予以答复。

行政机关不能当场答复的，应当自收到申请之日起 20 个工作日内予以答复；需要延长答复期限的，应当经政府信息公开工作机构负责人同意并告知申请人，延长的期限最长不得超过 20 个工作日。

行政机关征求第三方和其他机关意见所需时间不计算在前款规定的期限内。

第三十四条　申请公开的政府信息由两个以上行政机关共同制作的，牵头制作的行政机关收到政府信息公开申请后可以征求相关行政机关的意见，被征求意见机关应当自收到征求意见书之日起 15 个工作日内提出意见，逾期未提出意见的视为同意公开。

第三十五条　申请人申请公开政府信息的数量、频次明显超过合理范围，行政机关可以要求申请人说明理由。行政机关认为申请理由不合理的，告知申请人不予处理；行政机关认为申请理由合理，但是无法在本条例第三十三条规定的期限内答复申请人的，可以确定延迟答复的合理期限并告知申请人。

第三十六条 对政府信息公开申请，行政机关根据下列情况分别作出答复：

（一）所申请公开信息已经主动公开的，告知申请人获取该政府信息的方式、途径；

（二）所申请公开信息可以公开的，向申请人提供该政府信息，或者告知申请人获取该政府信息的方式、途径和时间；

（三）行政机关依据本条例的规定决定不予公开的，告知申请人不予公开并说明理由；

（四）经检索没有所申请公开信息的，告知申请人该政府信息不存在；

（五）所申请公开信息不属于本行政机关负责公开的，告知申请人并说明理由；能够确定负责公开该政府信息的行政机关的，告知申请人该行政机关的名称、联系方式；

（六）行政机关已就申请人提出的政府信息公开申请作出答复、申请人重复申请公开相同政府信息的，告知申请人不予重复处理；

（七）所申请公开信息属于工商、不动产登记资料等信息，有关法律、行政法规对信息的获取有特别规定的，告知申请人依照有关法律、行政法规的规定办理。

第三十七条 申请公开的信息中含有不应当公开或者不属于政府信息的内容，但是能够作区分处理的，行政机关应当向申请人提供可以公开的政府信息内容，并对不予公开的内容说明理由。

第三十八条 行政机关向申请人提供的信息，应当是已制作或者获取的政府信息。除依照本条例第三十七条的规定能够作区分处理的外，需要行政机关对现有政府信息进行加工、分析的，行政机关可以不予提供。

第三十九条 申请人以政府信息公开申请的形式进行信访、投诉、举报等活动，行政机关应当告知申请人不作为政府信息公开申请处理并可以告知通过相应渠道提出。

申请人提出的申请内容为要求行政机关提供政府公报、报刊、书籍等公开出版物的，行政机关可以告知获取的途径。

第四十条 行政机关依申请公开政府信息，应当根据申请人的要求及行政机关保存政府信息的实际情况，确定提供政府信息的具体形式；按照申请人要求的形式提供政府信息，可能危及政府信息载体安全或者公开成本过高的，可以通过电子数据以及其他适当形式提供，或者安排申请人查阅、抄录相关政府信息。

第四十一条 公民、法人或者其他组织有证据证明行政机关提供的与其自身相关的政府信息记录不准确的，可以要求行政机关更正。有权更正的行政机关审核属实的，应当予以更正并告知申请人；不属于本行政机关职能范围的，行政机关可以转送有权更正的行政机关处理并告知申请人，或者告知申请人向有权更正的行政机关提出。

第四十二条 行政机关依申请提供政府信息，不收取费用。但是，申请人申请公开政府信息的数量、频次明显超过合理范围的，行政机关可以收取信息处理费。

行政机关收取信息处理费的具体办法由国务院价格主管部门会同国务院财政部门、全国政府信息公开工作主管部门制定。

第四十三条 申请公开政府信息的公民存在阅读困难或者视听障碍的，行政机关应当为其提供必要的帮助。

第四十四条 多个申请人就相同政府信息向同一行政机关提出公开申请，且该政府信息属于可以公开的，行政机关可以纳入主动公开的范围。

对行政机关依申请公开的政府信息，申请人认为涉及公众利益调整、需要公众广泛知晓或者需要公众参与决策的，可以建议行政机关将该信息纳入主动公开的范围。行政机关经审核认为属于主动公开范围的，应当及时主动公开。

第四十五条　行政机关应当建立健全政府信息公开申请登记、审核、办理、答复、归档的工作制度，加强工作规范。

第五章　监督和保障

第四十六条　各级人民政府应当建立健全政府信息公开工作考核制度、社会评议制度和责任追究制度，定期对政府信息公开工作进行考核、评议。

第四十七条　政府信息公开工作主管部门应当加强对政府信息公开工作的日常指导和监督检查，对行政机关未按照要求开展政府信息公开工作的，予以督促整改或者通报批评；需要对负有责任的领导人员和直接责任人员追究责任的，依法向有权机关提出处理建议。

公民、法人或者其他组织认为行政机关未按照要求主动公开政府信息或者对政府信息公开申请不依法答复处理的，可以向政府信息公开工作主管部门提出。政府信息公开工作主管部门查证属实的，应当予以督促整改或者通报批评。

第四十八条　政府信息公开工作主管部门应当对行政机关的政府信息公开工作人员定期进行培训。

第四十九条　县级以上人民政府部门应当在每年1月31日前向本级政府信息公开工作主管部门提交本行政机关上一年度政府信息公开工作年度报告并向社会公布。

县级以上地方人民政府的政府信息公开工作主管部门应当在每年3月31日前向社会公布本级政府上一年度政府信息公开工作年度报告。

第五十条　政府信息公开工作年度报告应当包括下列内容：

（一）行政机关主动公开政府信息的情况；

（二）行政机关收到和处理政府信息公开申请的情况；

（三）因政府信息公开工作被申请行政复议、提起行政诉讼的情况；

（四）政府信息公开工作存在的主要问题及改进情况，各级人民政府的政府信息公开工作年度报告还应当包括工作考核、社会评议和责任追究结果情况；

（五）其他需要报告的事项。

全国政府信息公开工作主管部门应当公布政府信息公开工作年度报告统一格式，并适时更新。

第五十一条　公民、法人或者其他组织认为行政机关在政府信息公开工作中侵犯其合法权益的，可以向上一级行政机关或者政府信息公开工作主管部门投诉、举报，也可以依法申请行政复议或者提起行政诉讼。

第五十二条　行政机关违反本条例的规定，未建立健全政府信息公开有关制度、机制的，由上一级行政机关责令改正；情节严重的，对负有责任的领导人员和直接责任人员依法给予处分。

第五十三条　行政机关违反本条例的规定，有下列情形之一的，由上一级行政机关责令改正；情节严重的，对负有责任的领导人员和直接责任人员依法给予处分；构成犯罪的，依法追究刑事责任：

（一）不依法履行政府信息公开职能；

（二）不及时更新公开的政府信息内容、政府信息公开指南和政府信息公开目录；

（三）违反本条例规定的其他情形。

第六章　附　　则

第五十四条　法律、法规授权的具有管理公共事务职能的组织公开政府信息的活动，适用本条例。

第五十五条　教育、卫生健康、供水、供电、供气、供热、环境保护、公共交通等与人民群众利益密切相关的公共企事业单位，公开在提供社会公共服务过程中制作、获取的信息，依照相关法律、法规和国务院有关主管部门或者机构的规定执行。全国政府信息公开工作主管部门根据实际需要可以制定专门的规定。

前款规定的公共企事业单位未依照相关法律、法规和国务院有关主管部门或者机构的规定公开在提供社会公共服务过程中制作、获取的信息，公民、法人或者其他组织可以向有关主管部门或者机构申诉，接受申诉的部门或者机构应当及时调查处理并将处理结果告知申诉人。

第五十六条　本条例自 2019 年 5 月 15 日起施行。

3. 网络餐饮服务食品安全监督管理办法

（《网络餐饮服务食品安全监督管理办法》已于 2017 年 9 月 5 日经国家食品药品监督管理总局局务会议审议通过，11 月 6 日食品药品监督管理总局局长签署第 36 号令并公布，自 2018 年 1 月 1 日起施行。）

第一条　为加强网络餐饮服务食品安全监督管理，规范网络餐饮服务经营行为，保证餐饮食品安全，保障公众身体健康，根据《中华人民共和国食品安全法》等法律法规，制定本办法。

第二条　在中华人民共和国境内，网络餐饮服务第三方平台提供者、通过第三方平台和自建网站提供餐饮服务的餐饮服务提供者（以下简称入网餐饮服务提供者），利用互联网提供餐饮服务及其监督管理，适用本办法。

第三条　国家食品药品监督管理总局负责指导全国网络餐饮服务食品安全监督管理工作，并组织开展网络餐饮服务食品安全监测。

县级以上地方食品药品监督管理部门负责本行政区域内网络餐饮服务食品安全监督管理工作。

第四条　入网餐饮服务提供者应当具有实体经营门店并依法取得食品经营许可证，并按照食品经营许可证载明的主体业态、经营项目从事经营活动，不得超范围经营。

第五条　网络餐饮服务第三方平台提供者应当在通信主管部门批准后 30 个工作日内，向所在地省级食品药品监督管理部门备案。自建网站餐饮服务提供者应当在通信主管部门备案后 30 个工作日内，向所在地县级食品药品监督管理部门备案。备案内容包括域名、IP 地址、电信业务经营许可证或者备案号、企业名称、地址、法定代表人或者负责人姓名等。

网络餐饮服务第三方平台提供者设立从事网络餐饮服务分支机构的，应当在设立后30个工作日内，向所在地县级食品药品监督管理部门备案。备案内容包括分支机构名称、地址、法定代表人或者负责人姓名等。

食品药品监督管理部门应当及时向社会公开相关备案信息。

第六条 网络餐饮服务第三方平台提供者应当建立并执行入网餐饮服务提供者审查登记、食品安全违法行为制止及报告、严重违法行为平台服务停止、食品安全事故处置等制度，并在网络平台上公开相关制度。

第七条 网络餐饮服务第三方平台提供者应当设置专门的食品安全管理机构，配备专职食品安全管理人员，每年对食品安全管理人员进行培训和考核。培训和考核记录保存期限不得少于两年。经考核不具备食品安全管理能力的，不得上岗。

第八条 网络餐饮服务第三方平台提供者应当对入网餐饮服务提供者的食品经营许可证进行审查，登记入网餐饮服务提供者的名称、地址、法定代表人或者负责人及联系方式等信息，保证入网餐饮服务提供者食品经营许可证载明的经营场所等许可信息真实。

网络餐饮服务第三方平台提供者应当与入网餐饮服务提供者签订食品安全协议，明确食品安全责任。

第九条 网络餐饮服务第三方平台提供者和入网餐饮服务提供者应当在餐饮服务经营活动主页面公示餐饮服务提供者的食品经营许可证。食品经营许可等信息发生变更的，应当及时更新。

第十条 网络餐饮服务第三方平台提供者和入网餐饮服务提供者应当在网上公示餐饮服务提供者的名称、地址、量化分级信息，公示的信息应当真实。

第十一条 入网餐饮服务提供者应当在网上公示菜品名称和主要原

料名称，公示的信息应当真实。

第十二条 网络餐饮服务第三方平台提供者提供食品容器、餐具和包装材料的，所提供的食品容器、餐具和包装材料应当无毒、清洁。

鼓励网络餐饮服务第三方平台提供者提供可降解的食品容器、餐具和包装材料。

第十三条 网络餐饮服务第三方平台提供者和入网餐饮服务提供者应当加强对送餐人员的食品安全培训和管理。委托送餐单位送餐的，送餐单位应当加强对送餐人员的食品安全培训和管理。培训记录保存期限不得少于两年。

第十四条 送餐人员应当保持个人卫生，使用安全、无害的配送容器，保持容器清洁，并定期进行清洗消毒。送餐人员应当核对配送食品，保证配送过程食品不受污染。

第十五条 网络餐饮服务第三方平台提供者和自建网站餐饮服务提供者应当履行记录义务，如实记录网络订餐的订单信息，包括食品的名称、下单时间、送餐人员、送达时间以及收货地址，信息保存时间不得少于6个月。

第十六条 网络餐饮服务第三方平台提供者应当对入网餐饮服务提供者的经营行为进行抽查和监测。

网络餐饮服务第三方平台提供者发现入网餐饮服务提供者存在违法行为的，应当及时制止并立即报告入网餐饮服务提供者所在地县级食品药品监督管理部门；发现严重违法行为的，应当立即停止提供网络交易平台服务。

第十七条 网络餐饮服务第三方平台提供者应当建立投诉举报处理制度，公开投诉举报方式，对涉及消费者食品安全的投诉举报及时进行处理。

第十八条 入网餐饮服务提供者加工制作餐饮食品应当符合下列要求：

（一）制定并实施原料控制要求，选择资质合法、保证原料质量安全的供货商，或者从原料生产基地、超市采购原料，做好食品原料索证索票和进货查验记录，不得采购不符合食品安全标准的食品及原料；

(二)在加工过程中应当检查待加工的食品及原料，发现有腐败变质、油脂酸败、霉变生虫、污秽不洁、混有异物、掺假掺杂或者感官性状异常的，不得加工使用；

(三)定期维护食品贮存、加工、清洗消毒等设施、设备，定期清洗和校验保温、冷藏和冷冻等设施、设备，保证设施、设备运转正常；

(四)在自己的加工操作区内加工食品，不得将订单委托其他食品经营者加工制作；

(五)网络销售的餐饮食品应当与实体店销售的餐饮食品质量安全保持一致。

第十九条 入网餐饮服务提供者应当使用无毒、清洁的食品容器、餐具和包装材料，并对餐饮食品进行包装，避免送餐人员直接接触食品，确保送餐过程中食品不受污染。

第二十条 入网餐饮服务提供者配送有保鲜、保温、冷藏或者冷冻等特殊要求食品的，应当采取能保证食品安全的保存、配送措施。

第二十一条 国家食品药品监督管理总局组织监测发现网络餐饮服务第三方平台提供者和入网餐饮服务提供者存在违法行为的，通知有关省级食品药品监督管理部门依法组织查处。

第二十二条 县级以上地方食品药品监督管理部门接到网络餐饮服务第三方平台提供者报告入网餐饮服务提供者存在违法行为的，应当及时依法查处。

第二十三条 县级以上地方食品药品监督管理部门应当加强对网络餐饮服务食品安全的监督检查，发现网络餐饮服务第三方平台提供者和入网餐饮服务提供者存在违法行为的，依法进行查处。

第二十四条 县级以上地方食品药品监督管理部门对网络餐饮服务交易活动的技术监测记录资料，可以依法作为认定相关事实的依据。

第二十五条 县级以上地方食品药品监督管理部门对于消费者投诉

举报反映的线索，应当及时进行核查，被投诉举报人涉嫌违法的，依法进行查处。

第二十六条 县级以上地方食品药品监督管理部门查处的入网餐饮服务提供者有严重违法行为的，应当通知网络餐饮服务第三方平台提供者，要求其立即停止对入网餐饮服务提供者提供网络交易平台服务。

第二十七条 违反本办法第四条规定，入网餐饮服务提供者不具备实体经营门店，未依法取得食品经营许可证的，由县级以上地方食品药品监督管理部门依照食品安全法第一百二十二条的规定处罚。

第二十八条 违反本办法第五条规定，网络餐饮服务第三方平台提供者以及分支机构或者自建网站餐饮服务提供者未履行相应备案义务的，由县级以上地方食品药品监督管理部门责令改正，给予警告；拒不改正的，处 5000 元以上 3 万元以下罚款。

第二十九条 违反本办法第六条规定，网络餐饮服务第三方平台提供者未按要求建立、执行并公开相关制度的，由县级以上地方食品药品监督管理部门责令改正，给予警告；拒不改正的，处 5000 元以上 3 万元以下罚款。

第三十条 违反本办法第七条规定，网络餐饮服务第三方平台提供者未设置专门的食品安全管理机构，配备专职食品安全管理人员，或者未按要求对食品安全管理人员进行培训、考核并保存记录的，由县级以上地方食品药品监督管理部门责令改正，给予警告；拒不改正的，处 5000 元以上 3 万元以下罚款。

第三十一条 违反本办法第八条第一款规定，网络餐饮服务第三方平台提供者未对入网餐饮服务提供者的食品经营许可证进行审查，未登记入网餐饮服务提供者的名称、地址、法定代表人或者负责人及联系方式等信息，或者入网餐饮服务提供者食品经营许可证载明的经营场所等许可信息不真实的，由县级以上地方食品药品监督管理部门依照食品安全法第一百三十一条的规定处罚。

违反本办法第八条第二款规定，网络餐饮服务第三方平台提供者未与入网餐饮服务提供者签订食品安全协议的，由县级以上地方食品药品监督管理部门责令改正，给予警告；拒不改正的，处 5000 元以上 3 万元以下罚款。

第三十二条　违反本办法第九条、第十条、第十一条规定，网络餐饮服务第三方平台提供者和入网餐饮服务提供者未按要求进行信息公示和更新的，由县级以上地方食品药品监督管理部门责令改正，给予警告；拒不改正的，处 5000 元以上 3 万元以下罚款。

第三十三条　违反本办法第十二条规定，网络餐饮服务第三方平台提供者提供的食品配送容器、餐具和包装材料不符合规定的，由县级以上地方食品药品监督管理部门按照食品安全法第一百三十二条的规定处罚。

第三十四条　违反本办法第十三条规定，网络餐饮服务第三方平台提供者和入网餐饮服务提供者未对送餐人员进行食品安全培训和管理，或者送餐单位未对送餐人员进行食品安全培训和管理，或者未按要求保存培训记录的，由县级以上地方食品药品监督管理部门责令改正，给予警告；拒不改正的，处 5000 元以上 3 万元以下罚款。

第三十五条　违反本办法第十四条规定，送餐人员未履行使用安全、无害的配送容器等义务的，由县级以上地方食品药品监督管理部门对送餐人员所在单位按照食品安全法第一百三十二条的规定处罚。

第三十六条　违反本办法第十五条规定，网络餐饮服务第三方平台提供者和自建网站餐饮服务提供者未按要求记录、保存网络订餐信息的，由县级以上地方食品药品监督管理部门责令改正，给予警告；拒不改正的，处 5000 元以上 3 万元以下罚款。

第三十七条　违反本办法第十六条第一款规定，网络餐饮服务第三方平台提供者未对入网餐饮服务提供者的经营行为进行抽查和监测的，由县级以上地方食品药品监督管理部门责令改正，给予警告；拒不改正的，处 5000 元以上 3 万元以下罚款。

违反本办法第十六条第二款规定，网络餐饮服务第三方平台提供者发现入网餐饮服务提供者存在违法行为，未及时制止并立即报告入网餐饮服务提供者所在地县级食品药品监督管理部门的，或者发现入网餐饮服务提供者存在严重违法行为，未立即停止提供网络交易平台服务的，由县级以上地方食品药品监督管理部门依照食品安全法第一百三十一条的规定处罚。

第三十八条　违反本办法第十七条规定，网络餐饮服务第三方平台提供者未按要求建立消费者投诉举报处理制度，公开投诉举报方式，或者未对涉及消费者食品安全的投诉举报及时进行处理的，由县级以上地方食品药品监督管理部门责令改正，给予警告；拒不改正的，处 5000 元以上 3 万元以下罚款。

第三十九条　违反本办法第十八条第(一)项规定，入网餐饮服务提供者未履行制定实施原料控制要求等义务的，由县级以上地方食品药品监督管理部门依照食品安全法第一百二十六条第一款的规定处罚。

违反本办法第十八条第(二)项规定，入网餐饮服务提供者使用腐败变质、油脂酸败、霉变生虫、污秽不洁、混有异物、掺假掺杂或者感官性状异常等原料加工食品的，由县级以上地方食品药品监督管理部门依照食品安全法第一百二十四条第一款的规定处罚。违反本办法第十八条第(三)项规定，入网餐饮服务提供者未定期维护食品贮存、加工、清洗消毒等设施、设备，或者未定期清洗和校验保温、冷藏和冷冻等设施、设备的，由县级以上地方食品药品监督管理部门依照食品安全法第一百二十六条第一款的规定处罚。

违反本办法第十八条第(四)项、第(五)项规定，入网餐饮服务提供者将订单委托其他食品经营者加工制作，或者网络销售的餐饮食品未与实体店销售的餐饮食品质量安全保持一致的，由县级以上地方食品药品监督管理部门责令改正，给予警告；拒不改正的，处 5000 元以上 3 万元以下罚款。

第四十条　违反本办法第十九条规定，入网餐饮服务提供者未履行相应的包装义务的，由县级以上地方食品药品监督管理部门责令改正，给予警告；拒不改正的，处 5000 元以上 3 万元以下罚款。

第四十一条　违反本办法第二十条规定，入网餐饮服务提供者配送有保鲜、保温、冷藏或者冷冻等特殊要求食品，未采取能保证食品安全的保存、配送措施的，由县级以上地方食品药品监督管理部门依照食品安全法第一百三十二条的规定处罚。

第四十二条　县级以上地方食品药品监督管理部门应当自对网络餐饮服务第三方平台提供者和入网餐饮服务提供者违法行为作出处罚决定之日起 20 个工作日内在网上公开行政处罚决定书。

第四十三条　省、自治区、直辖市的地方性法规和政府规章对小餐饮网络经营作出规定的，按照其规定执行。

本办法对网络餐饮服务食品安全违法行为的查处未作规定的，按照《网络食品安全违法行为查处办法》执行。

第四十四条　网络餐饮服务第三方平台提供者和入网餐饮服务提供者违反食品安全法规定，构成犯罪的，依法追究刑事责任。

第四十五条　餐饮服务连锁公司总部建立网站为其门店提供网络交易服务的，参照本办法关于网络餐饮服务第三方平台提供者的规定执行。

第四十六条　本办法自 2018 年 1 月 1 日起施行。

4. 食品药品安全监管信息公开管理办法

为全面推进食品药品安全监管信息(以下简称监管信息)公开工作，保障公众的知情权、参与权、表达权和监督权，推进食品药品安全社会共治，增强政府部门公信力执行力，让权力在阳光下运行。2017 年 12 月 22 日，国家食品药品监管总局出台《食品药品安全监管信息公开管理办法》。

第一章　总　则

第一条　为加强食品药品安全监管信息公开，保障公众的知情权、参与权、表达权和监督权，根据《中华人民共和国食品安全法》《中华人民共和国药品管理法》《医疗器械监督管理条例》《化妆品卫生监督条例》《中华人民共和国政府信息公开条例》等法律法规，结合实际制定本办法。

第二条　本办法适用于食品安全监督管理部门在食品、药品、医疗器械、化妆品的产品(配方)注册、生产经营许可、广告审查、监督检查、监督抽检、行政处罚以及其他监管活动中形成的以一定形式制作保存的信息的主动公开。

第三条　食品药品安全监管信息公开应当遵循全面、及时、准确、客观、公正的原则。涉及国家秘密、商业秘密和个人隐私的，不得公开。但是，经权利人同意公开的或者食品安全监督管理部门认为不公开可能对公共利益造成重大影响的商业秘密、个人隐私，可以公开。

第四条　食品药品监督管理部门依职责建立食品药品安全监管信息公开清单，并及时公布、更新，接受社会监督。

食品药品安全监管信息公开清单包括公开事项、具体内容、公开时限、公开部门等。

食品安全监督管理部门负责信息公开的具体部门，负责监管信息公开的日常管理工作。

第二章　公开的范围

第五条　食品药品监督管理部门依职责在其政府网站公开下列行政审批信息：

(一)食品、药品、医疗器械、化妆品审评审批服务指南、产品(配方)注册证书(批件)、标签和说明书样稿等信息；

(二)食品、药品、医疗器械、化妆品生产经营许可服务指南、生产经营许可证等信息；

（三）保健食品、特殊医学用途配方食品、药品和医疗器械广告审查服务指南、审查结果等信息；

（四）其他行政审批事项服务指南、批准文件等相关信息。

第六条 食品药品监督管理部门依职责在其政府网站公开食品、药品、医疗器械、化妆品的备案日期、备案企业（产品）、备案号等备案信息。

第七条 食品药品监督管理部门依职责在其政府网站公开食品、药品、医疗器械、化妆品日常监督检查和飞行检查等监督检查结果信息。

第八条 食品药品监督管理部门依职责在其政府网站公开食品、药品、医疗器械、化妆品监督抽检结果中的有关被抽检单位、抽检产品名称、标示的生产单位、标示的产品生产日期或者批号及规格、检验依据、检验结果、检验单位等监督抽检信息。

第九条 食品药品监督管理部门依职责在其政府网站公开食品、药品、化妆品、医疗器械的行政处罚决定的下列信息：

（一）行政处罚案件名称、处罚决定书文号；

（二）被处罚的自然人姓名、被处罚的企业或其他组织的名称、统一社会信用代码（组织机构代码、事业单位法人证书编号）、法定代表人（负责人）姓名；

（三）违反法律、法规和规章的主要事实；

（四）行政处罚的种类和依据；

（五）行政处罚的履行方式和期限；

（六）作出行政处罚决定的行政执法机关名称和日期。

第十条 食品药品监督管理部门责令食品药品生产经营者召回相关食品、药品、医疗器械、化妆品的，应当在决定作出后 24 小时内，在省级以上食品药品监督管理部门政府网站公开下列产品召回信息：

（一）生产经营者的名称、住所、法定代表人（主要负责人）、联系电话、电子邮箱等；

(二)产品名称、注册证书(批件)号、规格、生产日期或者批号等;

(三)责令召回的原因、起始时间等;

(四)法律、法规和规章规定的其他信息。

第十一条 食品药品监督管理部门统计调查取得的统计信息,依据法律法规及时公开,供社会公众查询。

第十二条 食品药品监督管理部门依照保密法律法规规定,对拟公开的食品药品安全监管信息进行审查。对不能确定是否公开的食品药品安全监管信息,应当依照法律法规和国家有关规定,报有关主管部门或者同级保密工作部门确定。

涉及关系国家安全和利益、依照法定程序确定、在一定时间内只限一定范围的人员知悉的事项,属于国家秘密,不予公开。

涉及不为公众所知悉、能为权利人带来经济利益、具有实用性并经权利人采取保密措施的技术信息和经营信息,属于商业秘密,不予公开。

涉及公民依法受到保护的隐私信息,不予公开。

第三章 公开的要求

第十三条 食品药品监督管理部门主要负责人对食品药品安全监管信息公开工作负总责,建立健全监管信息公开工作机制,加快信息化建设,推进食品药品安全监管信息公开工作。

没有政府网站的,应当在上级食品药品监督管理部门政府网站或者同级人民政府的政府网站公开。

第十四条 食品药品监督管理部门应当积极听取社会公众对食品药品安全监管信息公开工作的意见和建议。

鼓励通过第三方评估、公众满意度调查等方式,了解食品药品安全监管信息公开工作的实效。

第十五条 食品药品监督管理部门应当建立舆情收集和回应机制。通过多种方式开展食品药品安全监管信息公开的政策解读,及时回应社会关注。

第十六条　食品药品监督管理部门应当自行政许可、行政处罚等行政决定送达之日起 7 个工作日内，在政府网站公开其信息。因特殊情形需要延长期限的，经本部门负责人批准，可以延长至 20 个工作日。法律、法规和规章另有规定的，从其规定。

第四章　监督管理

第十七条　食品药品监督管理部门应当建立食品药品安全监管信息公开考核制度，将食品药品安全监管信息公开工作纳入本单位的工作目标责任考核体系，定期对下级食品药品监督管理部门监管信息公开工作进行考核。

第十八条　食品药品监督管理部门发现其公开的监管信息不准确或者没有及时更新、公开不应当公开的监管信息或者行政决定被依法更正、撤销的，应当及时更新或者撤除。

公民、法人或者其他组织有证据证明食品药品监督管理部门公开的监管信息与事实不符、依照有关法律法规规定不得公开或者没有及时更新或者撤除的，可以以书面形式申请食品药品监督管理部门更正。食品药品监督管理部门应当自收到书面更正申请之日起 20 个工作日内进行核实处理，并将结果告知申请人。

第十九条　食品药品监督管理部门按照《中华人民共和国政府信息公开条例》的要求，在每年 3 月 31 日前编制完成本级食品药品监督管理部门上一年度食品药品安全监管信息公开工作年度报告，并向社会公布。

第二十条　对在食品药品安全监管信息公开工作中取得突出成绩的单位和个人，食品药品监督管理部门应当给予表彰奖励。

第二十一条　违反本办法规定，有下列情形之一的，由食品药品监督管理部门予以警告并责令限期改正；情节严重的，对直接负责的主管人员和其他直接责任人员给予行政处分：

（一）未公开应当公开的食品药品安全监管信息的；

（二）未按时限履行食品药品安全监管信息公开义务的；

（三）未及时更新食品药品安全监管信息公开清单的；

（四）未进行食品药品安全监管信息保密审查的；

（五）未及时更新或者撤除相关食品药品安全监管信息的；

（六）法律、法规和规章规定的其他情形。

第二十二条 违反本办法规定，造成严重后果，涉嫌构成犯罪的，移送司法机关处理。

第五章 附 则

第二十三条 本办法自 2018 年 3 月 1 日起施行。

5. 食品安全信息公布管理办法

为贯彻实施《食品安全法》及其实施条例，规范食品安全信息公布行为，卫生部会同农业部、商务部、工商总局、质检总局、食品药品监管局制定了《食品安全信息公布管理办法》。

第一条 为规范食品安全信息公布行为，根据《食品安全法》及其实施条例等法律法规，制定本办法。

第二条 本办法所称食品安全信息，是指县级以上食品安全综合协调部门、监管部门及其他政府相关部门在履行职责过程中制作或获知的，以一定形式记录、保存的食品生产、流通、餐饮消费以及进出口等环节的有关信息。

第三条 食品安全信息公布应当准确、及时、客观，维护消费者和食品生产经营者的合法权益。

第四条 食品安全信息分为卫生行政部门统一公布的食品安全信息和各有关监督管理部门依据各自职责公布的食品安全日常监督管理的信息。

　　第五条　县级以上卫生行政、农业行政、质量监督、工商行政管理、食品药品监管以及出入境检验检疫部门应当建立食品安全信息公布制度，通过政府网站、政府公报、新闻发布会以及报刊、广播、电视等便于公众知晓的方式向社会公布食品安全信息。各地应当逐步建立统一的食品安全信息公布平台，实现信息共享。

　　第六条　县级以上卫生行政、农业行政、质量监督、工商行政管理、食品安全监督管理、商务行政以及出入境检验检疫部门应当相互通报获知的食品安全信息。各有关部门应当建立信息通报的工作机制，明确信息通报的形式、通报渠道和责任部门。接到信息通报的部门应当及时对食品安全信息依据职责分工进行处理。对食品安全事故等紧急信息应当按照《食品安全法》有关规定立即进行处理。

　　第七条　国务院卫生行政部门负责统一公布以下食品安全信息：

　　(一)国家食品安全总体情况。包括国家年度食品安全总体状况、国家食品安全风险监测计划实施情况、食品安全国家标准的制订和修订工作情况等。

　　(二)食品安全风险评估信息。

　　(三)食品安全风险警示信息。包括对食品存在或潜在的有毒有害因素进行预警的信息；具有较高程度食品安全风险食品的风险警示信息。

　　(四)重大食品安全事故及其处理信息。包括重大食品安全事故的发生地和责任单位基本情况、伤亡人员数量及救治情况、事故原因、事故责任调查情况、应急处置措施等。

　　(五)其他重要的食品安全信息和国务院确定的需要统一公布的信息。

　　各相关部门应当向国务院卫生行政部门及时提供获知的涉及上述食品安全信息的相关信息。

　　第八条　省级卫生行政部门负责公布影响仅限于本辖区的以下食品安全信息：

（一）食品安全风险监测方案实施情况、食品安全地方标准制订、修订情况和企业标准备案情况等。

（二）本地区首次出现的，已有食品安全风险评估结果的食品安全风险因素。

（三）影响仅限于本辖区全部或者部分的食品安全风险警示信息，包括对食品存在或潜在的有毒有害因素进行预警的信息；具有较高程度食品安全风险食品的风险警示信息及相应的监管措施和有关建议。

（四）本地区重大食品安全事故及其处理信息。

上述信息由省级卫生行政部门自行决定并公布。

第九条 县级以上卫生行政、农业行政、质量监督、工商行政管理、食品药品监管、商务行政以及出入境检验检疫部门应当依法公布相关信息。日常食品安全监督管理信息涉及两个以上食品安全监督管理部门职责的，由相关部门联合公布。各有关部门应当向社会公布日常食品安全监督管理信息的咨询、查询方式，为公众查阅提供便利，不得收取任何费用。

第十条 发生重大食品安全事故后，负责食品安全事故处置的省级卫生行政部门会同有关部门，在当地政府统一领导下，在事故发生后第一时间拟定信息发布方案，由卫生行政部门公布简要信息，随后公布初步核实情况、应对和处置措施等，并根据事态发展和处置情况滚动公布相关信息。对涉及事故的各种谣言、传言，应当迅速公开澄清事实，消除不良影响。

第十一条 各相关部门在公布食品安全信息前，可以组织专家对信息内容进行研究和分析，提供科学意见和建议。在公布食品安全信息时，应当组织专家解释和澄清食品安全信息中的科学问题，加强食品安全知识的宣传、普及，倡导健康生活方式，增强消费者食品安全意识和自我保护能力。

第十二条 县级以上食品安全各监督管理部门公布食品安全信息，应当及时通报各相关部门，必要时应当与相关部门进行会商，同时将会商情况报告当地政府。各食品安全监管部门对于获知涉及其监管职责，但无法判定是否属于应当统一公布的食品安全信息的，可以通报同级卫生行政部门；卫生行政部门认为不属于统一公布的食品安全信息的，应当书面反馈相关部门。

第十三条　依照本办法负有食品安全信息报告、通报、会商职责的有关部门，应当依法及时报告、通报和会商食品安全信息，不得隐瞒、谎报、缓报。

第十四条　地方各级卫生行政部门和有关部门的上级主管部门应当组织食品安全信息公布情况的监督检查，不定期对食品安全监管各部门的食品安全信息公布、报告和通报情况进行考核和评议。必要时有关部门可以纠正下级部门发布的食品安全信息，并重新发布有关食品安全信息。

第十五条　各地、各部门要充分发挥新闻媒体信息传播和舆论监督作用，积极支持新闻媒体开展食品安全信息报道，畅通与新闻媒体信息交流渠道，为采访报道提供相关便利，不得封锁消息、干涉舆论监督。对重大食品安全问题要在第一时间通过权威部门向新闻媒体公布，并适时通报事件进展情况及处理结果，同时注意做好舆情收集和分析。对于新闻媒体反映的食品安全问题，要及时调查处理，并通过适当方式公开处理结果，对不实和错误报道，要及时予以澄清。

第十六条　任何单位和个人有权向有关部门咨询和了解有关情况，对食品安全信息管理工作提出意见和建议。

任何单位或者个人未经政府或有关部门授权，不得发布食品安全信息。

第十七条　公民、法人和其他组织对公布的食品安全信息持有异议的，公布食品安全信息的部门应当对异议信息予以核实处理。经核实确属不当的，应当在原公布范围内予以更正，并告知持有异议者。

第十八条　公布食品安全信息的部门应当根据《食品安全法》规定的职责对公布的信息承担责任。任何单位或个人违法发布食品安全信息，应当立即整改，消除不良影响。

第十九条 国务院有关食品安全监管部门应当根据本办法制订本部门的食品安全信息公布管理制度。

第二十条 本办法自公布之日起施行。国家食品药品监督管理局等部门联合印发的《食品安全监管信息发布暂行管理办法》(国食药监协〔2004〕556号)同时废止。

6. 食品安全风险监测管理规范(试行)

第一章 总 则

第一条 为进一步加强和规范食品安全风险监测工作，根据《中华人民共和国食品安全法》、《中华人民共和国食品安全法实施条例》等法律法规和国务院赋予国家食品药品监督管理总局(以下简称食品药品监管总局)的职责，制定本规范。

第二条 本规范所称食品安全风险监测，是指通过系统地、持续地对食品污染、食品中有害因素以及影响食品安全的其他因素进行样品采集、检验、结果分析，及早发现食品安全问题，为食品安全风险研判和处置提供依据的活动。

第三条 食品药品监管总局组织开展的食品安全风险监测相关工作，应当遵守本规范。

第四条 食品药品监管总局组织开展本系统食品安全风险监测工作，指导督促省级食品药品监管部门以及风险监测技术机构相关工作。食品药品监管总局在指定的机构设立食品安全风险监测工作秘书处(以下简称秘书处)，承担风险监测数据汇总、分析等日常事务性工作。

省级食品药品监管部门按要求组织完成食品药品监管总局部署的风险监测工作任务，并负责组织对风险监测发现的问题样品进行调查核实、处置和结果报告。

第五条 食品药品监管总局根据食品安全风险监测工作需要，加强食品安全风险监测能力建设，建立健全食品安全风险监测网络体系。

第六条 食品安全风险监测工作经费严格按照国家有关财经法规制度和食品药品监管总局专项资金管理办法执行。

第二章 监测计划的制定

第七条 食品药品监管总局根据职责规定，结合食品安全监管工作的需要，组织制定食品药品监管总局食品安全风险监测计划。

省级食品药品监管部门和承担食品药品监管总局食品安全风险监测工作任务的食品检验机构(以下简称承检机构)应提出制定食品安全风险监测计划的建议。

第八条 食品安全风险监测计划应符合食品种类风险等级分类分级管理原则，科学合理地确定监测产品品种、监测项目、监测区域、监测频次和样品数量等。

第九条 食品安全风险监测计划的制定应遵循高风险食品监测优先选择原则，以下情况应作为优先考虑的因素：

(一)健康危害较大、风险程度较高以及污染水平、问题检出率呈上升趋势的；

(二)易对婴幼儿等特殊人群造成健康影响的；

(三)流通范围广、消费量大的；

(四)在国内发生过食品安全事故或社会关注度较高的；

(五)已列入《食品中可能违法添加的非食用物质和易滥用的食品添加剂品种名单》的；

(六)已在国外发生的食品安全问题并有证据表明可能在国内存在的。

第十条 食品药品监管总局应根据日常监管、有关部门通报的食品安全风险信息及其他风险信息，对食品安全风险监测计划内容进行调整，并根据需要组织开展应急监测和专项监测。

第十一条　食品安全风险监测计划应规定检验方法。对没有检验方法的，要组织有关机构研究建立，并按相关要求进行方法验证后作为指定的检验方法。

第三章　监测计划的实施

第十二条　食品药品监管总局根据《食品安全风险监测承检机构管理规定(试行)》和风险监测工作需要确定承检机构。

第十三条　省级食品药品监管部门根据食品药品监管总局食品安全风险监测计划，组织承检机构制定本行政区域风险监测工作实施方案，按要求完成监测任务。

第十四条　食品安全风险监测承检机构应安排专职人员按照食品安全风险监测计划和《食品安全风险监测样品采集技术要求》开展采样工作。必要时当地食品药品监管部门应给予协助。

第十五条　食品安全风险监测承检机构应按照食品安全风险监测计划规定的检验方法进行检测，监测数据应准确、可靠，并按要求通过食品药品监管总局指定的信息系统及时报送。

第十六条　食品安全风险监测承检机构和省级食品药品监管部门应按照《食品安全风险监测问题样品信息报告和核查处置规定(试行)》要求进行问题样品报告及核查处置工作。

第十七条　秘书处对承检机构报送的监测数据进行汇总和分析，定期提交风险监测分析报告。

第十八条　食品药品监管总局建立食品安全风险分析研判工作例会制度，定期或不定期组织省级食品药品监管部门、风险监测承检机构和相关专家，开展食品安全风险监测结果的综合分析研判，提出监管重点建议。

第十九条　食品药品监管总局对风险监测中发现可能存在的区域性、系统性食品安全苗头性问题，要及时通报有关省级食品安全委员会办公室；涉及农业、质检等部门的，及时向相关部门通报。

第二十条　食品药品监管总局定期或不定期组织对省级食品安全风险监测工作的督促指导，并组织对食品安全风险监测承检机构的考核和人员培训。

第四章　工作纪律

第二十一条　食品安全风险监测相关工作人员应当秉公守法，廉洁公正，不得弄虚作假。承检机构不得委派与食品生产经营者有利害关系的人员参与采样和检验等相关工作。

第二十二条　食品安全风险监测不得向被采样食品生产经营者收取采样和检验费用，监测样品由采样人员向被采样食品生产经营者购买。

第二十三条　承检机构应当按照食品安全风险监测计划的要求，按时完成任务，并对检测结果的真实性负责。

第二十四条　承检机构伪造检测结果或因出具检测结果不实而造成重大影响和损失的，按照《中华人民共和国食品安全法》相关规定处理，并收回风险监测经费。

第二十五条　未经食品药品监管总局批准，任何单位和个人不得泄露和对外发布食品安全风险监测数据和相关信息。

第五章　附　则

第二十六条　本规范所称问题样品，指在食品药品监管总局组织开展的食品安全风险监测工作中，承检机构经检测发现的不符合食品安全国家标准或可能存在食品安全问题的食品(含食品添加剂)。

第二十七条　省级食品药品监管部门参照本规范组织开展省级食品安全风险监测工作。

第二十八条　鼓励有条件、有能力的承检机构对食品潜在风险因素开展研究，为及早发现食品安全问题提供技术支撑。

第二十九条　本规范由食品药品监管总局负责解释。

第三十条　本规范自发布之日起施行。

7. 食品安全风险监测问题样品信息报告和核查处置规定(试行)

第一章 总 则

第一条 为加强食品安全风险监测与监管工作的有效衔接,规范问题样品的信息报告和核查处置工作,及时有效化解风险,特制定本规定。

第二条 食品药品监管总局指导食品安全风险监测问题样品信息报告和核查处置工作。

承担食品药品监管总局食品安全风险监测工作任务的食品检验机构(以下简称承检机构)负责食品安全风险监测问题样品的信息报告工作。

省级食品药品监管部门负责组织对涉及本行政区域问题样品的调查、核实和处理工作。

第三条 问题样品信息报告应做到准确及时,核查处置工作应依法高效。

第二章 信息报告

第四条 承检机构在食品安全风险监测中发现问题样品并经复核确认后,应当按照本规定第五条、第六条要求及时报告相关部门。

报告信息应当包括问题样品的详细信息、检验结果及发现的问题等内容。

第五条 承检机构检出非食用物质或其他可能存在较高风险的样品,应在确认后24小时内报告问题样品采集地省级食品药品监管部门,同时报告食品药品监管总局,并抄报食品药品监管总局食品安全风险监测工作秘书处(以下简称秘书处)。问题样品为加工食品的,还应报告生产地省级食品药品监管部门。

秘书处每月编制高风险问题样品分析报告。

第六条 承检机构检出除第五条之外的问题样品，应及时报告采集地省级食品药品监管部门，同时抄报秘书处。问题样品为加工食品的，还应报告生产地省级食品药品监管部门。

秘书处组织有关单位和专家进行初步分析研判，并报告食品药品监管总局。

第三章　核查处置

第七条 省级食品药品监管部门在收到有关问题样品的报告后，应及时组织开展调查、核实和处理工作。对问题样品含有非食用物质或其他可能存在较高风险的，核查处置工作应当在 24 小时之内启动。

问题样品为加工食品的，核查处置工作由生产企业所在地省级食品药品监管部门会同样品采集地省级食品药品监管部门共同完成。

第八条 省级食品药品监管部门根据问题样品的风险情况，可以直接开展或者指定问题样品所在地的市、县食品药品监管部门开展核查处置工作。

省级食品药品监管部门应当对市、县食品药品监管部门的核查处置工作进行督导检查，认为情况未核查清楚、处理不到位的，应当提出意见，要求继续核查处置。

第九条 经调查核实，对由于原料把关、生产工艺失控、设备设施失准等系统性原因造成问题的，负责核查处置的食品药品监管部门应当监督问题样品生产经营者进行整改。

对确认不符合食品安全标准或存在严重食品安全风险隐患的食品，负责核查处置的食品药品监管部门应当依法监督企业查清产品生产数量、销售数量、销售去向等，实施召回，并予以销毁；企业未召回的，可以依法责令其召回。对于进入流通消费环节的，应通报相关省级食品药品监管部门，按有关规定进行下架销毁处理。

对食品生产经营者存在违法行为的，负责核查处置的食品药品监管部门应当依法进行查处;涉嫌犯罪的,依法移交公安机关。

第十条 核查处置过程中,对情况严重的或者可能会造成较大影响的食品安全问题,负责核查处置的食品药品监管部门应当及时将有关情况报告上一级食品药品监管部门,同时报告当地政府。报告可分阶段进行,应以书面形式报告,紧急情况下,可先电话报告,再补充书面报告。

第十一条 省级食品药品监管部门应当对非食用物质或其他可能存在较高风险问题样品的核查处置结果及时书面报告食品药品监管总局;并定期对核查处置的问题样品品种、发生原因、生产经营者所在区域等情况进行综合分析,对发现可能存在区域性、系统性食品安全苗头性问题的,研究开展本行政区域范围内专项整治。

第十二条 食品药品监管总局应当对省级食品药品监管部门的核查处置工作进行督导检查,认为情况未核查清楚、处理不到位的,应当提出意见,要求继续核查处置。

第十三条 各有关食品药品监管部门应当及时整理问题样品核查处置的有关资料、报告,予以存档。未经食品药品监管总局批准,任何单位和个人不得擅自泄露和对外发布相关数据和信息。

第四章 附 则

第十四条 省级食品药品监管部门自行开展风险监测发现的或外省市通报的问题样品,参照本规定开展调查核实。

第十五条 本规定由食品药品监管总局负责解释。

第十六条 本规定自发布之日起实施。

8. 食品安全风险监测承检机构管理规定(试行)

第一条 为加强和规范承担食品药品监管总局食品安全风险监测工作任务的检验机构(以下简称承检机构)的管理,特制定本规定。

第二条　承检机构应符合以下条件：

(一)拥有完善的实验室质量管理体系，具备食品检验机构资质认定条件和按照规范进行检验的能力，原则上应当按照有关认证认可的规定取得资质认定(非常规的风险监测项目除外)；

(二)具有符合承担食品安全风险监测工作任务所需的人员、仪器设备、实验室环境设施、安全有效的信息管理体系；

(三)具备与承担的食品安全风险监测任务相关的产品品种、检验项目、样品数量相适应的采样、检验能力；

(四)检验活动中无重大差错，能够保证检验结果质量，参加与检验任务相关的能力验证并取得满意结果。

第三条　食品药品监管总局组织开展对承检机构的监督管理、考核检查等工作。

第四条　承检机构应当明确食品安全风险监测工作的分管领导，承担任务的部门、岗位职责，并具有相应的食品安全风险监测工作及经费使用等制度。

第五条　承检机构应当严格按照食品安全风险监测计划的要求完成样品采集、检验、留存、信息报告等任务。

第六条　承检机构发现检验方法可能存在问题的，应及时向食品药品监管总局食品安全风险监测工作秘书处(以下简称秘书处)报告有关情况，可提出完善检验方法的建议。

第七条　承检机构应当准确、按时通过食品药品监管总局指定的信息系统报送风险监测检验结果。

第八条　承检机构应当按照《食品安全风险监测问题样品信息报告和核查处置规定(试行)》有关要求按时报送问题样品报告。

第九条　承检机构应当认真开展监测数据分析研判工作，并形成食品安全风险监测结果分析报告，报秘书处。

第十条　承检机构不得瞒报、谎报、漏报食品安全风险监测数据、结果等信息。

第十一条 承检机构应承担保密义务，不得泄露、擅自使用或对外发布食品安全风险监测结果和相关信息。

第十二条 食品药品监管总局定期或不定期组织对承检机构进行考核检查，内容可包括：

(一)针对食品安全风险监测的产品与相关项目，核查承检机构实验室环境、仪器设备、样品存放等检验相关硬件条件，以及管理体系、检验能力的符合性情况；

(二)抽查食品安全风险监测问题样品报告、数据报送及结果分析报告等材料；

(三)抽查食品安全风险监测的原始记录、实验室内部质量控制、能力验证和实验室间比对结果等材料；

(四)盲样测试和留样复测，通过提供盲样或抽取承检机构风险监测样品留样，进行检验，考核承检机构检验结果的可靠性；

(五)检查食品安全风险监测相关经费使用情况；

(六)与食品安全风险监测相关的其他工作。

第十三条 承检机构出现以下情况，立即终止承担风险监测工作任务：

(一)擅自对外发布或泄露食品安全风险监测数据和分析评价结果等信息，或利用食品安全风险监测相关数据进行有偿活动的；

(二)检验工作出现差错并造成严重后果的。

第十四条 承检机构出现以下情况，视情节严重程度，给予警告、暂停或终止承担风险监测工作任务：

(一)不能持续满足第二条规定的相关条件的；

(二)样品采集、检验等工作不符合食品安全风险监测计划要求的；

(三)检验工作出现差错的；

(四)风险监测检验原始记录不完整的；

(五)不按要求报送问题样品报告、监测数据和风险监测结果分析报告的；

(六)瞒报、谎报、漏报食品安全风险监测数据、结果等信息的；

(七)盲样考核、留样复测结果不符合要求的；

(八)违反食品安全风险监测经费管理相关规定的；

(九)其他违反食品安全风险监测工作有关要求的。

第十五条 考核检查中发现承检机构在承担风险监测任务中存在违法行为的，依法通报相关部门追究法律责任。

第十六条 对承检机构的考核检查结果作为安排下一年度食品安全风险监测工作任务的依据。

第十七条 省级食品药品监管部门自行组织开展的风险监测工作，可参照本规定制定承检机构考核管理办法。

第十八条 本规定由食品药品监管总局负责解释。

第十九条 本规定自发布之日起施行。

9. 食品安全风险评估管理规定

第一条 为规范食品安全风险评估工作，根据《中华人民共和国食品安全法》和《中华人民共和国食品安全法实施条例》的有关规定，制定本规定。

第二条 本规定适用于国务院卫生行政部门依照食品安全法有关规定组织的食品安全风险评估工作。

第三条 卫生部负责组织食品安全风险评估工作，成立国家食品安全风险评估专家委员会，并及时将食品安全风险评估结果通报国务院有关部门。

国务院有关部门按照有关法律法规和本规定的要求提出食品安全风险评估的建议，并提供有关信息和资料。

地方人民政府有关部门应当按照风险所在的环节协助国务院有关部门收集食品安全风险评估有关的信息和资料。

第四条 国家食品安全风险评估专家委员会依据国家食品安全风险

评估专家委员会章程组建。

卫生部确定的食品安全风险评估技术机构负责承担食品安全风险评估相关科学数据、技术信息、检验结果的收集、处理、分析等任务。食品安全风险评估技术机构开展与风险评估相关工作接受国家食品安全风险评估专家委员会的委托和指导。

第五条 食品安全风险评估以食品安全风险监测和监督管理信息、科学数据以及其他有关信息为基础，遵循科学、透明和个案处理的原则进行。

第六条 国家食品安全风险评估专家委员会依据本规定及国家食品安全风险评估专家委员会章程独立进行风险评估，保证风险评估结果的科学、客观和公正。

任何部门不得干预国家食品安全风险评估专家委员会和食品安全风险评估技术机构承担的风险评估相关工作。

第七条 有下列情形之一的，由卫生部审核同意后向国家食品安全风险评估专家委员会下达食品安全风险评估任务：

（一）为制订或修订食品安全国家标准提供科学依据需要进行风险评估的；

（二）通过食品安全风险监测或者接到举报发现食品可能存在安全隐患的，在组织进行检验后认为需要进行食品安全风险评估的；

（三）国务院有关部门按照《中华人民共和国食品安全法实施条例》第十二条要求提出食品安全风险评估的建议，并按规定提出《风险评估项目建议书》（见附表1）；

（四）卫生部根据法律法规的规定认为需要进行风险评估的其他情形。

第八条 国务院有关部门提交《风险评估项目建议书》时，应当向卫生部提供下列信息和资料：

（一）风险的来源和性质；

（二）相关检验数据和结论；

(三)风险涉及范围；

(四)其他有关信息和资料。

卫生部根据食品安全风险评估的需要组织收集有关信息和资料，国务院有关部门和县级以上地方农业行政、质量监督、工商行政管理、食品安全监督管理等有关部门应当协助收集前款规定的食品安全风险评估信息和资料。

第九条 对于下列情形之一的，卫生部可以做出不予评估的决定：

(一)通过现有的监督管理措施可以解决的；

(二)通过检验和产品安全性评估可以得出结论的；

(三)国际政府组织有明确资料对风险进行了科学描述且适于我国膳食暴露模式的。

对做出不予评估决定和因缺乏数据信息难以做出评估结论的，卫生部应当向有关方面说明原因和依据；如果国际组织已有评估结论的，应一并通报相关部门。

第十条 卫生部根据本规定第七条的规定和国家食品安全风险评估专家委员会的建议，确定国家食品安全风险评估计划和优先评估项目。

第十一条 卫生部以《风险评估任务书》(见附表2)的形式向国家食品安全风险评估专家委员会下达风险评估任务。《风险评估任务书》应当包括风险评估的目的、需要解决的问题和结果产出形式等内容。

第十二条 国家食品安全风险评估专家委员会应当根据评估任务提出风险评估实施方案，报卫生部备案。

对于需要进一步补充信息的，可向卫生部提出数据和信息采集方案的建议。

第十三条 国家食品安全风险评估专家委员会按照风险评估实施方案，遵循危害识别、危害特征描述、暴露评估和风险特征描述的结构化程序开展风险评估。

第十四条 受委托的有关技术机构应当在国家食品安全风险评估专家委员会要求的时限内提交风险评估相关科学数据、技术信息、检验结果的收集、处理和分析的结果。

第十五条 国家食品安全风险评估专家委员会进行风险评估，对风险评估的结果和报告负责，并及时将结果、报告上报卫生部。

第十六条 发生下列情形之一的，卫生部可以要求国家食品安全风险评估专家委员会立即研究分析，对需要开展风险评估的事项，国家食品安全风险评估专家委员会应当立即成立临时工作组，制订应急评估方案。

(一)处理重大食品安全事故需要的；

(二)公众高度关注的食品安全问题需要尽快解答的；

(三)国务院有关部门监督管理工作需要并提出应急评估建议的；

(四)处理与食品安全相关的国际贸易争端需要的。

第十七条 需要开展应急评估时，国家食品安全风险评估专家委员会按照应急评估方案进行风险评估，及时向卫生部提交风险评估结果报告。

第十八条 卫生部应当依法向社会公布食品安全风险评估结果。

风险评估结果由国家食品安全风险评估专家委员会负责解释。

第十九条 本规定用语定义如下：

危害：指食品中所含有的对健康有潜在不良影响的生物、化学、物理因素或食品存在状况。

危害识别：根据流行病学、动物试验、体外试验、结构-活性关系等科学数据和文献信息确定人体暴露于某种危害后是否会对健康造成不良影响、造成不良影响的可能性，以及可能处于风险之中的人群和范围。

危害特征描述：对与危害相关的不良健康作用进行定性或定量描述。可以利用动物试验、临床研究以及流行病学研究确定危害与各种不良健康作用之间的剂量-反应关系、作用机制等。如果可能，对于毒性作用有阈值的危害应建立人体安全摄入量水平。

暴露评估：描述危害进入人体的途径，估算不同人群摄入危害的水平。根据危害在膳食中的水平和人群膳食消费量，初步估算危害的膳食总摄入量，同时考虑其他非膳食进入人体的途径，估算人体总摄入量并与安全摄入量进行比较。

风险特征描述：在危害识别、危害特征描述和暴露评估的基础上，综合分析危害对人群健康产生不良作用的风险及其程度，同时应当描述和解释风险评估过程中的不确定性。

第二十条　食品安全风险评估技术机构的认定和资格管理规定由卫生部另行制订。

第二十一条　本办法由卫生部负责解释，自发布之日起实施。

后　记

　　后记的写作是最让人愉悦的。因为研究工作总算告一段落，内心颇感欣慰。在整个研究过程中，许多客观情势在不断变化，大大增加了课题研究工作的难度。本研究立项于2013年，在课题研究启动研讨会上，作为主持人的我一度过于自信，竟然想着提前一年结项，即在2015年6月申请结项，事实上整个课题组也一直是朝这个目标努力的。然而，《中华人民共和国食品安全法》和《行政诉讼法》的"突然"修改，让本研究提前一年结题的计划"流产"了。2014年修订通过的《行政诉讼法》、2015年修订通过《中华人民共和国食品安全法》在内容上都有较大变化。相关法条的变化意味着我们必须对前一阶段的研究成果进行梳理和修改，并删除一些与新修订的法律规定不一致的内容。这是一项颇费时间和精力的工作。好在经过课题组全体成员的共同努力，按期完成研究报告，并于2017年2月15日顺利通过结项。

　　本研究内容获得了国家社科基金项目的资助(项目名称为"食品安全风险警示制度研究")，本课题的成功立项是课题组全体成员共同努力的结果，他们是高长思、王怡、陆强、梁潇、肖峰、杨添翼、唐林霞。研究生康勇、朱钊、庞鹏、罗梓郁也参与了本课题的研究工作中，本书的具体分工如下：

　　绪论(徐信贵)

　　第一章(徐信贵)

　　第二章(徐信贵、高长思、罗梓郁)

第三章(徐信贵、高长思)

第四章(徐信贵、康勇、梁潇、庞鹏)

第五章(徐信贵、高长思、梁潇、朱钊)

第六章(徐信贵、梁潇、康勇)

此书的出版承蒙武汉大学出版社的大力支持。胡艳、李玚编辑认真审阅了书稿，对书稿进行了细致的修改，并提供了很多很有价值的意见。感谢胡艳、李玚编辑为拙作的顺利出版所做的诸多努力！

当然，本研究工作还存在诸多不足，因此，亦希望各位专家不吝赐教，多提宝贵意见，以帮助我们向更高的目标迈进！